分数阶混沌系统的控制与同步

宋晓娜 著

科学出版社

北京

内 容 简 介

本书根据工程应用的实际需要，全面系统地介绍了分数阶混沌系统的理论基础、稳定性分析、控制与同步方法、主要实现技术、计算机模拟验证技术等问题。主要内容包括：分数阶混沌系统的模糊控制、分数阶非线性系统的Ⅱ型模糊自适应控制、分数阶混沌系统的有限时间同步、分数阶 Genesio-Tesi 混沌系统的反演滑模同步、同结构分数阶经济混沌系统的组合函数投影同步、异结构分数阶混沌系统的自适应同步以及分数阶控制与同步策略的应用。

本书可供控制科学与工程、工业自动化、电气自动化、机电一体化、机械工程等相关专业的研究人员、研究生及高年级本科生参考，也可供控制系统设计工程师等相关工程技术人员阅读和参考。

图书在版编目(CIP)数据

分数阶混沌系统的控制与同步/宋晓娜著. —北京：科学出版社，2018. 6
ISBN 978-7-03-057324-7

Ⅰ. ①分…　Ⅱ. ①宋…　Ⅲ. ①非线性系统(自动化)　Ⅳ. ①O415. 5

中国版本图书馆 CIP 数据核字(2018)第 092054 号

责任编辑：张海娜　乔丽维 / 责任校对：何艳萍
责任印制：吴兆东 / 封面设计：蓝正设计

科 学 出 版 社 出版
北京东黄城根北街 16 号
邮政编码：100717
http://www.sciencep.com
北京厚诚则铭印刷科技有限公司 印刷
科学出版社发行　各地新华书店经销
*
2018 年 6 月第 一 版　开本：720×1000　B5
2022 年 1 月第三次印刷　印张：11
字数：222 000

定价：85. 00 元

(如有印装质量问题，我社负责调换)

前　言

分数阶微积分的相关研究可以追溯到17世纪,但因为一直缺少行之有效的计算手段,发展十分缓慢。然而,近十年来随着计算机技术的发展与普及,分数阶微积分逐渐被应用于黏滞系统、电磁场与电磁波、介质极化、电极-电液的极化等实际系统中。分数阶微积分最主要的优点是:它既包括所有整数阶的理论,又具有整数阶理论所不能替代的功能。因此,分数阶微积分有潜力取得一些整数阶微积分无法取得的成果,相信将来许多领域的重要进展都将来源于分数阶微积分的应用。由于很多实际系统用分数阶微分方程可以更好地得到表征,分数阶系统在许多领域,如在地震分析、黏性阻尼、信号处理、分形与混沌等中都有广泛的应用。随着对分数阶微积分理论研究的不断深入,其在物理学、生物工程、力学等方面也有很多应用。特别是在控制领域,分数阶微积分可更加准确地描述实际系统,能产生比整数阶微积分更好的结果。另外,分数阶微积分能为将来扩展控制理论经典研究方法提供强大的支持,因此分数阶系统的相关稳定性分析及综合问题研究已经引起越来越多学者的关注。

现如今,国内外相关研究者对于混沌科学的研究无论在广度还是深度方面都已经取得了十分显著的进步。自从20世纪90年代混沌控制及同步的概念被提出,混沌吸引了众多科学领域中学者的密切关注。混沌科学的理论发展主要历经了三个阶段:起初是对于本质和产生机理的相关研究,接着是对于固有特性的相关研究,最后就是20世纪90年代对于混沌控制、同步及其应用的研究。而混沌控制的发展不仅为混沌理论的应用奠定了坚实的基础,而且消除了“混沌不可控”这一传统观念对人们的束缚。经过长期的探索与研究,人们发现混沌控制不仅可以消除混沌运动中的消极影响,而且能对混沌的积极影响加以利用,满足实际系统对于混沌的需求。

分数阶混沌系统作为整数阶混沌系统在任意阶次上的自然延伸,其动力学特性也秉承了整数阶混沌系统的几乎所有特点,再加上自身所具有的历史记忆特性、动力学特性与系统阶次密切相关等特征,与整数阶混沌系统相比,分数阶混沌系统通常拥有更加复杂的动力学特性。现如今,作为一种特殊的混沌控制形式,分数阶混沌系统的同步也被认为在保密通信、图像加密和电路设计等领域具有十分广阔的应用前景。然而,尽管国内外研究者在分数阶混沌系统的控制、同步及其应用研究中取得了一定的研究成果,但是仍然处于研究的初级阶段,因此无论是关于分数阶混沌系统的理论研究还是其工程应用都亟需更进一步的深入。

作者近年来一直从事分数阶混沌系统的研究工作，深感有必要结合该领域的新成果、新进展和新趋势撰写一部学术著作，对分数阶混沌系统相关的控制和同步理论与方法及其应用进行系统的介绍，并希望本书的出版能够对该领域的研究和应用起到一定的推动作用。

本书全面系统地介绍分数阶混沌系统的理论基础、稳定性分析、控制与同步方法、主要实现技术、计算机模拟验证技术等问题。主要内容包括：分数阶混沌系统的模糊控制、分数阶非线性系统的Ⅱ型模糊自适应控制、分数阶混沌系统的有限时间同步、分数阶 Genesio-Tesi 混沌系统的反演滑模同步、同结构分数阶经济混沌系统的组合函数投影同步、异结构分数阶混沌系统的自适应同步以及分数阶控制与同步策略的应用。

本书在编写过程中参考了安徽工业大学沈浩博士、南京理工大学宋帅博士的研究成果，在此对他们表示诚挚的谢意！

本书的出版得到了国家自然科学基金（U1604146、61203047、61473115）、河南省高校科技创新人才支持计划（18HASTIT019）、河南省高校科技创新团队（18IRTSTHN011）、河南科技大学青年学术带头人培养计划和河南科技大学博士科研启动基金的资助，在撰写过程中参考了国内外许多同行的论著、应用成果和先进技术，作者对此深表谢意。

限于作者水平，书中难免存在不妥之处，恳请各位专家、学者和广大读者批评指正。

作　者

2018 年 1 月

目　录

第1章 绪　论

1.1 引　言

随着当代科学技术的迅猛发展,尤其是计算机技术的出现和日渐普及,混沌科学俨然已发展成为一种新兴的交叉学科[1]。在现实世界中,混沌现象广泛地存在于物理、化学、工程学以及生命科学等众多科学领域中,如河流中的漩涡、风中摆动的旗帜、日常的天气变化、股市的循环涨落以及大众的情绪变化等都能看到混沌的影子。因此,混沌被认为是继相对论和量子论之后的又一重大科学发现。正如物理学家 Ford 在首届国际混沌会议上讲的那样"相对论浇灭了人们对于绝对空间和时间的幻想;量子力学则对于可控测量过程的牛顿式梦想做出了否定;而混沌则完全消除了 Laplace 对于决定论式可预测的幻想"。

在非线性科学领域中,混沌通常是指那些无须附带任何随机因素也能呈现出的近似随机的行为。混沌现象最显著的特性就是系统的动力学行为对系统的初始条件具有极高的敏感性,所以从长期意义上讲,系统所呈现出的混沌行为是无法预测的。这也正如有"混沌之父"之称的 Lorenz 在一次专题演讲中讲的那样"在巴西的一只蝴蝶如果扇动一下翅膀,就很可能会引起得克萨斯州的一场龙卷风",后来人们也将该现象称为"蝴蝶效应"。此外,混沌还包括内随机性、遍历性、有界性、普适性、分维性、不规则性、统计特征等主要特性[2]。

现如今,国内外相关研究者对于混沌科学的研究无论在广度还是深度方面都已经取得了十分显著的进步。自从 20 世纪 90 年代混沌控制及同步的概念被提出[3-5],混沌吸引了众多科学领域中学者的密切关注。混沌科学的理论发展主要历经了三个阶段:起初是对于本质和产生机理的相关研究,接着是对于固有特性的相关研究,最后就是 20 世纪 90 年代对于混沌控制、同步及其应用的研究。而混沌控制的发展不仅为混沌理论的应用奠定了坚实的基础,而且消除了"混沌不可控"这一传统观念对人们的束缚。经过长期的探索与研究,人们发现混沌控制不仅可以消除混沌运动中的消极影响,而且能对混沌的积极影响加以利用,满足实际系统对于混沌的需求。

分数阶微积分的相关研究可以追溯到 17 世纪,但因为一直缺少行之有效的计算手段,发展十分缓慢。然而,近十年来随着计算机技术的发展与普及,分数阶微积分逐渐被应用于黏滞系统[6,7]、电磁场与电磁波[8]、介质极化[9]、电极-电液的极化[10]等实际系统中。图 1.1 为一个半无限有损耗传输线模型，图中 $i(t)$ 为电流，$u(t)$ 为电压，R 为电阻，C 为电容。

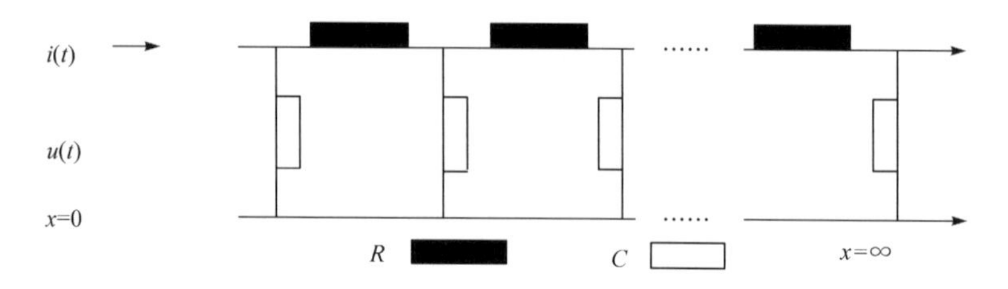

图 1.1　半无限有损耗传输线模型

上述系统可以用如下方程来描述：

$$\begin{cases} \dfrac{\partial u(x,t)}{\partial x}=i(x,t)R \\ \dfrac{\partial i(x,t)}{\partial x}=C\dfrac{\partial u(x,t)}{\partial x} \end{cases} \tag{1.1}$$

在零初始条件下，电压 $u(t)$ 和电流 $i(t)$ 存在如下关系：

$$\begin{cases} i(t)=\dfrac{1}{R\sqrt{\alpha}}\dfrac{\mathrm{d}^{1/2}u(t)}{\mathrm{d}t^{1/2}} \\ u(t)=R\sqrt{\alpha}\dfrac{\mathrm{d}^{-1/2}i(t)}{\mathrm{d}t^{-1/2}} \end{cases} \tag{1.2}$$

式中，$\alpha=\dfrac{1}{RC}$。

从式(1.2)中可以看出，半无限有损耗传输线的电压和电流之间表现出了半微分和半积分的关系。

分数阶微积分最主要的优点是：它既能包括所有整数阶的理论，又具有整数阶理论所不能替代的功能。因此，分数阶微积分有潜力取得一些整数阶微积分无法取得的成果，相信将来许多领域的重要进展都将来源于分数阶微积分的应用。由于很多实际系统用分数阶微分方程可以更好地得到表征[11,12]，分数阶系统在许多领域，如在地震分析、黏性阻尼、信号处理、分形与混沌等中都有广泛的应用[13]。随着对分数阶微积分理论研究的不断深入，其在物理学、生物工程、力学等方面也有很多应用。特别是在控制领域，分数阶微积分可更加准确地描述实际系统，能产生比整数阶微积分更好的结果。另外，分数阶微积分能为将来扩展控制理论经典研究方法提供强大的支持，因此分数阶系统的相关稳定性分析及综合问题研究已经引起越来越多学者的关注[14-20]。

随着对分数阶微积分研究的不断深入，普遍认为作为整数阶微积分自然延伸的分数阶微积分能够极大地完善人们的认知。同时，分数阶混沌系统作为整数阶混沌系统在任意阶次上的自然延伸，其动力学特性也秉承了整数阶混沌系统的几乎所有特点，再加上自身所具有的历史记忆特性、动力学特性与系统阶次密切相关等特征，与整数阶混沌系统相比，分数阶混沌系统通常拥有更加复杂的动力学特性。现如今，作为一种特殊的混沌控制形式，分数阶混沌系统的同步也被认为在保密通信、图像加密和电路设计等领域具有十分广阔的应用前景。然而，尽管国内外研究者在分数阶混沌系统的控制、同步及其应用研究中取得了一定的研究成果，但是仍然处于研究的初级阶段，因此无论是关于分数阶混沌系统的理论研究还是其工程应用都亟需更进一步的深入。

1.2 混沌的定义及主要特性

1.2.1 混沌的定义

混沌科学作为一门新兴的交叉学科，尽管研究日渐深入，但其理论体系还远未完善，而且研究者对于混沌中所具有的奇异性和复杂性也仍需进一步的探索。因此，迄今为止，学术界针对“混沌”还没有给出能够让人们普遍接受的统一定义。为了能够更好地理解“混沌”，这里引出如下几种关于混沌的定义。

1) Li-Yorke 定义

1975 年，华裔科学家 Li 与他的导师 Yorke 教授在文献[21]给出了一种关于混沌的数学定义，现称为 Li-Yorke 定义。

Li-Yorke 定义[21]：设 $g(x)$是闭区间 $I=[a,b]$上的连续自映射，若 $g(x)$有一个周期为 3 的点，则对任何正整数 n，$g(x)$存在 n 周期点 x_n。

混沌定义：考虑映射 $g_{k+1}=g(x_k)$，设在闭区间 $I=[a,b]$上连续映射 $g:I\rightarrow I\subset \mathbb{R}$，若存在点 $x\in[a,b]$，使得 $g(x)$满足如下条件：

(1) $g(x)$的周期点周期无上界。

(2) 存在不可数子集 $S\in I$：

① $\forall x,y\in S$，当 $x\neq y$ 时，有 $\lim\limits_{n\rightarrow+\infty}\sup|g^n(x)-g^n(y)|>0$；

② $\forall x,y\in S$，当 $x\neq y$ 时，有 $\lim\limits_{n\rightarrow+\infty}\inf|g^n(x)-g^n(y)|=0$；

③ $\forall x,y\in S$ 和 g 的任意周期点 y，则 $\lim\limits_{n\rightarrow+\infty}\sup|g^n(x)-g^n(y)|>0$。

结合 Li-Yorke 定义，对于闭区间 I 上的连续函数 $g(x)$，如果存在一个周期为 3 的周期点，则必然会呈现出混沌行为。尽管该定义仅仅是针对一维系统提出的，但是它也形象地描述了混沌运动的重要特征。

2) Devaney 混沌定义

1986 年，Devaney 在拓扑意义下给出了如下混沌定义。

Devaney 定义[22]：令 M 为一度量空间，映射 $g:M\to M$（即 M 的混沌映射），若下列条件能够被满足，则可以称 g 在 M 上是混沌的。

(1) g 的周期点集在 M 中稠密。

(2) 对初始敏感依赖。如果存在实数 $\zeta>0$，对于 $\forall\gamma>0$ 及 $\forall m\in M$，在 x 的邻域内存在 y 和自然数 n，使得 $d(f^n(x),f^n(y))>\zeta$。

(3) 拓扑传递性，对于 M 上的任意开集 X 和 Y，存在 $k>0$，$g^k(X)\cap Y=\varnothing$。

3) Morotto 混沌定义

Morotto 定义[23]：假设 $\mathbb{R}^n$ 为 n 维欧氏空间，$\|\cdot\|$ 表示 $\mathbb{R}^n$ 范数，$g:\mathbb{R}^n\to\mathbb{R}^n$ 是连续映射，若 g 是混沌的，则下列条件被满足：

(1) 存在一个正整数 N，对于任意的整数 $M>N$，g 有周期 M 的点。

(2) g 存在一个 Scrambled 集 S，其中 S 为一不可数非周期集且满足：

① $g^n(S)\subset S$，对于某一个 $n>0$；

② $\forall x,y\in S$，当 $x\neq y$ 时，有 $\lim\limits_{n\to+\infty}\sup|g^n(x)-g^n(y)|>0$；

③ $\forall x\in S,y\in P(g)$，有 $\lim\limits_{n\to+\infty}\sup|g^n(x)-g^n(y)|>0$。

1.2.2　混沌的主要特性

作为确定性非线性动力学系统所特有的一种运动形态，混沌运动是一种具有近似噪声性质的有限定常运动。就整体而言，它是一种有限运动，但就局部而言，它又近似一种不规则运动，所以混沌运动也被研究者形象地描述为一种看似无序实则有序的运动。其主要特性表现为以下几个方面[24-26]。

(1) 对初值的敏感性。当一个确定性系统的发展演变行为敏感地依赖于系统初值时，我们就界定该系统呈现出混沌行为。该特征暗指两个初始条件近似却不同的两个独立轨道最终将以指数方式进行分离。这是由于混沌系统对初始条件具有极端的敏感性，其初始条件再微小的变化经过一定时间的演变，也会导致两个运动轨迹产生巨大差别甚至毫不相关，通常也可以理解为不可预测性。

(2) 内随机性。一般情况下，确定的系统只有施加随机性输入时，其系统输出才可能呈现出随机性。该随机性与随机系统所表现出的随机性是两个完全不相同的概念。随机系统表现出的随机性往往取决于系统参数、初始条件或外部作用等因素的随机性。而混沌运动所包含的随机性是由确定的动力学方程所决定的且与其他因素毫不相关，所以该随机性也被冠以内随机性。基于该特性，混沌系统也因此广泛地应用于图像加密及保密通信等领域中。

(3) 遍历性。混沌吸引子的动力学特性在其吸引域内会经历各种状态，即可以理解为混沌系统的运动轨道经过一段时间的演化，在其有限时间内能够历经吸引域内的所有点。

(4) 有界性。混沌有界性是指混沌系统的运动轨道始终局限于一个确定有限的区域内，该有限区域即为混沌吸引域。该特性也反映了无论混沌系统内部状态如何不稳定，其运动轨迹都不可能超出该有限区域。

(5) 普适性。不同的混沌系统在趋于混沌时会表现出一些共同的特征，即不会随着系统参数或者系统状态的变化而变化，该特性即称为普适性。

(6) 分维性。所谓分维性，就是对混沌运动的轨线在相空间中的行为特征的一种描述形式。因为系统的运动轨线在某个有限区域内经过无限次折叠后会形成一种特殊的轨线，但是该轨线的维数不是整数形式而是分数形式，因此称为分数维。该特性也说明混沌运动具有无限层次的自相似结构。

(7) 正的 Lyapunov 指数。Lyapunov 指数是用来刻画非线性系统运动轨道之间相互趋近或相互分离的变化趋势。就非线性映射而言，Lyapunov 指数是表示 n 维相空间中运动轨道沿各个基向量的平均指数发散率。当 Lyapunov 指数为负值时，非线性系统的两个相邻运动轨道间的距离将按指数缩减；当 Lyapunov 指数为正值时，非线性系统的两个相邻运动轨道间的距离将按指数变大，即系统运动也进入混沌状态。然而，结合混沌系统的性质和有界性可知，所有混沌系统均具有正 Lyapunov 指数，这也暗示无论混沌系统的任意两个相邻轨道如何分离，其最终也不可能相交。

(8) 统计特性。该特性定义为正的 Lyapunov 指数和功率谱之和。

1.3 整数阶混沌系统概述

1.3.1 整数阶混沌控制

尽管人们对混沌现象的认识日趋深入，但是有一道难题也亟需解决，那就是如何将混沌的研究成果通过转化服务于人类？由于混沌系统具有复杂的动力学行为，人们也一直被“混沌系统是不可控的”这一传统概念所束缚。然而，随着相关研究的进一步深入，人们发现控制混沌不仅能够消除混沌的消极影响，更为重要的是可以对混沌积极的影响加以利用。因此，控制混沌在一定程度上也决定着混沌的应用。近几年，尽管国内外学者在混沌系统的控制研究上获得了一定的研究成果，但是针对混沌应用的研究尚处于初级阶段，后续相关研究工作尚有待开展。为此，本节简要回顾近几年关于整数阶混沌控制、同步及其应用的一些研究成果，这也为后续的深入研究奠定了基础。

现代电子计算机之父冯·诺依曼是第一位产生混沌可控观点的学者，此后历经 30 多年直到 1987 年，控制混沌这一思想才被 Hubler 和 Lscher 渐渐引入。他们认为：即使通过对系统施加一定外部作用能够使系统轨线成为稳定的周期轨道，所得运动也不能够保证是系统动力学方程的解。这种方法仅仅需要已知系统的动力学模型,而不需要反馈且对随机噪声具备一定的抗干扰能力。

1990年,美国马里兰大学的三位物理学家Ott、Grebogi和Yorke联名发表了《控制混沌》的论文。在文中他们表示仅仅对系统参数稍作改变就能够使其系统轨迹稳定在不同的周期轨道上,其最大特点就是原系统动力学方程的解确定了所有不确定周期轨道。此方法刚被提出就产生了意义深远的影响,而且彻底消除了"混沌不可控"这一传统观念。

历经几十年的摸索与研究,现如今国内外学者在混沌控制上的研究已经硕果累累。除了上述各种控制方法之外,还涌现出了各种不同的控制混沌的方法和策略。例如,1991年俄亥俄州立大学的物理专家Hunt提出了用偶然正比例方法来控制混沌[27],该方法不仅能够实现在小信号微扰时对混沌系统中的低周期轨道进行控制,而且能够通过调节限制微扰的窗口宽度和反馈信号的增益对其中的高轨道实现控制。此外,Tanaka等基于LMI的方法实现了混沌控制[28,29];Piccardi等通过最优控制策略也实现了混沌控制[30-32];Fowler提出了用随机控制方法控制Henon-Heiles振子和Lorenz系统[33];Wan等基于非线性控制中的反馈全局镇定方法实现了混沌控制[34],但此方法也暴露了过大的保守性;陈小山等利用滑模变结构控制方法实现了混沌控制[35-37];谭文等基于改进的BP神经网络控制方法同样也实现了混沌控制[38,39]。

1.3.2 整数阶混沌同步

同步即是指在不同的初始条件下两个或多个结构相同或者不同的混沌系统随着时间的推移其运动轨迹渐近一致的现象,其实早在1665年荷兰物理学家Huygens就在一次试验中偶然地发现了两个看似非似的钟摆振荡历经一段时间后竟然产生了完全同步的现象。这从此也开拓了一个全新的数理学分支——耦合振荡子理论。然而,相比普通动力学系统的同步,混沌系统所具有的显著特性就是在两个结构完全相同的混沌系统中,当任意一系统的初始条件发生微弱的变化时,即使两个系统在同一个相空间内,其运动轨迹也会变得完全不相关。因此,在很长的一段时间里,人们就全盘否定了混沌系统能够实现完全同步这一假设。20世纪90年代初,美国海军实验室的Pecora和Carroll彻底突破了这种传统观念的束缚。他们在一次试验过程中察觉到电子线路中存在的混沌现象且第一次给出了混沌同步的原理,这大大促进了后续对于混沌同步更加深入的研究。之后,混沌同步也得以飞速发展,其应用领域也从起初单一的物理学逐渐延伸至生命科学、社会学、力学、工程学和图像处理等诸多领域。

20世纪90年代以来,人们提出了各式各样的混沌控制和混沌同步方案,但是大多数研究者都是把混沌系统的控制与同步作为两个完全独立的领域分开单独进行研究。然而，随着相关研究越来越深入，越来越多的事实证实混沌系统的控制与混沌同步具有众多近似之处。一方面，相关研究学者利用OGY混沌控制策略成功地实现了混沌系统的同步[40]；另一方面，Carroll等又提出了“追踪”这个概念[41]，与其说是混沌同步，不如说是混沌控制。此后，人们还发现其他混沌控制方法同样可以适用于实现混沌同步。因此，人们也将混沌同步看成一种特殊形式的混沌控制。目前，借助控制和其他领域的相关理论及研究方法，混沌同步已经取得了十分显著的成果。这里列出了几种比较成熟的混沌同步方法。

1. 驱动-响应同步

美国海军实验室的两位研究员Pecora和Carroll于1990年率先提出了驱动-响应同步策略[42]，为了方便，也称之为PC混沌同步策略[43,44]。这种方法首先需要将驱动系统拆分为两部分，一部分为稳定的子系统，另一部分为不稳定的子系统。然后，利用子系统驱动响应系统进而实现混沌同步。这种方法最突出的特点就是在两个非线性动力学系统之间建立了驱动和响应关系，响应系统的状态依赖于驱动系统的状态，但是驱动系统的行为与响应系统的行为是相互独立的。然而，特定物理机制等因素也限制了PC同步策略的应用范围，人们发现该方法在众多非线性系统中是不适用的。

自然界存在非常多经典的混沌系统，如Lorenz混沌系统、Chen混沌系统、Liu混沌系统和Chua电路系统等都能够被分解成一个稳定的子系统与一个不稳定的子系统。因此，PC同步法得到了广泛的关注与研究。然而，很多非线性系统由于物理本质或特有的属性而无法满足系统分解要求，因此很大程度上也束缚了PC同步法的应用范围。

2. 主动控制同步

美国学者Bai等于1997年首次提出了主动控制同步方法[45]，并通过同步两个相同的Lorenz混沌系统验证了该方法的可行性与有效性[45-47]。同时，Li等基于主动控制方法设计了能够保证两个相同超混沌Chua电路实现同步的非线性反馈控制器[48,49]。此外，Agiza等利用Routh稳定理论设计了能够保证异结构混沌系统实现同步的控制策略。这种策略不仅灵活而且实用性强，现如今该方法已广泛应用于不同混沌系统间的同步[50-52]，并取得了很好的同步效果。

3. 基于观测器的同步

考虑到系统状态作为系统的内部变量在很多情况下由于条件限制是无法全部测量出的，因此该情况下，状态反馈控制就无法适用于实际的物理系统，这也是状态观测器被提出解决该问题的原因。所谓观测器同步，即采用理论分析与相应的算法构造出等价的重构状态对系统状态进行估计,并用重构状态代替系统的实际状态,从而形成状态反馈[53-55]。如今,基于观测器的同步策略已经得到了广泛的应用,如 Morgül 等设计了能够保证 Chua 电路和 Lorenz 系统实现同步的状态观测器[56]。同时,观测器同步方法无须计算同步条件的 Lyapunov 指数而且允许两个混沌系统的初始条件处于不同的混沌吸引域,因此该方法已经受到国内外学者的广泛关注[57,58]。

4. 自适应控制同步

当前混沌同步的相关研究过程中,人们时常会碰到混沌系统中的模型不确定以及参数不确定,甚至驱动-响应系统参数不匹配的难题。在该情形下,若参数差别在特定限制内,则带有抗干扰能力的一般反馈控制方法虽然能够实现目标系统的同步,但是不能保证良好的精度。而如果参数差异过大,一般的反馈控制方法就难以保证目标系统的同步。为了解决这一问题,一种通过自动调整系统未知参数的自适应控制策略被提出用于保证目标系统的同步。

如今,自适应控制同步策略已经广泛地应用到混沌系统中,该同步策略不仅能够调节更新律来削弱未知参数对系统的影响,而且允许利用有限的系统参数知识得到渴望的工作性能。该同步策略的核心思想就是构造出一个不依赖于系统参数的参考模型。

近些年,众多专家学者针对混沌系统同步问题相继提出了一些其他同步方法,如反演控制、变结构控制、神经网络控制、遗传克隆算法等。因此,可以憧憬,混沌应用的前景会更加明朗,而且在不久的将来,为了进一步丰富混沌控制和同步理论,会有更多的策略被提出。

5. 异结构或异阶次的混沌同步

现有的混沌同步策略大多集中于解决同结构混沌系统的同步问题,而针对解决两个异结构甚至异阶次混沌系统同步问题的方法却十分罕见。实现两个或多个异结构混沌系统的同步往往要比实现两个同结构混沌系统的自同步更为困难。通常情况下,所谓的同步常常被理解为系统间的相互作用力导致系统动态行为产生变化,一般可以通过对系统状态进行耦合来得到两个系统之间的相互作用力。然而,对于两个异结构混沌系统,考虑到混沌系统对初始条件具有极高敏感性这一特性,即使是系统条件的微弱变化,也能够导致系统的动态行为产生巨变甚至毫不相关,这也使得它们在时域上的动态行为大相径庭。另外,相空间中两个完全不同的混沌系统具有各自的混沌吸引域,在实际的系统中很难发现两个完全相同的部分。例如,在神经网络中,低一级子系统的神经元总是被更高一级神经元的输出驱动,除此之外,如果能实现两个混沌系统的异同步,则可以极大地扩展混沌系统同步在图像加密和保密通信领域的应用范围,这不仅使得基于混沌的保密通信方案的选择更加多样性,而且保密性也能够得到巨大的提升。

目前,两个或多个混沌系统的异同步问题主要分为两类:第一类是两个或多个系统阶次相同但结构不同的混沌系统之间的同步;第二类就是两个或多个系统阶次和结构均不相同的混沌系统之间的同步。对于第一类混沌同步问题,人们通常会依据 Lyapunov 稳定理论来设计同步控制器,如利用滑模控制方法[59]、鲁棒控制方法[60]及自适应控制方法[61,62]等实现两个异结构混沌系统的同步。对于第二类混沌同步问题,人们基于主动控制的思想设计了同步控制器,成功地实现了两个异结构异阶次混沌系统的同步[63]。

1.4 分数阶混沌系统概述

1.4.1 分数阶混沌系统的研究现状

过去的几十年里,整数阶混沌系统的控制和同步策略的研究已取得了十分显著的成果,同时分数阶混沌系统又被国内外学者普遍认为是整数阶混沌系统在任意系统阶次上的自然延伸,因此关于分数阶混沌系统的控制和同步方法与整数阶混沌系统的控制和同步是否具有通用性这一难题一直困扰着众多研究者。然而,人们对于如何将整数阶混沌系统的方法推广到任意阶次的分数阶混沌系统上的无数次尝试后发现,整数阶混沌系统的控制和同步策略并非全部适用于解决分数阶混沌系统的控制和同步问题。因为对于分数阶混沌系统,混沌吸引子的存在与系统阶次具有十分密切的关联,所以某些系统并不能直接利用 Lyapunov 稳定判据来判定系统的稳定性。然而,研究还发现,在整数阶混沌系统上控制和同步方法经过推广后不仅适用于整数阶混沌系统而且也适用于具有任意阶次的分数阶混沌系统。近些年,通过国内外研究者的不懈努力,诸如自适应控制、模糊控制、滑模控制和神经网络控制等控制方法也都相继被推广到任意阶次的分数阶混沌系统中,其推广方法不仅解决了分数阶混沌系统的控制与同步问题,而且也极大地推动了保密通信技术的发展。如 Kiani 等就提出了一种基于分数阶混沌同步的保密通信方案[64];Muthukumar 等也提出了一种基于分数阶混沌同步的图像加密解密方案[65],等等。

虽然分数阶微积分的研究已经有悠长的历史,但是由于其理论研究成果并未在实际中得以应用,其发展也相对缓慢。在 1983 年,Mandelbort 首次指出现实世界中存在大量分数维现象,分数阶微积分才越来越引起人们的重视。20 世纪 90 年代以来,通过学科交叉,分数阶微积分理论与混沌理论彼此之间产生了更深入的联系,这也极大地推动了分数阶混沌系统的产生及发展,不仅引起了越来越多学者的关注，而且使分数阶混沌系统的同步、控制及其应用俨然成为国内外热点课题之一。

如今，以分数阶系统自身特性为出发点，国内外学者针对分数阶混沌系统提出了不同的控制与同步策略。例如，针对分数阶系统所特有的 CRONE 控制器、TID 控制器、$PI^{\lambda}D^{\mu}$控制器及超前滞后校正补偿器等方法。其中，TID 控制器是由分数阶环节、积分环节以及微分环节并联组成的，虽然结构简单、便于调节，但是控制效果并不是非常理想；而 CRONE 控制器具有很强的鲁棒性，不仅在工程中得到了应用，而且在 MATLAB 中建立了专门的控制工具箱；而 $PI^{\lambda}D^{\mu}$控制器虽然日趋成熟且能够获得较好的控制精度，但是也暴露出了结构复杂、参数调节困难等缺点。

目前，研究分数阶混沌系统的控制、同步及其应用问题，主要还是将整数阶系统的研究方法通过改进扩展至分数阶系统，但是其控制和同步策略还尚未完善，很难满足实际工程的需求；尽管分数阶混沌控制与同步在信息加密和物理等领域表现出了巨大的应用潜力，但是我们很清楚无论是理论研究还是应用技术都尚处于起步阶段，后续还亟需进一步的探索与研究。

1.4.2　分数阶混沌系统的应用

混沌系统作为非线性科学的最重要成就之一，虽然只有短短几十年的研究，但是其涉及数学、物理、化学、天文学、地理和生物学等各个领域，极大地冲击着人们对世界的认知能力。混沌系统控制和同步提出的短短十几年的时间内，人们从不同角度相继提出了各种各样的方法，使得混沌同步和控制的思想几乎渗透到了所有的自然科学领域，使得各学科之间的融合达到了一种新的境地。分数阶混沌系统依然是混沌系统，同样具有混沌系统的对初始条件敏感、不规则性、遍历性等特性。但是分数阶混沌系统作为整数阶混沌系统的推广，无论是在动力学的复杂性还是对物理现象的描述方面，都具有整数阶混沌系统所不具备的动力学特性。近年来，随着计算机技术的发展，虽然分数阶混沌系统取得了一些较好的成果，但是其控制和同步理论还很不完善。此外，如何将分数阶混沌系统控制与同步研究的成果应用到工程实践中为人类服务，这将是我们所面临的又一挑战。混沌系统广泛应用于保密通信和图像处理领域，同时在其他一些领域也具有广泛的应用前景。

1. 分数阶混沌系统在保密通信中的应用

混沌保密通信方案的基本思想就是利用混沌信号类似噪声的特性将明文进行加密，然后在接收端通过混沌同步复制出相同的混沌信号，从而将明文信息解调出来。混沌保密通信原理如图 1.2 所示。

与传统的保密通信相比，混沌在抗破译性能方面具有很大的优势，因为一般的保密通信方案，通常采用频谱分析的方法就能对其进行有效的攻击，实现信息的破

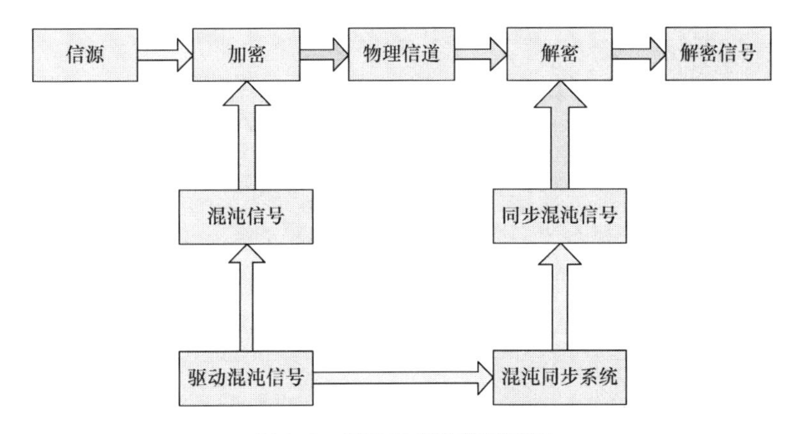

图1.2 混沌保密通信原理图

译。而混沌信号具有类似于白噪声的宽频谱特性，采用通常的频谱分析方法无法得到有用的信息。按照目前的发展方向来说，混沌保密通信主要有四种形式：混沌掩盖、混沌参数调制、混沌键控和混沌扩频通信。一般来说，前两种方案属于模拟调制方式，而后两种属于数字调制方式。虽然利用混沌同步进行保密通信增强了破译难度，提高了通信的安全性，但是随着信息技术的飞速发展，信息被盗现象常常发生，由此造成的数据丢失、财产损失难以估计。由于分数阶系统比整数阶系统具有更加复杂的动力学特性，这就极大地增加了破解的难度。另外，相比整数阶混沌系统，分数阶混沌系统具有对初值和参数更强的敏感性等特点，因此将分数阶混沌信号用于保密通信预期能达到更好的保密效果。

2. 分数阶混沌系统在图像加密中的应用

混沌系统实现数字图像的加密，最直接的方式就是通过混沌系统产生伪随机序列，然后利用产生的伪随机序列与图像明文按位进行异或操作，就可以得到密文。早期的文献一般都是按照这个思路进行，常用的方式就是通过一维 Logistic 映射实现伪随机序列的发生。但是随着研究的进一步深入，人们相继发现该方法存在一些不足：一是密钥空间不够，二是容易受到相空间重构等方法对混沌序列进行辨识。为此，人们相继提出了采用高维混沌对图像位置和像素值进行图像置乱或替代的加密算法。除了混沌置乱加密、置乱与像素替代相结合的加密算法之外，作为混沌系统在图像加密中的应用，人们还相继提出了基于混沌序列离散余弦变换方法、基于混沌 Arnold 变换的小波变换方法等[66,67]。而分数阶混沌系统作为一种特殊的混沌系统，通过其生成的混沌序列将具有比整数阶混沌系统更加丰富的动力学特性，更加适用于图像的加密。运用分数阶混沌系统的图像加密算法与上述方法思想基本类似，本节不再赘述。而如何利用分数阶混沌系统本身特性实现图像加密也将是学者今后研究的工作重点之一。

3. 分数阶混沌系统在数字水印中的应用

分数阶混沌系统在数字水印中的应用方法和图像加密存在着或多或少的相似性，都是充分利用混沌系统对初值敏感、类似噪声等特性实现对信息的掩盖[68-72]。研究发现，分数阶微积分由于具有良好的历史记忆效果，当应用于某些函数处理时，处理结果对系统的阶次具有很大的敏感性，这就为分数阶混沌系统应用于数字水印打下了良好的基础。从现有的文献来看，混沌系统在数字水印中的应用与数字图像的加密处理基本相同，主要分为两类：一类是基于混沌系统设计水印来代替M序列等伪随机数，如Bernoulli序列水印、逐段线性的Markov序列水印、基于Logistic映射的扩频水印等；另一类是通过混沌迭代实现对水印信息的加密，如基于Arnold变换的加密等。总之，水印的加密处理方法与图像加密存在着很大的相似，相应研究可参见文献[70]～[72]。

4. 分数阶混沌系统在电气系统及其相关控制领域中的应用

近些年，在电气系统中及其相关控制领域中，混沌系统及分数阶控制器都有广泛应用。从DC-DC变换器[73]到锁相环[74]，以及常用的机电系统[75,76]，都有类似混沌动力学特性的研究报道。例如，人们通过研究发现，在旋转坐标系下正弦波永磁同步电机的交-直轴电流关系可以表示为[77]

$$\begin{cases} L_d\dot{I}_d=-RI_d+L_qI_q\omega+V_d \\ L_q\dot{I}_q=-RI_q-L_dI_d\omega-\varphi_r\omega+V_q \\ J\dot{\omega}=n\varphi_rI_q-b\omega-T_L \end{cases} \tag{1.3}$$

式中，下标为d的变量表示通过旋转矢量折算到直轴的变量；下标为q的变量表示通过旋转矢量折算到交轴的变量。V为电压，I为电流，φ_r为激磁磁链，ω为旋转坐标下的转速，b为黏滞系数，T_L为其他负载力矩。通过引入相应的尺度因子及线性变换，定义变量$x_1=I_d$，$x_2=I_q$，$x_3=\omega$，便能将系统转换为类似于Lorenz系统的结构：

$$\begin{cases} \dot{y}_1=y_2y_3-y_1+\bar{V}_d \\ \dot{y}_2=\gamma y_3-y_2-y_1y_3+\bar{V}_q \\ \dot{y}_3=\delta(y_2-y_3)-\bar{T}_L \end{cases} \tag{1.4}$$

而相应的Hopf分岔和动力学行为都得到了广泛的研究，人们还从实际物理系统出发提出了类似的$PI^{\lambda}D^{\mu}$控制器、超前滞后校正补偿器等。

5. 分数阶混沌系统在信号处理领域中的应用

在信号处理领域，人们通过研究发现诸如雷达信号中的海面杂波、激光水下探测目标信号甚至生物医学中母体胎儿心电信号的提取等都可以归结为混沌噪声背景下信号检测和提取问题。当采用传统的信号处理方式时，往往将混沌信号当成随机的噪声信号进行滤除，忽略了混沌信号的固有属性，导致背景信号建立的模型存在偏差，严重影响微弱信号检测的效果。人们从自己的领域出发，相继提出了多种信号检测的方法[78]。此外，分数阶系统在信号的边缘检测等方面具有广泛的研究价值[79]。

除了上述的混沌应用领域之外，混沌系统在金融、能源领域都得到了广泛的研究。例如，人们借鉴混沌动力学的相空间重构技术、幅值谱分析、庞加莱截面等方法进行分析，相继发现了固定资产投资增长过程的混沌特性、上海证券综合指数的动力学模型甚至中国能源年生产量与消费量分数阶相关维数等[80]。

1.5 本书的主要内容及安排

在国家自然科学基金河南省联合基金“分数阶随机时滞系统的分析与优化控制”(U1604146)、河南省高校科技创新人才支持计划“分数阶随机时滞系统的多目标分析与容错控制”(18HASTIT019)、国家自然科学基金“分数阶模糊时滞系统的分析与综合”(61203047)以及国家自然科学基金(61473115)、河南省高校科技创新团队(18IRTSTHN011)、河南科技大学青年学术带头人培养计划、河南科技大学博士科研启动基金的支持下，本书系统地研究分数阶混沌系统的控制、同步及其应用等相关问题。其主要内容与结构可以概括如下。

第1章绪论。这一部分简单介绍课题背景和意义、混沌的定义以及混沌的主要特性。此外，也分别概述整数阶混沌系统和分数阶混沌系统目前常见的控制和同步方法以及应用领域。

第2章简单介绍分数阶微积分的相关基础。首先对分数阶微积分的发展历程进行概述；其次介绍分数阶微分算子常用的三种定义，即 Riemann-Liouville 定义、Grünwald-Letnikov 定义和 Caputo 定义，同时介绍分数阶微积分常用的重要性质、分数阶微分方程的求解方法以及分数阶系统的稳定判据；最后给出有关 Lyapunov 方程、线性矩阵不等式等的一些基础定理和定义以及常用的基本引理。

第3～5章主要研究分数阶混沌系统的相关控制策略。

第3章基于 T-S 模糊控制、非脆弱控制及 Lyapunov 稳定理论，设计能够保证分数阶统一混沌系统渐近稳定的非脆弱模糊控制器，并给出分数阶统一混沌系统控制器存在的充分条件。

第4章基于 T-S 模糊模型、模糊滑模控制及 Lyapunov 稳定理论，设计能够保证分数阶统一混沌系统渐近稳定的模糊滑模控制器，并仿真验证所提方法的有效性。

第 5 章基于Ⅱ型模糊控制、自适应控制、滑模变结构控制及有限时间理论，设计保证一类分数阶非线性系统能够在有限时间内渐近稳定的自适应模糊终端滑模控制器，并通过实例验证所提控制策略的可行性与有效性。

第 6～9 章详细考虑分数阶混沌系统的相关同步策略。

第 6 章基于有限时间策略，针对一类分数阶混沌系统，设计能够保证被控系统在有限时间内渐近稳定的分数阶非奇异终端模糊滑模控制器，仿真算例验证设计方法的有效性。

第 7 章基于反演滑模控制方法，针对分数阶 Genesio-Tesi 混沌系统研究同步问题，给出的仿真结果验证所设计控制器在同步混沌系统中的有效性。

第 8 章对于同结构的分数阶经济混沌系统和超混沌系统构建分数阶误差系统并给出组合函数投影同步的定义，同时基于 T-S 模糊控制和自适应控制理论设计能够保证分数阶误差系统渐近稳定的同步控制器。

第 9 章结合主动控制和自适应控制理论提出一种混合控制策略，设计一种由补偿控制器和优化控制器组成的同步控制器，所设计的控制器不仅能够解决一类具有不同结构不同阶次时滞分数阶混沌系统的投影同步问题，而且对外部扰动与系统不确定具有较强的鲁棒性。

第 10 章基于分数阶混沌系统的同步策略，研究分数阶混沌同步在保密通信中的应用；基于分数阶混沌系统的控制策略，讨论分数阶混沌控制在分数阶永磁同步电机混沌系统中的应用。

参考文献

[1] 卢侃，孙建华. 混沌学传奇[M]. 上海：上海翻译出版公司，1991：1-15.

[2] 黄润生，黄浩. 混沌及其应用[M]. 武汉：武汉大学出版社，2005：1-10.

[3] Ott E, Grebogi C, Yorke J A. Controlling chaos[J]. Physical Review Letters, 1990, 64(11): 1196-1199.

[4] Gang H, Kaifen H. Controlling chaos in systems described by partial differential equations[J]. Physical Review Letters, 1993, 71(23): 3794-3797.

[5] Kocarev L, Parlitz U. General approach for chaotic synchronization with applications to communication[J]. Physical Review Letters, 1995, 74(25): 5028-5031.

[6] Bagley R L, Calico R A. Fractional-order state equations for the control of viscoelastic damped structures[J]. Journal of Guidance, Control and Dynamics, 1991, 14(2): 304-311.

[7] Gloeckle W G, Nonnenmacher T F. Fractional integral operators and fox functions in the theory of viscoelasticity[J]. Macromolecules, 1991, 24(24): 6426-6434.

[8] Ichise M, Nagayanagi Y, Kojima T. An analog simulation of non-integer order transfer functions for analysis of electrode processes[J]. Journal of Electroanalytical Chemistry, 1971, 33(2): 253-265.

[9] Sun H H, Abdelwahab A A, Onaral B. Linear approximation of transfer function with a pole of fractional power[J]. IEEE Transactions on Automatic Control, 1984, 29(5): 441-444.

[10] Heaviside O. Electromagnetic theory: Including an account of heaviside's unpublished notes for a fourth volume and with a foreword by edmund whittaker[J]. Cad Saúde Pública, 1971, 31(9): 1929-1940.

[11] West B J, Bologna M, Grigolini P. Physics of Fractal Operators[M]. New York: Springer-Verlag, 2003.

[12] Podlubny I. Fractional Differential Equation[M]. San Diego: Academic Press, 1999.

[13] Li C G, Chen G R. Chaos and hyperchaos in the fractional-order Rossler equations[J]. Physica A, 2004, 34(1): 55-61.

[14] Petráš I. Fractional-Order Nonlinear Systems: Modeling, Analysis and Simulation[M]. Berlin: Springer-Verlag, 2011.

[15] Ahn H S, Chen Y Q. Necessary and sufficient stability condition of fractional-order interval linear systems[J]. Automatica, 2008, 44(11): 2985-2988.

[16] Hamamci S E. An algorithm for stabilization for fractional-order time delay systems using fractional-order PID controllers [J]. IEEE Transactions on Automatic Control, 2007, 52(10): 1964-1969.

[17] Tavazoei M S, Haeri M. A note on the stability of fractional order systems[J]. Mathematics and Computers in Simulation, 2009, 79(5): 1566-1576.

[18] Shen J, Cao J. Necessary and sufficient conditions for consensus of delayed fractional-order systems[J]. Asian Journal of Control, 2012, 14(6): 1690-1697.

[19] Li Y, ChenY Q, Podlubny I. Stability of fractional-order nonlinear dynamic systems: Lyapunov direct method and generalized Mittag-Leffler stability[J]. Computers & Mathematics with Applications, 2010, 59(5): 1810-1821.

[20] 朱呈祥,邹云. 分数阶控制研究综述[J]. 控制与决策, 2009, 24(2): 161-169.

[21] Li T Y, Yorke J A. Period three implies chaos[J]. American Mathematical Monthly, 1975, 82(10): 985-992.

[22] Devaney R L. An Introduction to Chaotic Dynamical Systems[M]. Benjamin: Cummings, 1986.

[23] Marotto F R. Chaotic behavior in the Hénon mapping[J]. Communications in Mathematical Physics, 1979, 68(2): 187-194.

[24] 张化光,王智良,黄伟. 混沌系统的控制理论[M]. 沈阳:东北大学出版社, 2003.

[25] 张琪昌,王洪礼,竺致文. 分岔与混沌理论与应用[M]. 天津:天津大学出版社, 2005.

[26] 孙光辉. 分数阶混沌系统的控制及同步研究[D]. 哈尔滨:哈尔滨工业大学, 2010.

[27] Hunt E R. Stabilizing high-period orbits in a chaotic system: The diode resonator[J]. Physical Review Letters, 1991, 67(15): 1953-1955.

[28] Tanaka K, Ikeda T, Wang H O. A unified approach to controlling chaos via an LMI-based fuzzy control system design[J]. IEEE Transactions on Circuits and Systems I: Fundamental Theory and Applications, 1998, 45(10): 1021-1040.

[29] Zhang H, Ma T, Huang G B, et al. Robust global exponential synchronization of uncertain chaotic delayed neural networks via dual-stage impulsive control[J]. IEEE Trans. Syst. Man. Cybern. B, 2010, 40(3): 831-844.

[30] Piccardi C, Ghezzi L L. Optimal control of a chaotic map: Fixed point stabilization and attractor confinement[J]. International Journal of Bifurcation and Chaos, 2011, 7(2): 437-446.

[31] 王忠勇，蔡远利. 液位调节系统中混沌运动的最优控制[J]. 控制理论与应用，1999，16(2)：258-261.

[32] 余建祖，苏楠，Vincent T L. 混沌 Lorenz 系统的控制研究[J]. 物理学报，1998，47(3)：397-402.

[33] Fowler T B. Application of stochastic control techniques to chaotic nonlinear systems[J]. IEEE Transactions on Automatic Control, 1989, 34(2): 201-205.

[34] Wan C J, Bernstein D S. Nonlinear feedback control with global stabilization[J]. Dynamics and Control, 1995, 5(4): 321-346.

[35] 陈小山，张伟江，迟毓东. 基于变结构的混沌控制[J]. 上海交通大学学报，1999，33(5)：581-582.

[36] Yan J J, Hung M L, Lin J S, et al. Controlling chaos of a chaotic nonlinear gyro using variable structure control[J]. Mechanical Systems and Signal Processing, 2007, 21(6): 2515-2522.

[37] Xi H, Li Y, Huang X. Adaptive function projective combination synchronization of three different fractional-order chaotic systems[J]. Optik-International Journal of Light and Electron Optics, 2015, 126(24): 5346-5349.

[38] 谭文，王耀南，黄丹，等. 混沌系统的混合遗传神经网络控制[J]. 控制理论与应用，2004，21(4)：495-500.

[39] 王耀南，谭文. 混沌系统的遗传神经网络控制[J]. 物理学报，2003，52(11)：2723-2728.

[40] Lai Y C, Grebogi C. Synchronization of chaotic trajectories using control[J]. Physical Review E: Statistical Physics Plasmas, Fluids and Related Interdisciplinary Topics, 1993, 47(4): 2357-2360.

[41] Carroll T L, Triandaf I, Schwartz I, et al. Tracking unstable orbits in an experiment[J]. Physical Review A, 1992, 46(10): 6189-6192.

[42] Pecora L M, Carroll T L. Synchronization in chaotic systems[J]. Physical Review Letters, 1990, 64(8): 821-824.

[43] Li W L, Chang K M. Robust synchronization of drive-response chaotic systems via adaptive sliding mode control[J]. Chaos, Solitons & Fractals, 2009, 39(5): 2086-2092.

[44] 周平，赵鹏. 混沌系统的驱动-响应同步[J]. 重庆大学学报：自然科学版，2002，25(12)：77-79.

[45] Bai E W, Lonngren K E. Synchronization of two Lorenz systems using active control[J]. Chaos, Solitons & Fractals, 1997, 8(1): 51-58.

[46] Uçar A, Lonngren K E, Bai E W. Synchronization of the unified chaotic systems via active

control[J]. Chaos, Solitons & Fractals, 2006, 27(5): 1292-1297.

[47] Uçar A, Lonngren K E, Bai E W. Chaos synchronization in RCL-shunted josephson junction via active control[J]. Chaos, Solitons & Fractals, 2007, 31(1): 105-111.

[48] Li G H. Synchronization and anti-synchronization of colpitts oscillators using active control[J]. Chaos, Solitons & Fractals, 2005, 26(1): 87-93.

[49] Guo L. An active control synchronization for two modified chua circuits[J]. Chinese Physics B, 2005, 14(3): 472-475.

[50] Agiza H N, Yassen M T. Synchronization of rossler and Chen chaotic dynamical systems using active control[J]. Physics Letters A, 2001, 278(4): 191-197.

[51] Yassen M T. Chaos synchronization between two different chaotic systems using active control[J]. Chaos, Solitons & Fractals, 2005, 23(1): 131-140.

[52] Chen H K. Synchronization of two different chaotic systems: A new system and each of the dynamical systems Lorenz, Chen and Lü[J]. Chaos, Solitons & Fractals, 2005, 25(5): 1049-1056.

[53] 陈向荣,刘崇新,李永勋. 基于非线性观测器的一类分数阶混沌系统完全状态投影同步[J]. 物理学报,2008,57(3):1453-1457.

[54] 高金峰,张成芬. 基于非线性观测器实现一类分数阶混沌系统的同步[J]. 复杂系统与复杂性科学,2007,4(2):50-55.

[55] 逯俊杰,刘崇新,张作鹏,等. 基于状态观测器的分数阶统一混沌系统的同步控制[J]. 西安交通大学学报,2007,41(4):497-500.

[56] Morgül Ö, Solak E. Observer-based synchronization of chaotic systems[J]. Physical Review E: Statistical Physics Plasmas, Fluids and Related Interdisciplinary Topics, 1996, 54(5): 4803-4811.

[57] Feki M, Robert B. Observer-based chaotic synchronization in the presence of unknown inputs[J]. Chaos, Solitons & Fractals, 2003, 15(5): 831-840.

[58] Feki M. Observer-based exact synchronization of ideal and mismatched chaotic systems[J]. Physics Letters A, 2003, 309(1-2): 53-60.

[59] Yan J J, Yang Y S, Chiang T Y, et al. Robust synchronization of unified chaotic systems via sliding mode control[J]. Chaos, Solitons & Fractals, 2007, 34(3): 947-954.

[60] Chen C S, Chen HH. Robust adaptive neural-fuzzy-network control for the synchronization of uncertain chaotic systems[J]. Nonlinear Analysis Real World Applications, 2009, 10(3): 1466-1479.

[61] Park J H. Adaptive synchronization of a four-dimensional chaotic system with uncertain parameters[J]. International Journal of Nonlinear Sciences and Numerical Simulation, 2005, 6(3): 305-310.

[62] Park J H. Adaptive modified projective synchronization of a unified chaotic system with an uncertain parameter[J]. Chaos, Solitons & Fractals, 2007, 34(5): 1552-1559.

[63] Song X, Song S, Li B. Adaptive synchronization of two time-delayed fractional-order chaotic

systems with different structure and different order[J]. Optik-International Journal for Light and Electron Optics,2016,127(24):11860-11870.

[64] Kiani B A,Fallahi K,Pariz N,et al. A chaotic secure communication scheme using fractional chaotic systems based on an extended fractional Kalman filter[J]. Communications in Nonlinear Science and Numerical Simulation,2009,14(3):863-879.

[65] Muthukumar P,Balasubramaniam P. Feedback synchronization of the fractional order reverse butterfly-shaped chaotic system and its application to digital cryptography[J]. Nonlinear Dynamics,2013,74(4):1169-1181.

[66] 刘家胜. 基于混沌的图像加密技术研究[D]. 合肥:安徽大学,2007.

[67] 孙福艳. 空间混沌及其在图像加密中的应用[D]. 济南:山东大学,2009.

[68] Bender W R,Gruhl D,Morimoto N. Techniques for data hiding[J]. IBM Systems Journal,1996,35(3-4):313-336.

[69] Lin S D,Shie S C,Chen C F. A DCT based image watermarking with threshold embedding[J]. International Journal of Computers and Applications,2003,25(2):130-135.

[70] 吴先用. 混沌同步与混沌数字水印研究[D]. 武汉:华中科技大学,2007.

[71] 茅耀斌. 基于混沌的图像加密与数字水印技术研究[D]. 南京:南京理工大学,2003:113-122.

[72] 何希平. 基于混沌的图像信息安全算法研究[D]. 重庆:重庆大学,2006.

[73] 吴捷,刘明建,杨苹. Buck-Boost DC-DC 变换器中分叉与混沌问题的研究[J]. 控制理论与应用. 2002,19(3):387-394.

[74] 贺利芳,张刚,张德民,等. 基于锁相环的混沌同步[J]. 通信技术,2008,41(3):98-100.

[75] 杨志红,姚琼荟. 无刷直流电动机系统非线性研究[J]. 动力学与控制学报,2006,4(1):59-62.

[76] Zaher A A. A nonlinear controller design for permanent magnet motors using a synchronization-based technique inspired from the Lorenz system[J]. Chaos an Interdisciplinary Journal of Nonlinear Science,2008,18(1):738-749.

[77] 陈坚. 交流电机数学模型及调速系统[M]. 北京:国防工业出版社,1989.

[78] 孙晓东. 混沌噪声背景下谐波参数估计方法研究[D]. 长春:吉林大学,2009.

[79] 李远禄. 分数阶微积分滤波原理、应用及分数阶系统辨识[D]. 南京:南京航空航天大学,2007.

[80] 马莉莉. 中国股票市场非线性的实证与应用研究[D]. 武汉:武汉大学,2004.

第2章 数学基础

本章将简要介绍一些在系统控制分析中需要用到的数学基础知识，特别是分数阶微积分的定义、性质，分数阶微分方程的求解方法和稳定性判据，以及 Lyapunov 方程和线性矩阵不等式等一些基本理论。对于熟悉相关内容的读者，可跳过本章。本章的内容在各种工程矩阵理论及分数阶系统稳定性理论的教材和专著中都有介绍，读者可参考文献[1]～[6]。简明起见，假定读者具备线性代数与控制理论的基础知识。

2.1 分数阶微积分

2.1.1 分数阶微积分的发展历程

分数阶微积分理论的研究与整数阶微积分理论的研究基本同步，至今已有300多年的历史。整数阶微积分理论出现后不久，法国数学家 L'Hôpital 就在1695年写给 Leibniz 的信中探讨了阶次 n 为非整数时的情形，但是当时 Leibniz 并没有给出合理的解释。虽然 Euler 等学者之后也对分数阶微积分给予了关注，但分数阶微积分仍然只是一种纯数学的讨论与假设。但是，自19世纪初开始，有关分数阶微积分的理论研究开始百花齐放。例如，1812年 Laplace 用积分定义了分数阶导数，1819年他又首次应用了"任意阶导数"这个名词。此外，Lacroix 在同年给出了当 $f(x)=x, n=1/2$ 时，$\mathrm{d}^{1/2}f(x)/\mathrm{d}x^{1/2}=2\sqrt{x}/\sqrt{\pi}$ 这一结论。1832年，数学家 Liouville 经过苦心钻研后，提出了第一个较为合理的分数阶导数定义。1847年，Riemann 在 Liouville 研究成果的基础之上对分数阶微积分的定义做出了补充，后人又基于他们的研究成果统一了分数阶微积分的定义并提出了著名的 Riemann-Liouville 定义[7]。1974年之后，众多数学家纷纷置身于分数阶微积分的研究领域中，其中 Kerber、Adly、Veale 进一步拓展了研究深度。但是由于很难找到实际的应用背景，该数学研究分支的发展非常缓慢。直到20世纪70年代，Mandelbrot 在创立分维数过程中指出，自然界中存在大量的自相似现象和大量的分维数系统的事实。此后，为了在动力学和分形几何方面有所突破，分数阶微积分作为基本的理论基础又再一次引起了众多学者的关注。

目前，分数阶微积分和分数阶微分方程无论在理论研究方面还是在工程应用方面都已经取得了十分显著的发展。考虑到在数学、生物学、化学及材料学等领域的应用前景，分数阶微积分已经越来越受到人们的重视。同时，分数阶混沌系统的发展和应用亦成为当代自然科学理论研究中的热点课题之一。值得注意的是，随着研究工作如火如荼地开展，其研究结果发现，分数阶非线性系统也存在混沌行为，因此将分数阶微积分运算应用到混沌学中，对分数阶混沌系统开展研究已经成为分数阶微积分理论新的应用领域。

2.1.2 分数阶微积分的定义

分数阶微分现有的定义有多种形式，如 Riemann-Liouville 定义、Grünwald-Letnikov 定义、Caputo 定义、Sequential 定义和 Nishimoto 定义等[5]，在相关研究中最常用的是 Riemann-Liouville 定义、Grünwald-Letnikov 定义和 Caputo 定义。但是分数阶积分的定义只有一种，即 Riemann-Liouville 分数阶积分。

1. Riemann-Liouville 分数阶积分定义[5]

$$\begin{cases}(I_q^0 f)(x)=f(x)\\ ({}_aI^\alpha f)(t)=\dfrac{1}{\Gamma(\alpha)}\displaystyle\int_a^t (t-s)^{\alpha-1}f(s)\mathrm{d}s, \quad \alpha>0, \quad t\in[a,b]\end{cases} \tag{2.1}$$

式中，$\alpha\geqslant 0$，f 为定义在$[a,b]$上的实值函数；$\Gamma(\cdot)$为 Gamma 函数。

Gamma 函数是物理和工程技术中常见的函数，它是阶乘概念的推广，定义为

$$\Gamma(z)=\int_0^\infty t^{z-1}\mathrm{e}^{-t}\mathrm{d}t, \quad \mathrm{Re}(z)>0 \tag{2.2}$$

Gamma 函数有如下一些基本性质：

(1) $\Gamma(x)\geqslant 0, \forall x\in(0,+\infty)$，且 $\Gamma(1)=1$；

(2) $\Gamma(n)=(n-1)!, \forall n\in\mathbb{Z}^+$；

(3) $\Gamma(z+1)=z\Gamma(z), \forall z\in\mathbb{C}$；

(4) $\Gamma(x)\Gamma(1-x)=\dfrac{\pi}{\sin(\pi x)}, \forall x\in(0,1)$。

2. Riemann-Liouville 分数阶微分定义

在实际应用过程中，Riemann-Liouville 定义是使用最多的定义，简称 R-L 定义[8]，其定义如下：

$$\frac{\mathrm{d}^\alpha f(t)}{\mathrm{d}t^\alpha}=\frac{1}{\Gamma(m-\alpha)}\frac{\mathrm{d}^m}{\mathrm{d}t^m}\int_0^t \frac{f(\tau)}{(t-\tau)^{\alpha-m+1}}\mathrm{d}\tau \tag{2.3}$$

式中，m 为整数，且 $\alpha>0$，$m-1\leqslant\alpha<m$；$\Gamma(\cdot)$是 Gamma 函数。

Riemann-Liouville 分数阶微分定义的 Laplace 变换为

$$L\left\{\frac{\mathrm{d}^\alpha f(t)}{\mathrm{d}t^\alpha}\right\}=s^\alpha L\{f(t)\}-\sum_{k=0}^{m-1}s^k\left[\frac{\mathrm{d}^{\alpha-1-k}f(t)}{\mathrm{d}t^{\alpha-1-k}}\right]_{t=0} \tag{2.4}$$

式中，m 为整数，且 $\alpha>0$，$m-1\leqslant\alpha<m$。若初始条件为零，则式(2.4)可简化为

$$L\left\{\frac{\mathrm{d}^\alpha f(t)}{\mathrm{d}t^\alpha}\right\}=s^\alpha L\{f(t)\} \tag{2.5}$$

因此，α 阶分数阶积分算子可以转化到频域进行计算，其传递函数可表示为 $F(s)=1/s^\alpha$。

3. Grünwald-Letnikov 分数阶微分定义[5]

对于连续函数 $y=f(x)$，利用经典的求导公式，其一阶导数可定义如下：

$$f'(t)=\frac{\mathrm{d}f(x)}{\mathrm{d}t}=\lim_{h\to 0}\frac{f(t)-f(t-h)}{h} \tag{2.6}$$

其二阶导数可表示如下：

$$\begin{aligned}f''(t)&=\frac{\mathrm{d}^2 f(x)}{\mathrm{d}t^2}\\&=\lim_{h\to 0}\frac{f'(t)-f'(t-h)}{h}\\&=\lim_{h\to 0}\frac{f(t)-2f(t-h)+f(t-2h)}{h^2}\end{aligned} \tag{2.7}$$

基于式(2.6)和式(2.7)，可得 $f(x)$的三阶导数为

$$\begin{aligned}f'''(t)&=\frac{\mathrm{d}^3 f(x)}{\mathrm{d}t^3}\\&=\lim_{h\to 0}\frac{f(t)-3f(t-h)+3f(t-2h)-f(t-3h)}{h^2}\end{aligned} \tag{2.8}$$

由数学归纳法可知，$f(x)$的 n 阶导数为

$$\begin{aligned}f^{(n)}(t)&=\frac{\mathrm{d}^n f(x)}{\mathrm{d}t^n}\\&=\lim_{h\to 0}\frac{1}{h^n}\sum_{r=0}^{n}(-1)^n\begin{bmatrix}n\\r\end{bmatrix}f(t-rh)\end{aligned} \tag{2.9}$$

式中

$$\begin{bmatrix}n\\r\end{bmatrix}=\frac{n(n-1)(n-2)\cdots(n-r+1)}{r!} \tag{2.10}$$

因此，经过推论可得如下任意阶的导数：

$${}_cD_t^\alpha f(t)=\lim_{h\to 0}\frac{1}{h^\alpha}\sum_{j=0}^{(t-c)/h}(-1)^j\begin{bmatrix}\alpha\\j\end{bmatrix}f(t-jh) \tag{2.11}$$

当 $\alpha>0$ 时，式(2.11)表示分数阶微分计算；当 $\alpha<0$ 时，式(2.11)表示分数阶积分计算。

4. Caputo 分数阶微分定义[5]

在分数阶微积分的发展历程中，Riemann-Liouville 定义在纯数学领域占据着

举足轻重的地位，许多定义和定理都是在此基础上建立起来的。虽然 Riemann-Liouville 定义能够在很大程度上简化计算步骤，但是其物理意义不明确且需要已知未知解在初始时刻的分数阶导数值。因此，为了克服上述不足，Caputo 在其论文中给出了分数阶导数定义。首先，定义了如下 α 阶 Riemann-Liouville 积分算子：

$$J^{\alpha}f(t)=\frac{1}{\Gamma(\alpha)}\int_{t_0}^{t}(t-\tau)^{\alpha-1}y(\tau)\mathrm{d}\tau,\quad 0<\alpha<1 \tag{2.12}$$

式中，$\Gamma(\cdot)$是 Gamma 函数。则 α 阶 Caputo 微分可表示如下：

$$_{t_0}^{C}D_t^{\alpha}f(t)=\frac{1}{\Gamma(\alpha-n)}\int_{t_0}^{t}\frac{f^{(n)}(\tau)}{(t-\tau)^{\alpha+1-n}}\mathrm{d}\tau,\quad n-1<\alpha<n \tag{2.13}$$

Caputo 分数阶微分是在研究线性黏滞弹性问题上发展而来的，其优点是 Laplace 变换的初始值只依赖于整数阶导数。然而，Caputo 分数阶微分对函数的要求要比 Riemann-Liouville 分数阶微分严格许多，其前提条件就是函数的 n 阶导数绝对可积。

2.2 分数阶微积分的重要性质

2.2.1 Riemann-Liouville 分数阶微积分的性质

Riemann-Liouville 分数阶微积分算子具有下列主要性质：

(1) 分数阶积分算子可交换，即

$$_aI_t^{\alpha}{}_aI_t^{\beta}f(t)={}_aI_t^{(\alpha+\beta)}f(t)={}_aI_t^{\beta}{}_aI_t^{\alpha}f(t),\quad \alpha>0;\beta>0$$

(2) 当 $\alpha\in\mathbb{R}$，C 为任意常数时，下式成立：

$$_aD_t^{\alpha}[Cf(t)]=C{}_aD_t^{\alpha}f(t)$$

(3) 类似于整数阶微分运算，分数阶微分运算满足如下线性性质：

$$_aD_t^{\alpha}[k_1f(x)+k_2g(x)]=k_1{}_aD_t^{\alpha}f(x)+k_2{}_aD_t^{\alpha}g(x)$$

(4) 当 $\alpha>0$，$\beta>0$ 时，下式成立：

$$_aD_t^{\alpha}{}_aD_t^{-\beta}f(t)={}_aD_t^{\alpha-\beta}f(t)$$

特别地，$_aD_t^{\alpha}{}_aD_t^{-\alpha}f(t)=f(t)$，$\alpha>0$。

(5) 令 $\beta>\alpha>0$，则下式成立：

$$_aI_t^{\alpha}\,(t-a)^{\beta-1}(x)=\frac{\Gamma(\beta)}{\Gamma(\beta+\alpha)}(x-a)^{\beta+\alpha-1}$$

$$_aD_t^{\alpha}\,(t-a)^{\beta-1}(x)=\frac{\Gamma(\beta)}{\Gamma(\beta-\alpha)}(x-a)^{\beta-\alpha-1}$$

特别地，非零常数 C 的 Riemann-Liouville 分数阶导数为

$$_0D_t^{\alpha}C=\frac{\Gamma(1)}{\Gamma(1-\alpha)}t^{-\alpha}\neq 0$$

(6) 若 $\alpha,\beta\in\mathbb{R}$，$n\in\mathbb{Z}$，$0\leqslant n-1\leqslant\beta<n$，则

$$
\begin{aligned}
{}_0D_t^{\alpha}\,{}_0D_t^{\beta}f(t) &= {}_0D_t^{\alpha+\beta}f(t)-\left[{}_0D_t^{\beta-1}f(t)\right]\Big|_{t=0}\frac{t^{-\alpha-1}}{\Gamma(-\alpha)} \\
&= {}_0D_t^{\alpha+\beta}f(t)
\end{aligned}
$$

以上用到了 $\left[{}_0D_t^{\beta-1}f(t)\right]\Big|_{t=0}=0$，因为

$$
{}_0D_t^{\beta-1}f(t) = \frac{1}{\Gamma(1-\beta)}\int_0^t \frac{f(\tau)}{(t-\tau)^{\beta}}\mathrm{d}\tau
$$

令 $M=\max|f(t)|$，M 是一个正数，则

$$
\left|{}_0D_t^{\beta-1}f(t)\right| \leqslant \frac{M}{\Gamma(1-\beta)}\int_0^t \frac{1}{(t-\tau)^{\beta}}\mathrm{d}\tau = \frac{M}{\Gamma(2-\beta)}t^{1-\beta}
$$

由此得到，$\left[{}_0D_t^{\beta-1}f(t)\right]\Big|_{t=0}=0$。

2.2.2　Caputo 分数阶微积分的性质

Caputo 分数阶微积分算子具有下列主要性质：

(1) 若 $n-1<\beta<n$，$n-1<\beta-\alpha<n$，$\alpha,\beta\in\mathbb{R}^+$，则

$$
{}_aI_t^{\alpha}\,{}_a^CD_t^{\beta}f(t) = {}_a^CD_t^{\beta-\alpha}f(t)
$$

(2) 若 $\alpha\in\mathbb{R}^+$，$n-1<\alpha<n$，则

$$
{}_a^CD_t^{\alpha}f(t) = {}_aD_t^{\alpha}f(t) - \sum_{j=0}^{n-1}\frac{f^{(j)}(a)\,(t-a)^{j-\alpha}}{\Gamma(1+j-\alpha)}
$$

(3) 若 $0<\alpha+\beta\leqslant 1$，$\alpha,\beta\in\mathbb{R}^+$，则

$$
{}_0^CD_t^{\alpha}\,{}_0^CD_t^{\beta}f(t) = {}_0^CD_t^{\alpha+\beta}f(t)
$$

(4) 设 E 为常数，则

$$
{}_a^CD_t^{\alpha}E = 0
$$

Caputo 分数阶导数的初值有明确的物理意义，所以 Caputo 分数阶导数在工程上被广泛应用。

除了上述分数阶微积分的性质以外，其他几个重要的分数阶微积分的性质如下所示，其详细的内容可参见文献[9]。

(1) m 次可微函数的 q 阶微分存在且连续($|q|\leqslant m$)。

(2) 当 n 为非负整数时，下式成立：

$$
D^q f(x) = f^{(n)}(x),\quad D^0 f(x) = f(x)
$$

(3) 类似于整数阶微分运算，分数阶微分运算满足如下线性性质：

$$
D^q\left[k_1 f(x)+k_2 g(x)\right] = k_1 D^q f(x) + k_2 D^q g(x)
$$

(4) 分数阶微分满足半群性：

$$
D^{q_1}D^{q_2}f(x) = D^{q_1+q_2}f(x),\quad q_1,q_2>0
$$

(5) 对于两个连续可微函数 $k(t)$、$f(t)$，满足分数阶莱布尼茨法则，即

$$D^q[k(t)f(t)] = \sum_{i=0}^{r}\begin{bmatrix} r \\ i \end{bmatrix} k^{(i)}(t) f^{(r-i)}(t)$$

2.3 分数阶微分方程的求解方法

考虑到分数阶微积分的定义不能够在时域仿真中直接进行分数阶微分运算，因此，为了对系统中的混沌演化行为进行有效的分析，通常利用逐步逼近的方法来实现分数阶微分运算，进而达到对分数阶微分方程进行求解的目的。

2.3.1 预估-校正算法

Adams-Bashforth-Moulton 方法是求解一阶微分方程组的经典方法[10]。而预估-校正算法更是 Adams-Bashforth-Moulton 方法的推广。考虑如下微分方程：

$$D_t^{\alpha} x(t) = f(t, x(t)), \quad 0 \leqslant t \leqslant T \tag{2.14}$$

式中，系统初始值为 $x^{(k)}(0) = x_0^{(k)}$ $(k = 0, 1, \cdots, m-1)$，其中 $m = \alpha$，与其等价的 Volterra 积分方程如下：

$$x(t) = \sum_{k=0}^{n-1} x_0^k \frac{t^k}{k!} + \frac{1}{\Gamma(\alpha)} \int_0^t (t-\tau)^{\alpha-1} f(\tau, x(\tau)) \mathrm{d}\tau \tag{2.15}$$

式中，令 $h = T/N$，$t_p = ph$，$n = 0, 1, \cdots, N \in \mathbb{Z}^+$。

利用 Adams-Bashforth 方法对式(2.15)进行预估可得

$$x_h^n(t_{p+1}) = \sum_{k=0}^{n-1} x_0^k \frac{t_{p+1}^k}{k!} + \frac{1}{\Gamma(\alpha)} \sum_{j=0}^{p} b_{j,p+1} f(t_j, x_h(t_j)) \tag{2.16}$$

式中，$b_{j,p+1} = h^{\alpha}((p+1-j)^{\alpha} - (p-j)^{\alpha})/\alpha$。

然后通过 Adams-Moulton 方法校正可得

$$x_h(t_{p+1}) = \sum_{k=0}^{n-1} x_0^{(k)} \frac{t_{p+1}^k}{k!} + \frac{h^{\alpha}}{\Gamma(\alpha+2)} f(t_{p+1}, x_h^n(t_{p+1})) + \frac{h^{\alpha}}{\Gamma(\alpha+2)} \sum_{j=0}^{p} b_{j,p+1} f(t_j, x_h(t_j)) \tag{2.17}$$

式中

$$b_{j,p+1} = \begin{cases} p^{\alpha+1} - (p-\alpha)(p+1)^{\alpha}, & j=0 \\ (p-j+2)^{\alpha+1} + (p-j)^{\alpha+1} - 2(p-j+1)^{\alpha+1}, & 1 \leqslant j \leqslant p \\ 1, & j = p+1 \end{cases} \tag{2.18}$$

其对应的预估-校正算法的误差如下：

$$\max_{j=1,2,\cdots,N} |y(t_j) - y_h(t_j)| = O(h^n) \tag{2.19}$$

式中，$n = \min(2, 1+\alpha)$。

2.3.2 时域频域转换算法

如今，研究者大都采用整数阶拟合分数阶的策略，利用线性逼近的方法进行逼近计算来实现对分数阶微积分的求解。工程上使用最为广泛的就是时域频域转换算法[11]，通过在频域中利用分段线性近似法来进行计算。其整个求解过程可以总结为：首先利用逐步逼近的方法求解得到频域 s^α 的值，然后结合 s^α 的值得到频域的具体展开形式，最后将所得到的展开形式再转化为整数阶次的方程并利用 MATLAB 软件进行数值计算，最终求得分数阶微分方程的可行解。

目前分数阶算子的逼近方法有两大类：一类是基于连分式展开和差值的近似方法，有 Matsuda 算法[12]和 Carlson 算法[13]；另一类是基于曲线拟合及辨识技术的近似方法，有 Chareff 算法[14]和 Oustaloup 算法[15]。

1. 连分式展开和插值法

给定一个无理函数 $G(s)$：

$$G(s)\approx a_0(s)+\cfrac{b_1(s)}{a_1(s)+\cfrac{b_2(s)}{a_2(s)+\cfrac{b_3(s)}{a_3(s)+\cdots}}}$$

$$=a_0(s)+\frac{b_1(s)}{a_1(s)+}\frac{b_2(s)}{a_2(s)+}\frac{b_3(s)}{a_3(s)}\cdots \tag{2.20}$$

式中，$a_i(s)$、$b_i(s)$都是常数或变量 s 的有理函数。这种方法的应用产生了一个有理函数 $\hat{G}(s)$，它是无理函数 $G(s)$的近似。

另外，对于插值法，有理函数有时会优于多项式，大致上说，就是以极点的形式表示函数。这些方法是以无理函数 $G(s)$的近似为基础的，用以下有理函数表示：

$$\begin{aligned} G(s)&\approx R_{i(i+1)\cdots(i+m)}=\frac{P_\mu(s)}{Q_\nu(s)} \\ &=\frac{p_0+p_1s+\cdots+p_\mu s^\mu}{q_0+q_1s+\cdots+q_\nu s^\nu} \\ m+1&=\mu+\nu+1 \end{aligned} \tag{2.21}$$

基于连分式展开，有以下几种方法。

1) 分段线性逼近

在 Laplace 域内，函数 $G(s)=s^{-\alpha}(0<\alpha<1)$一般可用下面的式子来近似计算：

$$\begin{aligned} G_{\mathrm{h}}(s)&=\frac{1}{(1+sT)^\alpha} \\ G_{\mathrm{l}}(s)&=\left(1+\frac{1}{s}\right)\alpha \end{aligned} \tag{2.22}$$

式中，$G_{\mathrm{h}}(s)$是在高频段($\omega T\gg1$)的近似逼近式；$G_{\mathrm{l}}(s)$是在低频段($\omega T\ll1$)的近似逼近式。

2) Carlson 算法

Carlson 算法的最开始是基于牛顿迭代法求解下面两式子的关系[13]：

$$(H(s))^{1/\alpha}-G(s)=0,\quad H(s)=(G(s))^{\alpha} \tag{2.23}$$

定义 $\alpha=1/q, m=q/2$，在每一次迭代中初始值设定为 $H_0(s)=1$，因此可得一个近似的有理函数：

$$H_i(s)=H_{i-1}(s)\frac{(q-m)(H_{i-1}(s))^2+(q+m)G(s)}{(q+m)(H_{i-1}(s))^2+(q-m)G(s)} \tag{2.24}$$

3) Matsuda 算法

Matsuda 算法是基于有理函数逼近系统函数的方法，假定在感兴趣频段内选择一系列点 $s_k(k=0,1,2,\cdots)$，因此其传递函数描述如下：

$$H(s)=a_0+\frac{s-s_0}{a_1+}\frac{s-s_2}{a_2+}\frac{s-s_3}{a_3+}\cdots \tag{2.25}$$

式中，$a_i=\nu_i(s_i)$；$\nu_0(s)=H(s)$；$\nu_{i+1}(s)=(s-s_i)/[\nu_i(s)-a_i]$。

2. 曲线拟合及辨识法

1) Oustaloup 算法

Oustaloup 算法是基于下面形式函数的估计[15]：

$$H(s)=s^{\mu},\quad \mu\in\mathbb{R}^+ \tag{2.26}$$

其估计函数可以表示为

$$\hat{H}(s)=C\prod_{K=-N}^{N}\frac{1+s/\omega_k}{1+s/\omega_k'} \tag{2.27}$$

式中

$$\begin{gathered}\omega_0'=\alpha^{-0.5}\omega_\mu,\quad \omega_0=\alpha^{0.5}\omega_\mu,\quad \frac{\omega_{k+1}'}{\omega_k'}=\frac{\omega_{k+1}}{\omega_k}=\alpha\eta>1\\ \frac{\omega_{k+1}'}{\omega_k}=\eta>0,\quad \frac{\omega_k}{\omega_k'}=\alpha>0,\quad N=\frac{\ln(\omega_N/\omega_0)}{\ln(\alpha\eta)},\quad \mu=\frac{\ln\alpha}{\ln(\alpha\eta)}\end{gathered} \tag{2.28}$$

且 $\omega_\mu=\sqrt{\omega_h\omega_b}$，$\omega_h$、$\omega_b$ 分别为指定频段内的最高和最低频率点。

2) Chareff 算法

Chareff 算法与 Oustaloup 算法类似，只是通过函数

$$H(s)=\frac{1}{(1+s/P_T)^{\alpha}} \tag{2.29}$$

来逼近分数阶积分算子，式(2.29)又可由式(2.30)替代：

$$\hat{H}(s)=\frac{\prod_{i=0}^{n-1}\left(1+\frac{s}{z_i}\right)}{\prod_{i=0}^{n}\left(1+\frac{s}{p_i}\right)} \tag{2.30}$$

其中系数与曲线拟合的最大误差 y 有关，定义

$$a=10^{y/10(1-\alpha)},\quad b=10^{y/10\alpha},\quad ab=10^{y/[10\alpha(1-\alpha)]} \tag{2.31}$$

零极点由下面的等式决定：

$$p_0=p_T\sqrt{b},\quad p_i=p_0\,(ab)^i,\quad z_i=ap_0\,(ab)^i \tag{2.32}$$

而相应的零极点数目为

$$N=\left\lceil\frac{\ln\dfrac{\omega_{\max}}{p_0}}{\ln(ab)}\right\rceil+1 \tag{2.33}$$

上面介绍的各种分数阶算子的时频近似方法都适用于一定频带范围内，否则有可能得不到理想的结论。正如 Tavazoei 等曾经指出：在计算分数阶混沌系统时，时域频域转换算法存在一定的局限性，甚至出现无法判断系统是否存在混沌的现象[16]。有文献指出，仅在适当的频带范围 $\omega=[\omega_{\min},\omega_{\max}]$及一定的误差范围内，时域频域转换算法才与系统真实的频率响应接近。因此可以说，时频域转换算法在分数阶系统中有一定的适用范围，但是这并不意味着其不能够应用于分数阶混沌系统，其实只要合适地选择频带范围，便可以尽量减少误差对仿真结果的影响。

2.4 分数阶微分方程的稳定性判据

稳定性分析理论作为经典控制和现代控制理论中的一个核心环节，其目的是研究系统在任意一个解附近的行为，也就是在系统的工作过程中，如果系统长时间受到初始扰动的影响，经过足够长的时间调整后，系统能够恢复到平衡状态的能力。因此，研究分数阶微分方程的稳定性对研究分数阶动力学系统有着极其深远的意义。

考虑如下分数阶线性系统：

$$\frac{\mathrm{d}^\alpha x(t)}{\mathrm{d}t^\alpha}=Ax(t)+Bu(t) \tag{2.34}$$

式中，系统阶次 α 满足 $0<\alpha<1$；$x(t)=(x_1(t),x_2(t),\cdots,x_n(t))\in\mathbb{R}^n$，$u(t)\in\mathbb{R}^p$分别表示系统的状态变量和控制输入；$A\in\mathbb{R}^{n\times n}$、$B\in\mathbb{R}^{n\times p}$为适维的常数矩阵。其系统的稳定可以描述如下[17]：

(1) 如果系数矩阵 A 的任何特征值 λ 满足 $|\arg(\lambda)|>\alpha\pi/2$，则分数阶系统(2.34)是渐近稳定的。

(2) 如果系数矩阵 A 的任何特征值 λ 满足 $|\arg(\lambda)|\geqslant\alpha\pi/2$，则分数阶系统(2.34)是稳定的。

这里，利用图 2.1 描述分数阶系统稳定性和系数矩阵特征值的关系。

对于如下分数阶非线性系统：

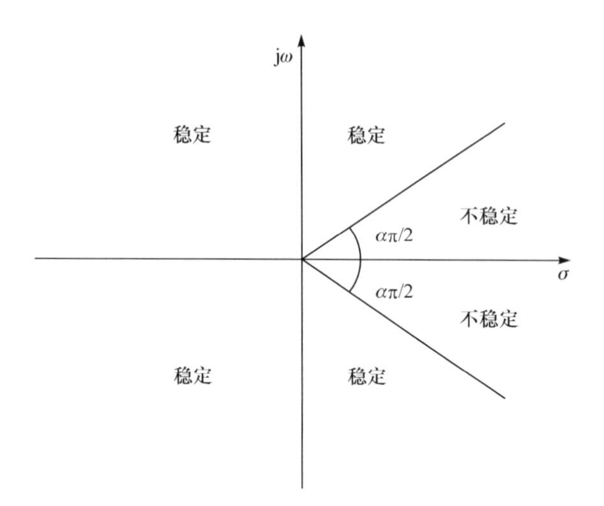

图 2.1　分数阶系统的稳定区间

$$\frac{\mathrm{d}^{\alpha}x(t)}{\mathrm{d}t^{\alpha}}=F(x) \tag{2.35}$$

如果系统矩阵 $A=\left.\frac{\partial F}{\partial x}\right|_{x=x_s}$ 的所有特征值 λ 满足 $|\arg(\lambda)|>\alpha\pi/2$，则分数阶非线性系统(2.35)渐近稳定。其中，$x_s$ 是通过计算 $F(x)=0$ 而得到的系统平衡点。

2.5　Lyapunov 方程

所谓 Lyapunov 方程，是指具有如下形式的矩阵方程：

$$A^{\mathrm{T}}P+PA=-Q \tag{2.36}$$

式中，A、P 和 Q 均为 $n\times n$ 维实数矩阵。对于给定的 A 和对称矩阵 Q，如果存在满足式(2.36)的 P，则称该 Lyapunov 方程有解。

叙述方便起见，以下用记号 $\ln A=(p,q,r)$ 表示矩阵 A 的惯性指数，即 p、q、r 分别表示 A 具有正、负及零实部的特征值的数目。

2.5.1　Lyapunov 方程的一般解

引理 2.1　设 $A\in\mathbb{R}^{n\times n}$，$B\in\mathbb{B}^{r\times r}$，$C\in\mathbb{R}^{n\times r}$。矩阵方程

$$AX-XB=C \tag{2.37}$$

有唯一解 $X\in\mathbb{R}^{n\times r}$ 的充分必要条件是 A 和 B 没有相同的特征根。

证明　首先证明齐次方程

$$AX-XB=0 \tag{2.38}$$

有唯一零解的充分必要条件是 A 和 B 没有相同的特征根。

设 $A=P^{-1}J_AP$，$B=Q^{-1}J_BQ$，式中 $P\in\mathbb{R}^{n\times n}$，$Q\in\mathbb{R}^{r\times r}$，且 J_A 和 J_B 分别为 A 和 B 的 Jordan 标准型。因此，方程(2.38)可以表示为

$$P^{-1}J_APX=XQ^{-1}J_BQ$$

或等价地表示为

$$J_A\widetilde{X}=\widetilde{X}J_B \tag{2.39}$$

式中，$\widetilde{X}=PXQ^{-1}$。由于 P 和 Q 均为正交矩阵，所以原方程(2.38)有唯一解 X 等价于 Jordan 标准型矩阵方程(2.39)有唯一解 $\widetilde{X}$。令

$$J_A=\begin{bmatrix} J_{A1} & & & \\ & J_{A2} & & \\ & & \ddots & \\ & & & J_{As}\end{bmatrix},\quad J_B=\begin{bmatrix} J_{B1} & & & \\ & J_{B2} & & \\ & & \ddots & \\ & & & J_{Bl}\end{bmatrix}$$

式中，$J_{Ai}\in\mathbb{R}^{c(i)\times c(i)}$，$J_{Bj}\in\mathbb{R}^{d(j)\times d(j)}\left(n=\sum_{i=1}^{s}c(i), r=\sum_{j=1}^{l}d(j)\right)$分别是具有如下形式的 Jordan 子矩阵：

$$J_{Ai}=\begin{bmatrix} a_i & 1 & & \\ & a_i & \ddots & \\ & & \ddots & 1 \\ & & & a_i\end{bmatrix},\quad J_{Bj}=\begin{bmatrix} J_{B1} & 1 & & \\ & J_{B2} & \ddots & \\ & & \ddots & 1 \\ & & & J_{Bl}\end{bmatrix}$$

与 J_A 和 J_B 的分块相对应，令

$$\widetilde{X}=\begin{bmatrix} X_{11} & X_{12} & \cdots & X_{1l} \\ X_{21} & X_{22} & \cdots & X_{2l} \\ \vdots & \vdots & & \vdots \\ X_{s1} & X_{s2} & \cdots & X_{sl}\end{bmatrix}$$

则方程(2.39)等价于 $s\times l$ 个矩阵方程

$$J_{Ai}X_{ij}=X_{ij}J_{Bj},\quad i=1,2,\cdots,s;j=1,2,\cdots,l \tag{2.40}$$

定义 $j\times j$ 维矩阵 N_j 为

$$N_j=\begin{bmatrix} 0 & 1 & & \\ 0 & 0 & \ddots & \\ & \ddots & \ddots & 1 \\ & & 0 & 0\end{bmatrix} \tag{2.41}$$

则方程(2.40)可以表示为

$$(a_i-b_j)X_{ij}=X_{ij}N_{d(j)}-N_{c(i)}X_{ij} \tag{2.42}$$

进一步，对于任意正整数 r，有

$$(a_i-b_j)^rX_{ij}=(a_i-b_j)^{r-1}(X_{ij}N_{d(j)}-N_{c(i)}X_{ij}) \tag{2.43}$$

令 $r=2$，并利用式(2.42)，则由式(2.43)有

$$(a_i-b_j)^2X_{ij}=(a_i-b_j)X_{ij}N_{d(j)}-N_{c(i)}(a_i-b_j)X_{ij}$$
$$=X_{ij}N_{d(j)}^2-N_{c(i)}X_{ij}N_{d(j)}-N_{c(i)}X_{ij}N_{d(j)}+N_{c(j)}^2X_{ij}$$

对 r 作归纳法，可得

$$(a_i-b_j)^rX_{ij}=\sum_{p+q=r}(-1)^qC_r^qN_{c(i)}^pX_{ij}N_{d(j)}^q$$

取 $r\geqslant c(i)+d(j)-1$，则有

$$(a_i-b_j)^rX_{ij}=0 \tag{2.44}$$

因此，$a_i\neq b_j(i=1,2,\cdots,s;j=1,2,\cdots,l)$等价于方程(2.40)有唯一的零解，从而方程(2.39)有唯一解 $\widetilde{X}=0$，这一事实等价于方程(2.38)有唯一的零解 $X=0$；而 $a_i\neq b_j(i=1,2,\cdots,s;j=1,2,\cdots,l)$的充分必要条件是 A 和 B 没有相同的特征根。

进一步，对任意矩阵

$$X=\begin{bmatrix}x_1^{\mathrm{T}}\\x_2^{\mathrm{T}}\\\vdots\\x_n^{\mathrm{T}}\end{bmatrix}\in\mathbb{R}^{n\times r},\quad x_i\in\mathbb{R}^r,\quad i=1,2,\cdots,n$$

定义 rn 维向量

$$\vartheta(X)=\begin{bmatrix}x_1\\x_2\\\vdots\\x_n\end{bmatrix}$$

将齐次矩阵方程(2.38)整理成下述普通的齐次线性方程组：

$$\Theta(A,B)\vartheta(X)=0 \tag{2.45}$$

式中，$\Theta(A,B)$是一个由 A 和 B 确定的矩阵。$\Theta(A,B)=A\otimes I_n-I_n\otimes B$，$I_n$ 为 $n\times n$ 维矩阵，$\otimes$为矩阵的 Kronecker 积。

因此，矩阵方程(2.38)有唯一零解等价于上述齐次线性方程组有唯一零解。与 $\vartheta(X)$对应，利用 C 构造 $\vartheta(C)$，则方程(2.37)等价于

$$\Theta(A,B)\vartheta(X)=\vartheta(C) \tag{2.46}$$

根据线性方程组解的性质，式(2.45)有唯一零解等价于该非齐次线性方程组有唯一解。因此，根据非齐次线性方程组(2.46)和矩阵方程(2.37)的等价性，方程(2.37)有唯一解的充分必要条件是 A 和 B 没有相同的特征根。

定理 2.1　设 $\lambda_1,\lambda_2,\cdots,\lambda_n$ 是矩阵 A 的特征值，则 Lyapunov 方程(2.36)有唯一实对称解的充分必要条件是

$$\lambda_i+\lambda_j\neq 0,\quad \forall\, i,j=1,2,\cdots,n \tag{2.47}$$

证明　由引理 2.1 可知，Lyapunov 方程(2.36)有唯一解的充分必要条件为 $-A^{\mathrm{T}}$ 和 A 没有相同的特征根。设 A 的特征根为 $\lambda_i(i=1,2,\cdots,n)$，则 $-A^{\mathrm{T}}$ 的特

征根为$-\lambda_i$。因此，$-A^{\mathrm{T}}$ 和 A 没有相同的特征根等价于条件

$$\lambda_i+\lambda_j\neq 0,\quad \forall i,j=1,2,\cdots,n$$

成立。

根据 Q 的对称性，有

$$A^{\mathrm{T}}P+PA=A^{\mathrm{T}}P^{\mathrm{T}}+P^{\mathrm{T}}A$$

即

$$A^{\mathrm{T}}(P-P^{\mathrm{T}})+(P-P^{\mathrm{T}})A=0$$

根据条件(2.47)及引理 2.1，上述齐次矩阵方程有唯一零解，从而 $P=P^{\mathrm{T}}$，解的实对称性得证。

需要指出的是，由于实际工程系统设计的要求，控制理论通常在正定或半正定矩阵的范围内研究 Lyapunov 方程的解，往往更关注 Lyapunov 方程的非负解问题。下面给出这方面的主要结果。

2.5.2　Lyapunov 方程的非负解

定理 2.2　设 Q 为任意给定的正定矩阵，则 Lyapunov 方程(2.36)有唯一正定解 P 的充分必要条件是 $\ln A=(0,n,0)$。

证明　充分性。令

$$P=\int_0^\infty \mathrm{e}^{A^{\mathrm{T}}t}Q\mathrm{e}^{At}\mathrm{d}t>0 \tag{2.48}$$

则有

$$\begin{aligned}A^{\mathrm{T}}P+PA&=\int_0^\infty (A^{\mathrm{T}}\mathrm{e}^{A^{\mathrm{T}}t}Q\mathrm{e}^{At}+\mathrm{e}^{A^{\mathrm{T}}t}Q\mathrm{e}^{At}A)\mathrm{d}t\\&=\int_0^\infty \frac{\mathrm{d}}{\mathrm{d}t}(\mathrm{e}^{A^{\mathrm{T}}t}Q\mathrm{e}^{At})\mathrm{d}t\\&=\mathrm{e}^{A^{\mathrm{T}}t}Q\mathrm{e}^{At}\,\Big|_0^\infty\end{aligned}$$

由于 A 的特征根均为严格负，所以，$\lim\limits_{t\to\infty}\mathrm{e}^{A^{\mathrm{T}}t}Q\mathrm{e}^{At}=0$。因此，由上式得

$$A^{\mathrm{T}}P+PA=-Q$$

又根据题设条件，A 的特征值显然满足式(2.47)，故由定理 2.1，解的唯一性得证。

必要性。设 $\lambda_i(i=1,2,\cdots,n)$表示 A 的特征值，v_i 是与 λ_i 相对应的特征向量，即

$$Av_i=\lambda_i v_i,\quad i=1,2,\cdots,n \tag{2.49}$$

令 P 是 Lyapunov 方程(2.36)的唯一正定解，则有

$$\begin{aligned}-v_i^*Qv_i&=v_i^*(A^{\mathrm{T}}P+PA)v_i\\&=(\lambda_i^*+\lambda_i)v_i^*Pv_i\\&=2\mathrm{Re}(\lambda_i)v_i^*Pv_i,\quad i=1,2,\cdots,n\end{aligned} \tag{2.50}$$

由于 Q 为正定矩阵，根据式(2.50)，可得

$$\mathrm{Re}(\lambda_i)=\frac{v_i^* Q v_i}{2v_i^* P v_i}<0, \quad i=1,2,\cdots,n \tag{2.51}$$

定理 2.3 设 $Q=D^{\mathrm{T}}D\in\mathbb{R}^{n\times n}$ 是半正定矩阵，且 (A,D) 是可观测的，则 Lyapunov 方程(2.36)有唯一正定解的充分必要条件是 $\mathrm{ln}A=(0,n,0)$。

证明 充分性。因为 (A,D) 是可观测的，所以存在 $t_1>0$，使得

$$\int_0^{t_1}\mathrm{e}^{A^{\mathrm{T}}t}D^{\mathrm{T}}D\mathrm{e}^{At}\,\mathrm{d}t>0 \tag{2.52}$$

又因为 A 的特征值的实部均为严格负，故

$$\int_0^{\infty}\mathrm{e}^{A^{\mathrm{T}}t}D^{\mathrm{T}}D\mathrm{e}^{At}\,\mathrm{d}t>0 \tag{2.53}$$

从定理 2.2 的充分性证明可知，$P=\int_0^{\infty}\mathrm{e}^{A^{\mathrm{T}}t}D^{\mathrm{T}}D\mathrm{e}^{At}\,\mathrm{d}t>0$ 就是 Lyapunov 方程(2.36) 的解。因此，由式(2.53) 可知 P 是正定矩阵。而解的唯一性则由定理 2.1 得证。

必要性。设 λ_i 与 v_i 分别是 A 的特征根和与之相对应的特征向量。由于 (A,D) 是可观测的，因此 $Dv_i\neq 0(i=1,2,\cdots,n)$。与定理 2.2 的证明中式(2.50)的推导相似，有

$$(\lambda_i^*+\lambda_i)v_i^* P v_i=-v_i^* D^{\mathrm{T}}Dv_i<0$$

因此，有 $\lambda_i^*+\lambda_i<0$。即 $\mathrm{Re}(\lambda_i)<0, i=1,2,\cdots,n$。

由上面的定理，可得下述推论。

推论 2.1 设 $Q=D^{\mathrm{T}}D\in\mathbb{R}^{n\times n}$ 是半正定矩阵且 (A,D^{T}) 为可控的，则 Lyapunov 方程(2.36)具有唯一正定解的充分必要条件是 $\mathrm{ln}A=(0,n,0)$。

定理 2.4 设 $Q=D^{\mathrm{T}}D\in\mathbb{R}^{n\times n}$ 是半正定矩阵且 (A,D) 可检测，则 Lyapunov 方程(2.36)有唯一半正定解的充分必要条件是 $\mathrm{ln}A=(0,n,0)$。

证明 充分性的证明与定理 2.3 的证明类似，下面证明必要性。

设 $\lambda_1,\lambda_2,\cdots,\lambda_n$ 是 A 的特征值，v_i 是与 λ_i 相对应的特征向量，即 $Av_i=\lambda_i v_i$。若

$$\mathrm{rank}\begin{bmatrix}A-\lambda_i I\\ D\end{bmatrix}=n$$

则必有 $Dv_i\neq 0$。从而

$$(\lambda_i^*+\lambda_i)v_i^* P v_i=-v_i^* D^{\mathrm{T}}Dv_i<0$$

因此，有 $\lambda_i^*+\lambda_i<0$。即 $\mathrm{Re}(\lambda_i)<0$。若

$$\mathrm{rank}\begin{bmatrix}A-\lambda_i I\\ D\end{bmatrix}<n$$

即 λ_i 是(A,D)的输出解耦零点，则由(A,D)的可检测性，得

$$\mathrm{Re}(\lambda_i)<0, \quad i=1,2,\cdots,n$$

推论 2.2 设 $Q=D^{\mathrm{T}}D\in\mathbb{R}^{n\times n}$是半正定矩阵，且$(A,D^{\mathrm{T}})$是可稳定的，则 Lyapunov 方程(2.36)有唯一半正定解的充分必要条件是 $\mathrm{ln}A=(0,n,0)$。

例 2.1 设 $A\in\mathbb{R}^{2\times 2}$，$D\in\mathbb{R}^{1\times 2}$给定如下：

$$A=\begin{bmatrix}-2 & 0\\ 0 & -1\end{bmatrix}, \quad D=[1 \quad 0]$$

试求 Lyapunov 方程(2.36)的解。

解 显然，$D^{\mathrm{T}}D$ 是半正定矩阵，同时(A,D)是可检测的；又因为 A 的特征值为 -2 和 -1(均有负实部)，故根据定理 2.11，方程(2.36)有唯一半正定解 P。事实上，经过简单计算可知

$$P=\begin{bmatrix}\frac{1}{4} & 0\\ 0 & 0\end{bmatrix}$$

2.6 线性矩阵不等式

在时间域中，早期一般用 Riccati 方程方法研究参数不确定系统的鲁棒分析和综合问题。它是通过将系统的鲁棒分析和综合问题转化成一个 Riccati 型矩阵方程的可解性问题，进而应用求解 Riccati 方程的方法给出系统具有给定鲁棒性能的条件和鲁棒控制器的设计方法。尽管 Riccati 方程处理方法可以给出控制器的结构形式，便于进行一些理论分析，但是在实施这一方法之前，其参数调整非常困难。设计者往往需要事先确定一些待定参数，这些参数的选择不仅影响到结论的好坏，而且会影响到问题的可解性。并且在现有的 Riccati 方程处理方法中，还缺乏寻找这些参数最佳值的方法，参数的这种人为确定方法给分析和综合带来了很大的保守性。另外，Riccati 型矩阵方程本身的求解也存在一定的问题。目前存在很多求解 Riccati 型矩阵方程的方法，但多为迭代方法，这些方法的收敛性并不能得到保证。而线性矩阵不等式(LMI)方法完全可以避免这一困难[7]，这正是应用线性矩阵不等式的优点之一。

20 世纪 90 年代初，随着求解凸优化问题的内点法的提出，线性矩阵不等式方法再一次受到控制界的关注，并被应用到系统和控制的各个领域中。许多控制问题可以转化为一个线性矩阵不等式的可行性问题，或者是一个具有线性矩阵不等式的凸优化问题。由于有了求解凸优化问题的内点法，这些问题可以得到有效的解决。1995 年，MATLAB 推出了求解线性矩阵不等式问题的 LMI 工具箱，从而使得人们能够更加方便和有效地来处理、求解线性矩阵不等式，进一步推动了线性

矩阵不等式方法在系统和控制领域中的应用。

所谓 LMI 方法，是指把系统镇定、H_∞ 控制等问题的可解性归结为 LMI 的可解性，并利用 LMI 的解构造出控制器。LMI 方法具有如下特点：

（1）具有有效的有限维凸优化算法，如内点算法，具有与 Riccati 方程处理方法相当的数值特性的同时，又克服了 Riccati 方程处理方法中存在的许多不足[7,18]。

（2）可以统一处理若干不同的控制问题，如把镇定、L_∞ 控制、H_∞ 控制、协方差上界控制、LQG 控制等问题归入统一的框架[19]。

（3）对一些控制问题，可以设计出所有满足稳定性和其他性能要求的控制器，为多目标混合控制问题的研究提供了便利[20,21]。

（4）便于设计出固定阶次和固定结构的控制器，有利于降低控制器的阶数和简化控制器的结构[22-24]。

这些特点使 LMI 方法处理包括 H_∞ 控制问题在内的一些控制问题的能力超过了人们熟知的其他方法。更为重要的是，LMI 方法可以统一处理奇异和非奇异 H_∞ 控制问题。由于切换系统的 H_∞ 控制问题较为复杂，一般只能得到一个非线性的矩阵不等式。如何使用 LMI 处理某些类型的切换系统的 H_∞ 控制问题是本书将要探讨的问题之一。

2.7 基本引理

引理 2.2[25]　设 A 为实数矩阵，则系统 $D^\alpha x(t)=Ax(t)$ 是渐近稳定的，当且仅当 $|\arg(\mathrm{spec}(A))|>\dfrac{\pi\alpha}{2}$，其中 $\mathrm{spec}(A)$ 为矩阵 A 的所有特征值谱。

引理 2.3[26]　令 $A\in\mathbb{R}^{n\times n}$ 为实数矩阵。则 $|\arg(\mathrm{spec}(A))|>\dfrac{\pi\alpha}{2}$，其中 $1\leqslant\alpha<2$，当且仅当存在 $P>0$，使得下式成立 $\left(\theta=\pi-\dfrac{\pi\alpha}{2}\right)$：

$$\begin{bmatrix}(AP+PA^{\mathrm{T}}) & (AP-PA^{\mathrm{T}})\cos\theta \\ * & (AP+PA^{\mathrm{T}})\sin\theta\end{bmatrix}<0$$

式中，记号“ * ”表示对称位置上的转置矩阵，下同。

引理 2.4[27]　分数阶系统 $D^\nu x(t)=Ax(t)$，$0<\nu<1$ 是 $t^{-\alpha}$ 渐近稳定的当且仅当存在正定矩阵 $X_1=X_1^*\in\mathbb{C}^{n\times n}$ 和 $X_2=X_2^*\in\mathbb{C}^{n\times n}$，使得下式成立：

$$\bar{r}X_1A^{\mathrm{T}}+rAX_1+rX_2A^{\mathrm{T}}+\bar{r}AX_2<0$$

其中

$$r=\mathrm{e}^{\mathrm{j}(1-\nu)\frac{\pi}{2}}$$

引理 2.5[28,29] 令 A、B 和 M 为适维实矩阵，若 $M>0$，则

$$AB+(AB)^{\mathrm{T}}\leqslant AMA^{\mathrm{T}}+B^{\mathrm{T}}M^{-1}B$$

引理 2.6[30] 对于任意适当维数的矩阵 X 和 Y，有

$$X^{\mathrm{T}}Y+Y^{\mathrm{T}}X\leqslant\alpha X^{\mathrm{T}}X+\frac{1}{\alpha}Y^{\mathrm{T}}Y,\quad\forall\,\alpha>0$$

或

$$X^{\mathrm{T}}Y+Y^{\mathrm{T}}X\leqslant X^{\mathrm{T}}PX+Y^{\mathrm{T}}P^{-1}Y,\quad\forall\,P>0$$

引理 2.7[31]（Schur 补引理） 对于定义在$\mathbb{R}^m$上的矩阵$Q(x)=Q^{\mathrm{T}}(x)$，$R(x)=R^{\mathrm{T}}(x)$以及 $S(x)$，线性矩阵不等式

$$\begin{bmatrix}Q(x) & S(x)\\ S^{\mathrm{T}}(x) & R(x)\end{bmatrix}>0$$

等价于

$$R(x)>0,\quad Q(x)-S(x)R^{-1}(x)S^{\mathrm{T}}(x)>0$$

或

$$Q(x)>0,\quad R(x)-S^{\mathrm{T}}(x)Q^{-1}(x)S(x)>0$$

引理 2.8[32] 对于适维矩阵 $A,D,S,W>0$ 以及满足 $F^{\mathrm{T}}(t)F(t)\leqslant I$ 的适维函数矩阵 $F(t)$，下面的不等式成立：

(1) 对于任意实数 $\varepsilon>0$ 和向量 $x,y\in\mathbb{R}^n$，

$$2x^{\mathrm{T}}DFSy\leqslant\varepsilon^{-1}x^{\mathrm{T}}DD^{\mathrm{T}}x+\varepsilon y^{\mathrm{T}}S^{\mathrm{T}}Sy$$

(2) 对于任意实数 $\varepsilon>0$，如果 $W-\varepsilon DD^{\mathrm{T}}>0$，则

$$(A+DFC)^{\mathrm{T}}W^{-1}(A+DFC)\leqslant A^{\mathrm{T}}\,(W-\varepsilon DD^{\mathrm{T}})^{-1}A+\varepsilon^{-1}S^{\mathrm{T}}S$$

引理 2.9[33]（投影引理） 设 Γ、Ψ 和 Φ 是任意给定的适当维数的矩阵，且 Φ 是对称的，$\Gamma^{\perp}$ 和 $\Psi^{\perp}$ 分别表示以 Γ 和 Ψ 的核空间的任意一组基向量作为列向量构成的矩阵，若存在适当维数的矩阵 Λ，使得下列不等式成立：

$$\Phi+\Gamma^{\mathrm{T}}\Lambda^{\mathrm{T}}\Psi+\Psi^{\mathrm{T}}\Lambda\Gamma<0$$

则上述矩阵不等式对于矩阵 Λ 是可解的，当且仅当

$$\begin{cases}\Gamma^{\perp\mathrm{T}}\Phi\Gamma^{\perp}<0\\ \Psi^{\perp\mathrm{T}}\Phi\Psi^{\perp}<0\end{cases}$$

引理 2.10[34] 给定适维矩阵 $X=X^{\mathrm{T}}$，D，Z 和 $R=R^{\mathrm{T}}>0$，可得对于所有满足式 $F^{\mathrm{T}}F\leqslant R$ 的 F：

$$X+DFZ+Z^{\mathrm{T}}F^{\mathrm{T}}D^{\mathrm{T}}<0$$

成立，当且仅当存在一个标量 $\varepsilon>0$，使得下式成立：

$$X+\varepsilon DD^{\mathrm{T}}+\varepsilon^{-1}Z^{\mathrm{T}}RZ<0$$

为便于讨论，在本书的后续章节中，符号说明如下：

$X \geqslant Y$(或 $X > Y$)表示矩阵 $X-Y$ 半正定(或正定)；

I、0 表示适当维数的单位阵和零矩阵；

上标符号“T”表示对矩阵取转置；

$\mathbb{N}$ 表示自然数集；

$L_2[0,\infty)$表示均方可积的有限向量序列构成的空间；

$\|\cdot\|_2$表示通常的 $L_2[0,\infty)$范数；

$|\cdot|$表示向量的欧氏范数；

LMI 表示线性矩阵不等式；

T-S 代表 Takagi-Sugeno；

PDC 表示并行分布补偿；

不特别说明，矩阵都指的是有适当维数矩阵；

diag($A_1, A_2, \cdots, A_n$)表示如下的对角块矩阵：

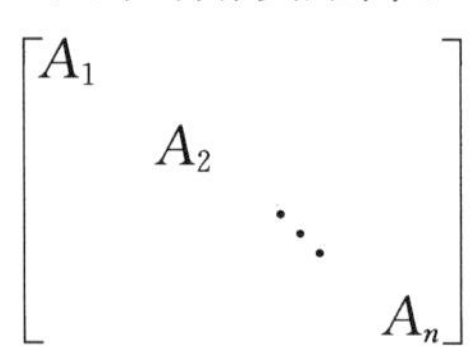

参 考 文 献

[1] 张明淳. 工程矩阵理论[M]. 南京：东南大学出版社，1995.

[2] 梅生伟，申铁龙，刘康志. 现代鲁棒控制理论与应用[M]. 北京：清华大学出版社，2003.

[3] 路见可. 复变函数[M]. 武汉：武汉大学出版社，1993.

[4] 黄琳. 稳定性理论[M]. 北京：北京大学出版社，1992.

[5] Podlubny I. Fractional Differential Equations[M]. San Diego：Academic Press，1999.

[6] Boyd S，Ghaoui L E，Feron E，et al. Linear matrix inequalities in system and control theory[C]// Studies in Applied Mathematics，Philadelphia，1994.

[7] 杨晓松. 混沌系统与混沌电路[M]. 北京：科学出版社，2007.

[8] Hilfer R. Fractional diffusion based on riemann-liouville fractional derivatives[J]. Physics，2000，104(16)：3914-3917.

[9] Caputo M. Linear models of dissipation whose Q is almost frequency independent-Ⅱ[J]. Geophysical Journal International，1966，19(4)：529-539.

[10] Kai D，Ford N J，Freed A D. A predictor-corrector approach for the numerical solution of fractional differential equations[J]. Nonlinear Dynamics，2002，29(1-4)：3-22.

[11] Charef A，Sun H H. Fractal system as represented by singularity function[J]. IEEE Transactions on Automatic Control，1992，37(9)：1465-1470.

[12] Matsuda K，Fujii H. H_∞ optimized wave-absorbing control—Analytical and experimental re-

sults[J]. Journal of Guidance, Control and Dynamics, 1993, 16(6): 1146-1153.

[13] Carlson G E, Halijak C A. Approximation of fractional capacitors $1/s^n$ by regular Newton process[J]. IEEE Transactions on Circuit Theory, 1964, 11(2): 210-213.

[14] Chareff A, Sun H H, Tsao Y Y, et al. Fractal system as represented by singularity function[J]. IEEE Transactions on Automatic Control, 1992, 37(9): 1465-1470.

[15] Oustaloup A, Levron F, Mathieu B, et al. Frequency-band complex noninteger differentiator: Characterization and synthesis[J]. IEEE Transactions on Circuits and Systems Ⅰ: Fundamental Theory and Applications, 2000, 47(1): 25-39.

[16] Tavazoei M S, Haeri M. Limitations of frequency domain approximation for detecting chaos in fractional order systems[J]. Nonlinear Analysis: Theory, Methods and Applications, 2008, 69(4): 1299-1320.

[17] Matignon D. Stability results for fractional differential equations with applications to control processing[J]. Computational Engineering in Systems Applications, 1996, 2: 963-968.

[18] Doyle J C, Packard A, Zhou K. Review of LFTs, LMIs, and μ[C]//Proceedings of the 30th IEEE Conference on Decision Control, Brighton, 1991: 1227-1232.

[19] Skelton R E, Iwaski T. Increased roles of linear algebra in control education[J]. IEEE Control Systems Magazine, 1995, 15(4): 76-90.

[20] Scherer C, Gahinet P, Chilali M. Multiobjective output feedback control via LMI optimization[J]. IEEE Transactions on Automatic Control, 1997, 42(7): 896-911.

[21] Chilali M, Gahinet P. H_∞ design with pole placement constraints: An LMI approach[J]. IEEE Transactions on Automatic Control, 1996, 41(3): 358-367.

[22] Gahinet P. Explicit controller formulas for LMI-based H_∞ synthesis[J]. Automatica, 1996, 32(7): 1007-1014.

[23] 解学书,钟宜生. H_∞控制理论[M]. 北京:清华大学出版社,1994.

[24] 俞立. 鲁棒控制——线性矩阵不等式处理方法[M]. 北京:清华大学出版社,2002.

[25] Moze M, Sabatier J. LMI tools for stability analysis of fractional systems[C]//Proceedings of the ASME 2005 International Design Engineering Technical Conferences and Computer and Information in Engineering Conference, Long Beach, 2005: 1-9.

[26] Chilali M, Gahinet P, Apkarian P. Robust pole placement in LMI regions[J]. IEEE Transactions on Automatic Control, 1999, 44(12): 2257-2270.

[27] Sabatier J, Moze M, Farges C. On stability of fractional order systems[C]//Proceedings of the Third IFAC workshop on fractional differentiation and its application FDA'08, Ankara, 2008: 1-13.

[28] Shen H, Xu S, Lu J, et al. Passivity based control for uncertain stochastic jumping systems with mode-dependent roundtrip time delays[J]. Journal of Franklin Institute, 2012, 349(5): 1665-1680.

[29] Xu S, Lam J, Mao X. Delay-dependent H_∞ control and filtering for uncertain Markovian jump systems with time-varying delays[J]. IEEE Transactions on Circuits and Systems

I Regular Papers,2007,54(9):2070-2077.
[30] Petersen I R,Hollot C V. A riccati equation to the stabilization of uncertain linear systems[J]. Automatica,1986,22(4):397-411.
[31] Scherer C,Weiland S. Lecture Notes DISC Course on Linear Matrix Inequalities in Control[M]. Berlin:Springer-Verlag,1999.
[32] Wang Y,Xie L,de Souza C E. Robust control of a class of uncertain nonlinear systems[J]. System and Control Letters,1992,19(2):139-149.
[33] Gahinet P,Apkarian P. An LMI-based Parametrization of all H_∞ Controllers with Applications[C]//Proceedings of the 32nd Conference on Decision and Control,San Antonlo,1993:656-661.
[34] Xie L. Output feedback H_∞ control of systems with parameter uncertainty[J]. International Journal of Control,1996,63(4):741-750.

第 3 章　分数阶统一混沌系统的非脆弱模糊控制

3.1 引　　言

尽管分数阶微积分学的理论可以追溯到 300 多年前，但分数阶微积分学在其他领域的应用也是近十年的事。较全面也是广为引用的描述分数阶微分方程的著作出版于 1999 年[1]，2004 年出版的文献[2]是国内较早介绍分数阶微积分学及其计算的著作。研究发现，现实世界中的物理系统大多数是分数阶的，尤其是具有记忆及遗传特性的黏弹性材料[3,4]、传导和热扩散[5]、动态过程中的半无线 RC 传输[6]等，相比传统的整数阶系统，分数阶微积分能够更准确地描述系统行为。近十几年来，分数阶微积分已经成为当前国际上的一个热点研究问题，并在松弛、振荡、湍流、控制等领域得到了有效应用。

现今，混沌现象不仅是物理界研究的热点，同时也受到了工程技术界的广泛关注。近年来，对混沌系统的控制与同步成为控制理论与控制工程领域的重要研究内容，因此许多学者针对各类混沌系统进行了研究[7-9]。特别地，近年来分数阶混沌系统引起了人们极大的兴趣和深入的研究。在分数阶 Chua 电路[10]、分数阶 Lorenz 混沌系统[11]、分数阶 Liu 混沌系统[12]、分数阶 Chen 混沌系统[13]、分数阶 Duffing 系统[14]、分数阶 Sprott 系统[15]、分数阶 Rossler 系统[16]、分数阶超混沌系统[17]中，通过计算机数值仿真发现，当系统的阶数为分数时，系统仍呈现混沌状态，且更能反映系统本应呈现的物理现象。

另外，T-S 模糊模型由于可以非常有效地表示复杂非线性系统[18]，而且可以在任意精度上近似此非线性系统，因此受到广大学者的重视[19]。特别突出的是，T-S 模糊模型还发展起了一整套关于系统稳定性分析的方法，这给控制器的设计带来了很大的便利。因此，在倒立摆系统[20]、混沌系统[21]等复杂系统的研究中，基于 T-S 模糊模型的控制器设计方法都得到了很好的应用。但是，实际应用中控制器实现时由于受诸多因素的影响，参数会发生一定变化，而且这种微小变化还将引起其他性能的恶化。这就要求所设计的控制器必须能够承受某种程度的变化，而且还应具有一定的非脆弱性[22]。

近年来，分数阶混沌系统的模糊控制得到了一定的发展，很多学者针对分数阶混沌系统，利用分数阶 T-S 模糊模型，研究了其控制问题[23-25]；文献[26]针对分数阶区间不确定系统，利用分数阶 T-S 模糊模型，设计了能够镇定系统的状态反馈控制器,并应用到一类带有不确定参数的分数阶混沌系统中。但是有关分数阶混沌系统的 T-S 模糊非脆弱控制,仍有许多亟待解决的问题。

本章深入分析研究分数阶统一混沌系统的结构特点,用 T-S 模型重构该系统。基于非脆弱状态反馈和模糊控制思想,研究分数阶统一混沌系统的分数阶非脆弱模糊控制算法,通过 Lyapunov 函数推导出分数阶统一混沌系统以衰减率 β 全局渐近稳定的充分条件,并设计能够镇定分数阶统一混沌系统的分数阶模糊控制器。最后利用 MATLAB-Simulink 仿真工具对分数阶统一混沌系统进行仿真实验,取得令人满意的结果,从而证实所提出的分数阶统一混沌系统非脆弱 T-S 模糊控制算法的有效性。

3.2 系统 T-S 模糊重构

1963 年,Lorenz 提出了一类系统,并观察得到了世界上第一个混沌吸引子。1999 年,Chen 发现了一类与之相似的系统,此系统以不同的混沌吸引子表现出了混沌行为。近年来,Lü 等发现了其他的相似系统,这类系统产生了新的混沌吸引子并有效衔接了 Lorenz 和 Chen 系统。之后,Lü 等提出了新的统一混沌系统,也称为 Lorenz-Chen-Lü (LCL)系统。

统一混沌系统是一个三维连续自治混沌系统,其数学模型描述如下:

$$\dot{x}(t)=\begin{cases}\dot{x}_1=(25\sigma+10)(x_2-x_1)\\ \dot{x}_2=(28-35\sigma)x_1+(29\sigma-1)x_2-x_1x_3\\ \dot{x}_3=x_1x_2-\dfrac{8+\sigma}{3}x_3\end{cases} \tag{3.1}$$

式中,$\sigma\in[0,1]$为系统参数,系统均为混沌状态。当 $\sigma\in[0,0.8)$时,系统(3.1)为 Lorenz 混沌系统;当 $\sigma=0.8$ 时,系统(3.1)为 Lü 混沌系统;当 $\sigma\in(0.8,1]$时,系统(3.1)为 Chen 混沌系统。因此,如果 σ 持续地在[0,1]范围内变化,则系统都是混沌的。相应的分数阶统一混沌系统可以描述如下:

$$D^{\alpha}x(t)=\begin{cases}D^{\alpha}x_1(t)=(25\sigma+10)(x_2-x_1)\\ D^{\alpha}x_2(t)=(28-35\sigma)x_1+(29\sigma-1)x_2-x_1x_3\\ D^{\alpha}x_3(t)=x_1x_2-\dfrac{8+\sigma}{3}x_3\end{cases} \tag{3.2}$$

式中,α 为分数阶导数且 $0<\alpha\leqslant 1$。

如文献[27]所述,当 σ 取不同值时,不同分数阶混沌系统表现出的混沌吸引子如图 3.1~图 3.3 所示。

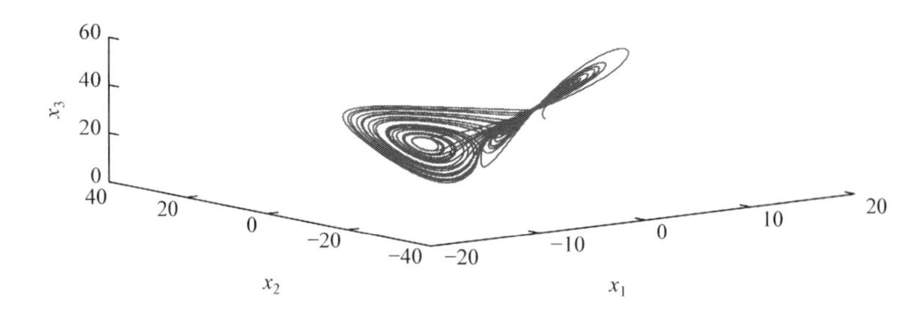

图 3.1 分数阶 Lorenz 混沌系统的混沌吸引子($u=0,\alpha=0.25$)

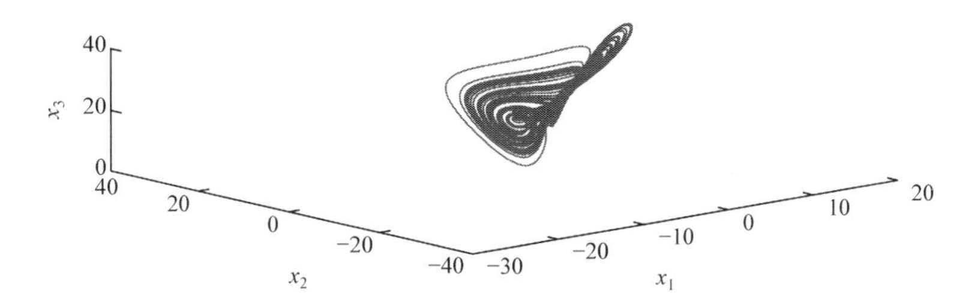

图 3.2 分数阶 Chen 混沌系统的混沌吸引子($u=0,\alpha=1$)

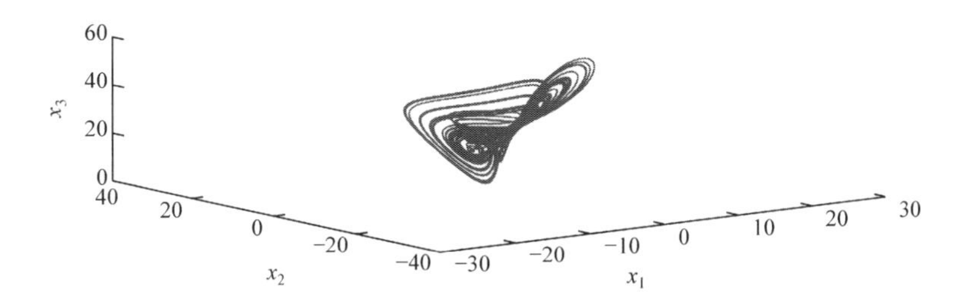

图 3.3 分数阶 Lü 混沌系统的混沌吸引子($u=0,\alpha=0.8$)

本章将研究分数阶统一混沌系统的 T-S 模糊反馈控制方法,由于线性反馈形式简单,该控制方法非常贴合实际应用的要求。首先基于 T-S 模糊规则对分数阶统一混沌系统进行系统重构。

由 T-S 模型描述的模糊规则 i:如果 $z_1(t)$是 F_{i1}且 $z_2(t)$是 F_{i2},…,$z_n(t)$是 F_{in},则对于系统(3.2)采用单点模糊化、乘积推理和中心加权平均解模糊,可得到模糊系统的全局状态方程为

$$D^{\alpha}x(t)=\frac{\sum_{i=1}^{N}\varpi_i(z(t))[A_ix(t)]}{\sum_{i=1}^{N}\varpi_i(z(t))}=\sum_{i=1}^{N}h_i(z(t))[A_ix(t)] \tag{3.3}$$

式中

$$\varpi_i(z(t)) = \prod_{j=1}^{p} F_{ij}(z_j(t))$$

$$\varpi_i(z(t)) \geqslant 0, \quad \sum_{i=1}^{N} \varpi_i(z(t)) > 0, \quad i = 1,2,\cdots,N$$

$$h_i(z(t)) = \frac{\varpi_i(z(t))}{\sum_{i=1}^{N} \varpi_i(z(t))}$$

及

$$h_i(z(t)) \geqslant 0, \quad \sum_{i=1}^{N} h_i(z(t)) = 1, \quad i = 1,2,\cdots,N$$

式中，$x(t) \in \mathbb{R}^n$ 为状态变量；$z_1(t),\cdots,z_n(t)$ 表示模糊前件变量，并且假设前件变量是不依赖于输入变量和扰动的；$F_{ij}(z_j(t))$ 是 $z_j(t)$ 关于模糊集 F_{ij} 的隶属度函数；$A_i \in \mathbb{R}^{n\times n}$ 为已知的适合维数矩阵；N 表示模糊推理规则数。

在分数阶统一混沌系统中具有两个非线性项 x_1x_3 和 x_1x_2，为构造成式(3.3)的 T-S 模糊模型，需要将系统中的非线性项线性化，于是有

$$f_1(x(t)) = x_1(t)x_3(t) = \left[\sum_{i=1}^{2} h_i g_i(x(t))\right]x_3(t) \tag{3.4}$$

$$f_2(x(t)) = x_1(t)x_2(t) = \left[\sum_{i=1}^{2} h_i g_i(x(t))\right]x_2(t) \tag{3.5}$$

式中，$g_1(x(t))=M_1$，$g_2(x(t))=M_2$，M_1、M_2 为模糊集：

$$h_1(z(t))=\frac{M_2-x_1(t)}{M_2-M_1}, \quad h_2(z(t))=\frac{x_1(t)-M_1}{M_2-M_1}$$

分数阶统一混沌系统(3.2)重构 T-S 模糊模型为：

(1) 模糊系统规则 1：如果 $x_1(t)$ 大约是 M_1，则 $D^\alpha x(t)=A_1x(t)$；

(2) 模糊系统规则 2：如果 $x_1(t)$ 大约是 M_2，则 $D^\alpha x(t)=A_2x(t)$。

其中

$$A_1=\begin{bmatrix} -(25\sigma+10) & 25\sigma+10 & 0 \\ 28-35\sigma & 29\sigma-1 & -M_1 \\ 0 & M_1 & -(8+\sigma)/3 \end{bmatrix}$$

$$A_2=\begin{bmatrix} -(25\sigma+10) & 25\sigma+10 & 0 \\ 28-35\sigma & 29\sigma-1 & M_1 \\ 0 & M_2 & -(8+\sigma)/3 \end{bmatrix}$$

当分数阶统一混沌系统处于混沌状态时，x_1 的取值范围是[$-20,20$]，因此取 $M_1=-20$，$M_2=20$。通过 T-S 模糊模型重构后的分数阶统一混沌系统的吸引子形状与重构之前的吸引子相同。

3.3　非脆弱模糊控制

3.3.1　稳定性分析

引理 3.1[28]　给定具有适当维数的矩阵 $Y=Y^{\mathrm{T}}$、N 和 M，对于所有 $\Delta(t)$ 满足 $\Delta(t)\Delta^{\mathrm{T}}(t)\Delta(t)<I$，则有 $Y+M\Delta(t)N+N^{\mathrm{T}}\Delta^{\mathrm{T}}(t)M^{\mathrm{T}}<0$。当且仅当存在一个常数 $\varepsilon>0$，满足矩阵不等式

$$Y+\varepsilon MM^{\mathrm{T}}+\frac{1}{\varepsilon}NN^{\mathrm{T}}<0$$

下面，基于 T-S 模糊模型的模糊状态反馈控制器设计如下：

$$D^{\alpha}x(t)=\sum_{i=1}^{2}h_i(z(t))[A_ix(t)+B_iu(t)] \tag{3.6}$$

根据模糊规则 i，取 $K_i\in\mathbb{R}^{1\times 3}$ 为确定的反馈增益矩阵，设计控制项如下：

$$u(t)=\sum_{i=1}^{2}h_i(z(t))(K_i+\Delta K_i)x(t) \tag{3.7}$$

式中

$$\Delta K_i=H_iF_i(t)J_i,\quad i=1,2,\cdots,n$$

式中，H_i、J_i 表示适维的常数矩阵；$F_i(t)$ 为不确定时变矩阵且满足 $F_i(t)F_i^{\mathrm{T}}(t)\leqslant I,\forall i$。

因此，根据引理 3.1，由系统(3.6)和系统(3.7)组成的全局闭环模糊控制系统为

$$\begin{aligned}
D^{\alpha}x(t)&=\sum_{i=1}^{2}\sum_{j=1}^{2}h_i(z(t))h_j(z(t))[A_ix(t)+B_iu(t)]\\
&=\sum_{i=1}^{2}\sum_{j=1}^{2}h_i(z(t))h_j(z(t))[A_ix(t)+B_i(K_j+\Delta K_j)x(t)]\\
&=\sum_{i=1}^{2}\sum_{j=1}^{2}h_i(z(t))h_j(z(t))[A_i+B_i(K_j+\Delta K_j)]x(t)\\
&=\sum_{i=1}^{2}h_i^2(z(t))\{A_i+B_i[K_i+H_iF_i(t)J_i]\}x(t)+2h_1(z(t))h_2(z(t))\\
&\quad\cdot\frac{A_1+B_1K_2+A_2+B_2K_1+B_1H_2F_2(t)J_2+B_2H_1F_1(t)J_1}{2}x(t)
\end{aligned} \tag{3.8}$$

定义 3.1[29]　函数 $V(x(t),t)=x^{\mathrm{T}}(t)Px(t)$ 关于时间 t 的 q 阶次的分数阶导数为

$${}_0D_t^qV(x,t)=x^{\mathrm{T}}(t)PD_t^qx(t)+L_x \tag{3.9}$$

式中，P 为正定对称矩阵，且

$$L_x=\sum_{k=1}^{\infty}\frac{\Gamma(1+q)}{\Gamma(1+q)\Gamma(1-k-q)_0}D_t^k x(t)P_0D_t^{q-k}x(t) \tag{3.10}$$

式中，L_x 满足条件如下：

$$\| L_x \| \leqslant \delta \| x^2 \| \tag{3.11}$$

式中，$\delta>0$ 为给定的常数。

定义 3.2 考虑闭环系统(3.6)，选取 Lyapunov 函数为 $V(x(t))=2x^{\mathrm{T}}(t)Px(t)$，$P$ 为正定对称矩阵，若存在实数 $\beta>0$，满足 $D^{\alpha}V(x(t))\leqslant 2\beta V(x(t))$，则称闭环系统(3.6)以衰减率 β 全局渐近稳定。

根据定义 3.2，对选取的 Lyapunov 函数 $V(x(t))$ 进行分数阶求导，可得

$$\begin{aligned}
D^{\alpha}V(x(t))&=2x^{\mathrm{T}}(t)PD^{\alpha}x(t)+2L_x\\
&=\sum_{i=1}^{2}h_i^2(z(t))\{2x^{\mathrm{T}}(t)[P(A_i+B_iK_i+B_iH_iF_i(t)J_i)+\delta I]x(t)\\
&\quad+2h_1(z(t))h_2(z(t))\left\{2x^{\mathrm{T}}(t)\left[\frac{P(A_1+B_1K_2+A_2+B_2K_1)}{2}\right.\right.\\
&\quad\left.\left.+\frac{PB_1H_2F_2(t)J_2}{2}+\frac{PB_2H_1F_1(t)J_1}{2}+2\delta I\right]\right\}x(t)
\end{aligned}$$

令 $\omega_{ij}=A_i+B_iK_j$，于是上式可等价于

$$\begin{aligned}
D^{\alpha}V(x(t))&=2x^{\mathrm{T}}(t)PD^{\alpha}x(t)+2L_x\\
&=\sum_{i=1}^{2}h_i^2(z(t))\{2x^{\mathrm{T}}(t)[P\omega_{ii}+PB_iH_iF_i(t)J_i\\
&\quad+2\delta I]x(t)\}+2h_1(z(t))h_2(z(t))\\
&\quad\times\left\{2x^{\mathrm{T}}(t)\left[\frac{P\omega_{12}+P\omega_{21}+4\delta I}{2}+\frac{PB_1H_2F_2(t)J_2+PB_2H_1F_1(t)J_1}{2}\right]\right\}x(t)\\
&=\sum_{i=1}^{2}h_i^2(z(t))\{x^{\mathrm{T}}(t)[P(\omega_{ii}+B_iH_iF_i(t)J_i)\\
&\quad+2\delta I+(\omega_{ii}+B_iHF_i(t)J_i)^{\mathrm{T}}P]x(t)\}\\
&\quad+2h_1(z(t))h_2(z(t))\\
&\quad\times\left\{x^{\mathrm{T}}(t)\left[\left(\frac{P\omega_{12}+P\omega_{21}+PB_1H_2F_2(t)J_2}{2}+\frac{PB_2H_1F_1(t)J_1+4\delta I}{2}\right)\right.\right.\\
&\quad\left.\left.+\left(\frac{P\omega_{12}+P\omega_{21}}{2}+\frac{PB_1H_2F_2(t)J_2+PB_2H_1F_1(t)J_1+4\delta I}{2}\right)^{\mathrm{T}}\right]x(t)\right\}
\end{aligned} \tag{3.12}$$

为了保证除 $x(t)=0$ 外，式(3.11)满足 $D^{\alpha}V(x(t))\leqslant 2\beta V(x(t))$ 的条件，因此当式(3.12)满足以下的条件(3.13)和条件(3.14)时，系统(3.6)以衰减率 β 全局渐近稳定。

$$P(\omega_{ii}+B_iH_iF_i(t)J_i)+(\omega_{ii}+B_iH_iF_i(t)J_i)^{\mathrm{T}}P+2\delta I+4\beta P$$
$$\leqslant P\omega_{ii}+\omega_{ii}^{\mathrm{T}}P+\varepsilon(PB_iH_i)(H_iB_iP)^{\mathrm{T}}+\frac{1}{\varepsilon}J_iJ_i^{\mathrm{T}}+2\delta I+4\beta P<0,\quad i=1,2 \tag{3.13}$$

$$\begin{aligned}&\left\{\frac{(P\omega_{12}+P\omega_{21}+PB_1H_2F_2(t)J_2}{2}+\frac{PB_2H_1F_1(t)J_1)+4\delta I}{2}\right\}\\&+\left\{\frac{(P\omega_{12}+P\omega_{21}+PB_1H_2F_2(t)J_2}{2}+\frac{PB_2H_1F_1(t)J_1)+4\delta I}{2}\right\}^{\mathrm{T}}P+4\beta P\\&=P\omega_{12}+\omega_{12}^{\mathrm{T}}P+P\omega_{21}+\omega_{21}^{\mathrm{T}}P+PB_1H_2F_2(t)J_2+PB_2H_1F_1(t)J_1\\&\quad+(PB_1H_2F_2(t)J_2)^{\mathrm{T}}+(PB_2H_1F_1(t)J_1)^{\mathrm{T}}+8\delta I+8\beta P<0\end{aligned} \tag{3.14}$$

3.3.2 控制器设计

对不等式(3.13)应用 Schur 分解方法，可以得到

$$\begin{bmatrix}\omega_{ii}^{\mathrm{T}}P+PG_{ii}+2\delta I+4\beta P & PB_iH_i & J_i\\ * & -\varepsilon^{-1}I & 0\\ * & 0 & -\varepsilon^{-1}I\end{bmatrix}<0 \tag{3.15}$$

对不等式(3.15)左乘和右乘 diag(P^{-1},ε,I)得到

$$\begin{aligned}&\begin{bmatrix}P^{-1} & & \\ & \varepsilon & \\ & & I\end{bmatrix}\begin{bmatrix}\omega_{ii}^{\mathrm{T}}P+P\omega_{ii}+2\delta I+4\beta P & PB_iH_i & E_i\\ * & -\varepsilon^{-1}I & 0\\ * & 0 & -\varepsilon^{-1}I\end{bmatrix}\begin{bmatrix}P^{-1} & & \\ & \varepsilon & \\ & & I\end{bmatrix}\\&=\begin{bmatrix}P^{-1}\omega_{ii}^{\mathrm{T}}+\omega_{ii}P^{-1}+P^{-1}2\delta IP^{-1}+P^{-1}4\beta & B_iH_i\varepsilon & P^{-1}J_i\\ * & -\varepsilon I & 0\\ * & 0 & -\varepsilon I\end{bmatrix}<0,\quad i=1,2\end{aligned} \tag{3.16}$$

为使用 LMI 优化方法求取可行解，将 $\omega_{ii}=A_i+B_iK_j$ 代入式(3.16)，令 $Q=P^{-1}$，$Y_j=K_iP^{-1}$，$\Theta_{ii}=A_iQ+QA_i^{\mathrm{T}}$，$\Upsilon_{ij}=B_iY_j+Y_j^{\mathrm{T}}B_i^{\mathrm{T}}$，可得

$$\begin{bmatrix}\Theta_{ii}+\Upsilon_{ii}+4\beta Q & B_iH_i\varepsilon & QJ_i & Q\\ * & -\varepsilon I & 0 & 0\\ * & 0 & -\varepsilon I & 0\\ * & 0 & 0 & -\frac{1}{2}\delta^{-1}I\end{bmatrix}<0 \tag{3.17}$$

同理，条件不等式(3.13)等价于

$$\begin{aligned}&P\omega_{12}+P\omega_{21}+\omega_{12}^{\mathrm{T}}P+\omega_{21}^{\mathrm{T}}P+8\delta I+8\beta P\\&+PB_1H_2F_2(t)J_2+(PB_1H_2F_2(t)J_2)^{\mathrm{T}}\\&+PB_2H_1F_1(t)J_1+(PB_2H_1F_1(t)J_1)^{\mathrm{T}}\\&<0\end{aligned} \tag{3.18}$$

根据引理 3.1，可以得到与不等式(3.18)等价的条件不等式：

$$
\begin{aligned}
&P\omega_{12}+P\omega_{21}+\omega_{12}^{\mathrm{T}}P+\omega_{21}^{\mathrm{T}}P+8\delta I \\
&+8\beta P+\varepsilon(PB_1H_2)(PB_1H_2)^{\mathrm{T}}+\frac{1}{\varepsilon}J_2J_2^{\mathrm{T}} \\
&+\varepsilon(PB_2H_1)(PB_2H_1)^{\mathrm{T}}+\frac{1}{\varepsilon}J_1J_1^{\mathrm{T}} \\
&<0
\end{aligned}
\tag{3.19}
$$

对不等式(3.19)利用 Schur 分解方法,经过相同的变换可以得到

$$
\begin{bmatrix}
\Xi & PB_1H_2 & PB_2H_1 & J_2 & J_1 \\
* & -\varepsilon^{-1}I & 0 & 0 & 0 \\
* & 0 & -\varepsilon^{-1}I & 0 & 0 \\
* & 0 & 0 & -\varepsilon I & 0 \\
* & 0 & 0 & 0 & -\varepsilon I
\end{bmatrix}<0
\tag{3.20}
$$

式中,$\Xi=P\omega_{12}+\omega_{12}^{\mathrm{T}}P+P\omega_{21}+\omega_{21}^{\mathrm{T}}P+8\beta P+8\delta I$。

将不等式(3.20)左右同乘 $\mathrm{diag}(P^{-1},I,I,I,I)$,变换可得

$$
\begin{bmatrix}
\overline{\Theta}\,\overline{\Upsilon} & B_1H_2\varepsilon & B_2H_1\varepsilon & QJ_2 & QJ_1 & Q \\
* & -\varepsilon I & 0 & 0 & 0 & 0 \\
* & 0 & -\varepsilon I & 0 & 0 & 0 \\
* & 0 & 0 & -\varepsilon I & 0 & 0 \\
* & 0 & 0 & 0 & -\varepsilon I & 0 \\
* & 0 & 0 & 0 & 0 & -\frac{1}{8}\delta^{-1}I
\end{bmatrix}<0
\tag{3.21}
$$

式中

$$
\begin{aligned}
&\overline{\Theta}\,\overline{\Upsilon}=\Theta_{11}+\Theta_{22}+\Upsilon_{12}+\Upsilon_{21}+8\beta P,\quad Y_i=K_iP^{-1} \\
&Q=P^{-1},\quad \Theta_{ii}=A_iQ+QA_i^{\mathrm{T}},\quad \Upsilon_{ij}=B_iY_j+Y_j^{\mathrm{T}}B_i^{\mathrm{T}}
\end{aligned}
$$

综上所述,线性矩阵不等式(3.17)和不等式(3.21)即是系统(3.6)以衰减率 β 全局渐近稳定的充分条件。本节所提出的控制器设计方法,可以推广应用到其他一些实际的工程系统,如机器人运动控制、永磁同步电机的混沌控制等。

3.4 仿真算例

考虑系统(3.2)中 σ 的取值直接影响系统的类型,本章选取三种不同的 σ 值对分数阶 Lorenz 混沌系统、分数阶 Chen 混沌系统、分数阶 Lü 混沌系统进行仿真分析。

3.4.1　分数阶 Lorenz 混沌系统的仿真算例

当 $\sigma=0.25$ 时，系统(3.2)属于分数阶 Lorenz 混沌系统。令系统参数如下：

$$\alpha=0.95,\quad \beta=0.5,\quad B_1=\begin{bmatrix}1 & 0 & 0\end{bmatrix}^{\mathrm{T}},\quad B_2=\begin{bmatrix}1 & 0 & 0\end{bmatrix}^{\mathrm{T}}$$

$$H_1=\begin{bmatrix}0.5 & 0.8 & 0.5\end{bmatrix},\quad H_2=\begin{bmatrix}0.6 & 0.9 & 0.8\end{bmatrix}$$

$$J_1=\begin{bmatrix}0.1 & 0.2 & 0.2\\ 0.1 & 0.1 & 0.01\\ 0.3 & 0.4 & 0.01\end{bmatrix},\quad J_2=\begin{bmatrix}0.2 & 0.1 & 0.1\\ 0.2 & 0.1 & 0.02\\ 0.3 & 0.4 & 0.01\end{bmatrix}$$

利用 MATLAB 中 LMI 工具箱，结合式(3.17)和式(3.21)可得结果如下：

$$Y_1=\begin{bmatrix}28.7726 & -52.4467 & -13.6693\end{bmatrix}$$

$$Y_2=\begin{bmatrix}27.8201 & -51.3165 & 12.1823\end{bmatrix}$$

$$Q=\begin{bmatrix}1.4902 & 0.6461 & -0.0117\\ -0.6461 & 1.1690 & 0.0331\\ -0.0117 & 0.0331 & 1.1767\end{bmatrix}$$

由 $Q=P^{-1}$，$Y_i=K_iP^{-1}$，可以求得

$$K_1=\begin{bmatrix}-0.1289 & -44.6417 & -10.3639\end{bmatrix}$$

$$K_2=\begin{bmatrix}-0.5459 & -44.5262 & 11.5989\end{bmatrix}$$

$$P=\begin{bmatrix}0.8826 & 0.4879 & 0.0049\\ 0.4879 & 1.1259 & -0.0268\\ -0.0049 & 0.0268 & 0.8506\end{bmatrix}$$

取初值$(x_1(0),x_2(0),x_3(0))=(10,10,20)$，步长设置为 0.03，在原系统迭代 100 步后加上控制量。图 3.4～图 3.6 分别是分数阶 Lorenz 混沌系统的状态响应图。图 3.7 是分数阶 Lorenz 混沌系统的相轨迹图。

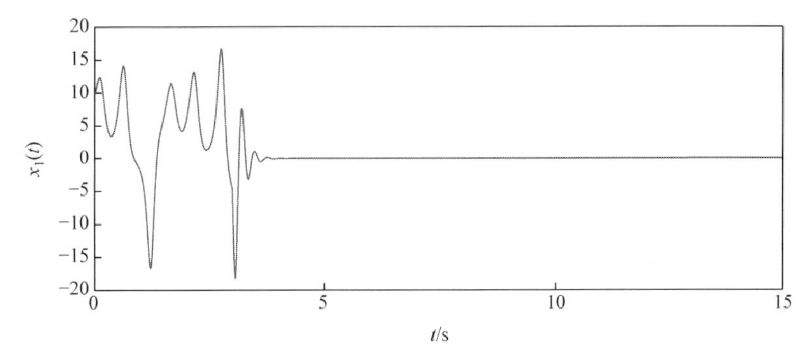

图 3.4　分数阶 Lorenz 混沌系统 $x_1(t)$状态响应

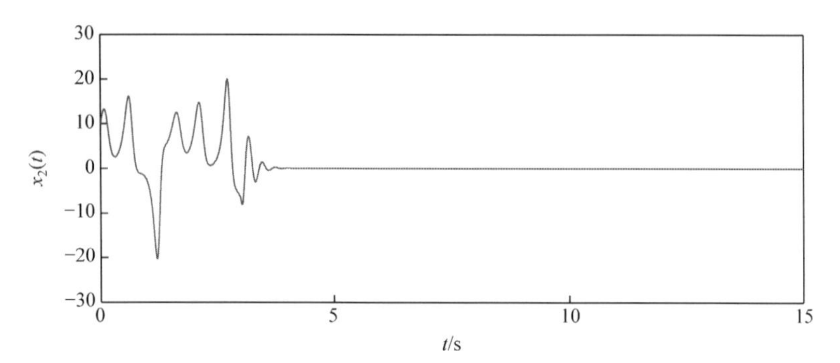

图 3.5 分数阶 Lorenz 混沌系统 $x_2(t)$状态响应

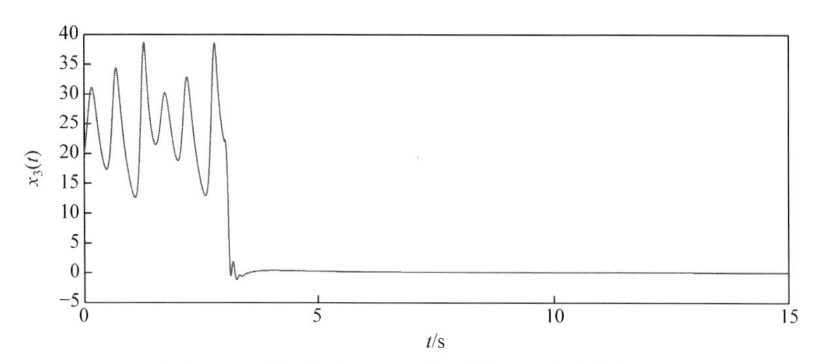

图 3.6 分数阶 Lorenz 混沌系统 $x_3(t)$状态响应

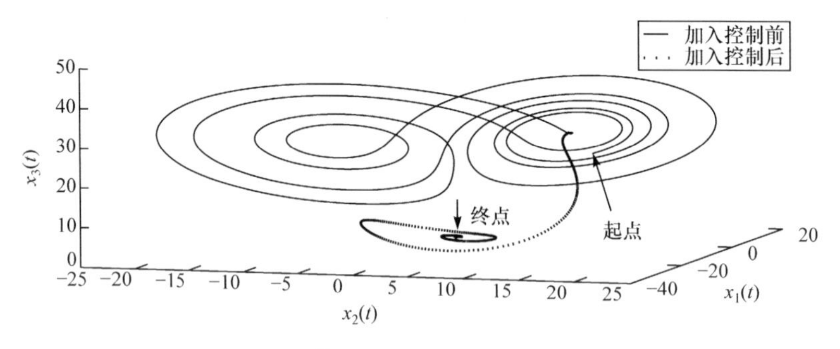

图 3.7 分数阶 Lorenz 混沌系统的相轨迹

3.4.2 分数阶 Chen 混沌系统的仿真算例

当$\sigma=1$时，系统(3.2)属于分数阶 Chen 混沌系统。选取系统参数如下：

$$\alpha=0.9,\quad \beta=0.5,\quad B_1=[1\quad 0\quad 0]^{\mathrm{T}},\quad B_2=[1\quad 0\quad 0]^{\mathrm{T}}$$

$$H_1=[0.5\quad 0.8\quad 0.5],\quad H_2=[0.6\quad 0.9\quad 0.8]$$

$$J_1=\begin{bmatrix}0.1 & 0.2 & 0.2\\ 0.1 & 0.1 & 0.01\\ 0.3 & 0.4 & 0.01\end{bmatrix},\quad J_2=\begin{bmatrix}0.2 & 0.1 & 0.1\\ 0.2 & 0.1 & 0.02\\ 0.3 & 0.4 & 0.01\end{bmatrix}$$

利用 MATLAB 中 LMI 工具箱，结合式(3.17)和式(3.21)可得如下结果：

$$Y_1=[194.0502 \quad 47.2188 \quad 16.6817]$$

$$Y_2=[192.0236 \quad 38.1484 \quad -17.9985]$$

$$Q=\begin{bmatrix} 6.8780 & 0.8651 & -0.0156 \\ 0.8651 & 0.1343 & 0.0025 \\ -0.0156 & 0.0025 & 0.1596 \end{bmatrix}$$

由 $Q=P^{-1}$，$Y_i=K_iP^{-1}$，可以求得

$$K_1=[-82.2282 \quad 879.5805 \quad 82.4677]$$

$$K_2=[-44.1779 \quad 570.9367 \quad -126.2265]$$

$$P=\begin{bmatrix} 0.7692 & -4.9573 & 0.1544 \\ -4.9573 & 39.3936 & -1.1137 \\ 0.1544 & -1.1137 & 6.2999 \end{bmatrix}$$

取初值为$(x_1(0),x_2(0),x_3(0))=(10,10,20)$，步长设置为 0.03，在原系统迭代 100 步后加上控制量。图 3.8～图 3.10 分别是分数阶 Chen 混沌系统的状态响应图，图 3.11 是分数阶 Chen 混沌系统的相轨迹图。

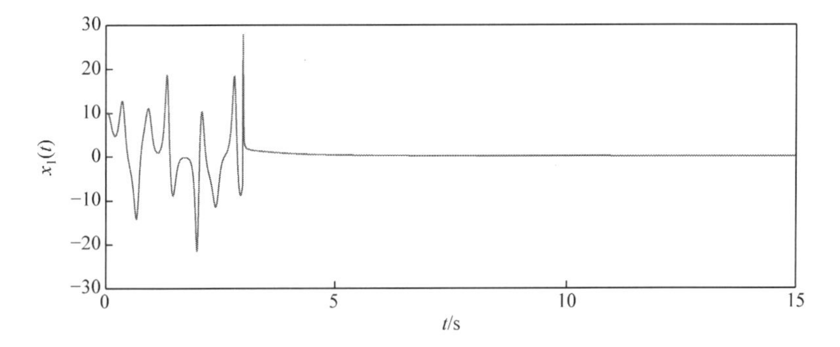

图 3.8　分数阶 Chen 混沌系统 $x_1(t)$状态响应

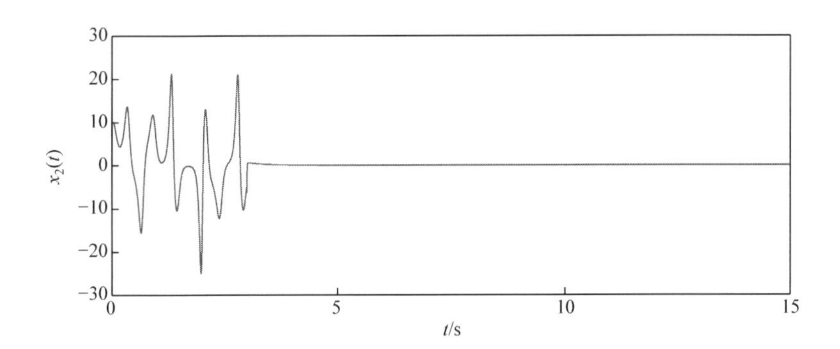

图 3.9　分数阶 Chen 混沌系统 $x_2(t)$状态响应

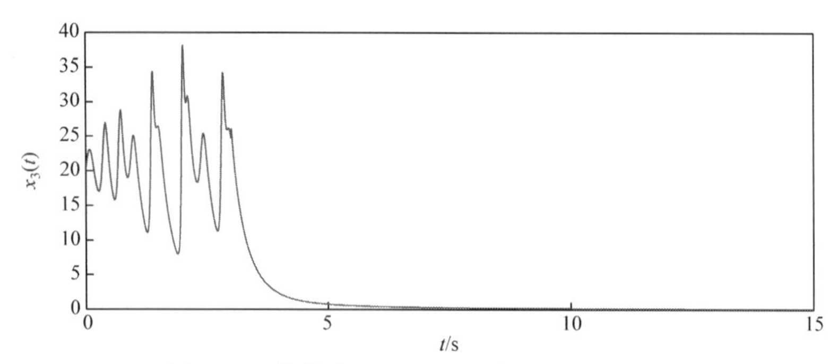

图 3.10　分数阶 Chen 混沌系统 $x_3(t)$状态响应

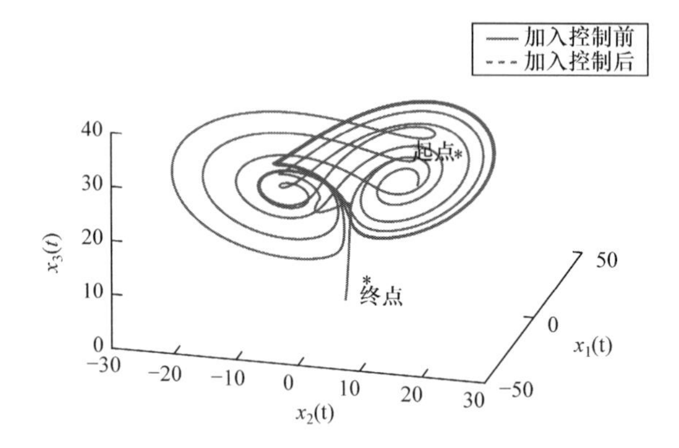

图 3.11　分数阶 Chen 混沌系统的相轨迹

3.4.3　分数阶 Lü 混沌系统的仿真算例

当 $\sigma=0.8$ 时，系统(3.2)属于分数阶 Lü 混沌系统。选取系统参数如下：

$$\alpha=0.85,\quad \beta=0.5,\quad B_1=[0\quad 1\quad 0]^{\mathrm{T}},\quad B_2=[0\quad 1\quad 0]^{\mathrm{T}}$$

$$H_1=[2.5\quad 4\quad 2.5],\quad H_2=[3\quad 4.5\quad 4]$$

$$J_1=\begin{bmatrix}0.1 & 0.2 & 0.2\\ 0.1 & 0.1 & 0.01\\ 0.3 & 0.4 & 0.01\end{bmatrix},\quad J_2=\begin{bmatrix}0.2 & 0.1 & 0.1\\ 0.2 & 0.1 & 0.02\\ 0.3 & 0.4 & 0.01\end{bmatrix}$$

利用 MATLAB 中 LMI 工具箱，结合式(3.17)和式(3.21)可得如下结果：

$$Y_1=[-5.5825\quad -5.8696\quad 0.9404]$$

$$Y_2=[-5.6703\quad -7.9856\quad -0.9671]$$

$$Q=\begin{bmatrix}0.0191 & 0.0083 & -0.0005\\ 0.0083 & 0.1879 & -0.0004\\ -0.0005 & -0.0004 & 0.1403\end{bmatrix}$$

由 $Q=P^{-1}$，$Y_i=K_iP^{-1}$，可以求得

$$K_1=[-82.2282\quad 879.5805\quad 82.4677]$$
$$K_2=[-44.1779\quad 570.9367\quad -126.2265]$$
$$P=\begin{bmatrix} 0.7692 & -4.9573 & 0.1544 \\ -4.9573 & 39.3936 & -1.1137 \\ 0.1544 & -1.1137 & 6.2999 \end{bmatrix}$$

取初值为$(x_1(0),x_2(0),x_3(0))=(10,10,20)$，步长设置为 0.03，在原系统迭代 100 步后加上控制量。图 3.12～图 3.14 分别是分数阶 Lü 混沌系统的状态响应图，图 3.15 是分数阶 Lü 混沌系统的相轨迹图。

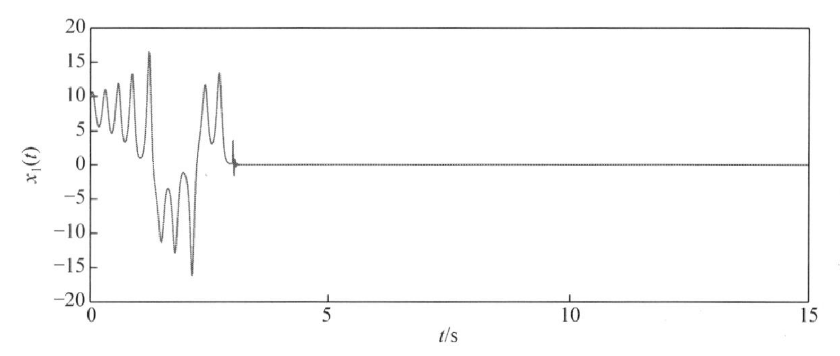

图 3.12　分数阶 Lü 混沌系统 $x_1(t)$状态响应

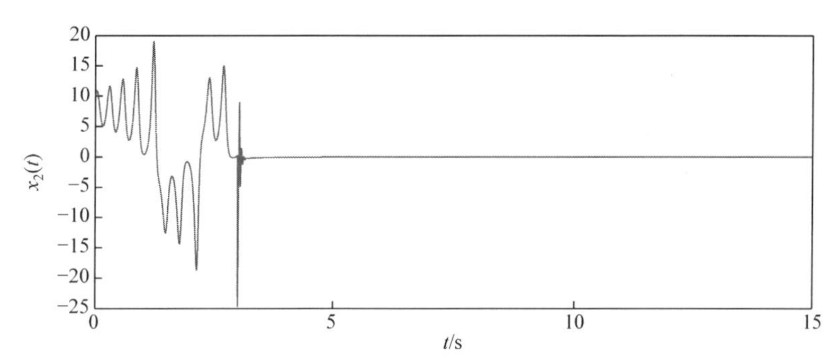

图 3.13　分数阶 Lü 混沌系统 $x_2(t)$状态响应

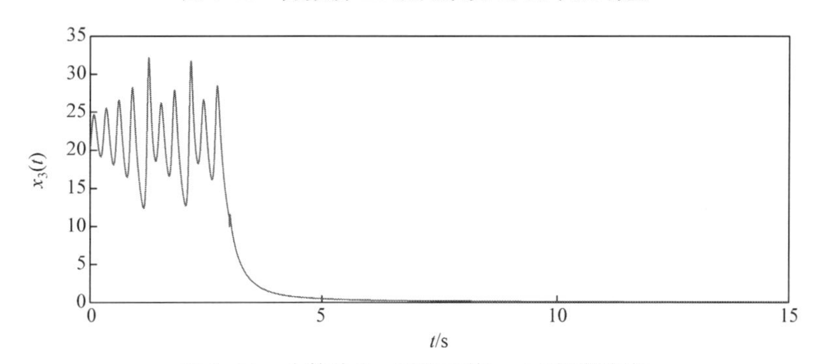

图 3.14　分数阶 Lü 混沌系统 $x_3(t)$状态响应

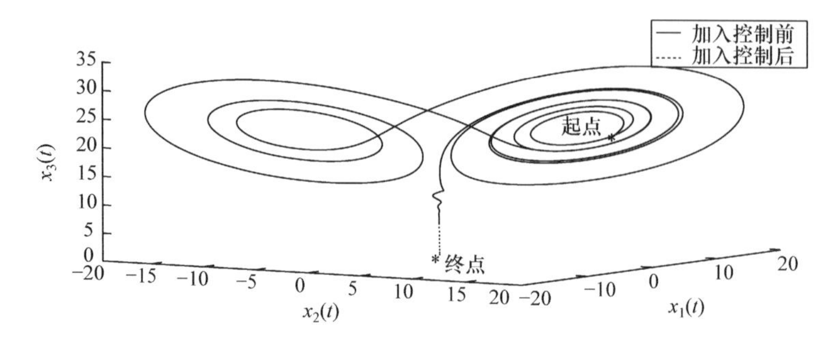

图 3.15 分数阶 Lü 混沌系统的相轨迹

3.5 本章小结

本章研究了分数阶统一混沌系统的非脆弱模糊控制问题，基于 T-S 模糊建模理论、Lyapunov 稳定性理论和 LMI 方法，首先给出了所研究的分数阶统一混沌系统渐近稳定的充分条件，然后在此基础上设计了能够镇定该系统的分数阶非脆弱模糊控制器，最后仿真验证了所设计控制器的有效性。

参考文献

[1] Podlubny I. Fractional Differential Equation[M]. San Diego: Academic Press, 1999.

[2] 薛定宇，陈阳泉. 高等应用数学问题的 MATLAB 求解[M]. 北京：清华大学出版社，2004.

[3] Bagley R L, Torvik P. On the appearance of the fractional derivative in the behavior of real materials[J]. Journal of Applied Mechanics, 1984, 51(2): 294-298.

[4] Bagley R L, Calico R A. Fractional-order state equations for the control of viscoelastic damped structures[J]. Journal of Guidance, Control and Dynamics, 1991, 14(2): 304-311.

[5] Jenson V G, Jeffreys G V. Mathematical Methods in Chemical Engineering[M]. New York: Academic Press, 1977.

[6] Weber E. Linear Transient Analysis[M]. New York: John Wiley & Son, 1956.

[7] 卢俊国，魏荣，汪小帆，等. 连续混沌系统控制与同步的自适应方法[J]. 控制与决策，2002, 17(1): 114-116.

[8] Ge S S, Wang C. Uncertain chaotic system control via adaptive neural design[J]. International Journal of Bifurcation and Chaos, 2002, 12(5): 1097-1109.

[9] 刘恒，李生刚，孙业国，等. 带有未知非对称控制增益的不确定分数阶混沌系统自适应模糊同步控制[J]. 物理学报，2015, 64(7): 1-9.

[10] Lu J G. Chaotic dynamics and synchronization of fractional-order Chua's circuits with a piecewise-linear nonlinearity[J]. International Journal of Modern Physics B, 2005, 19(20): 3249-3259.

[11] Yu Y, Li H, Wang S, et al. Dynamic analysis of a fractional-order Lorenz chaotic system[J]. Chaos, Solitons & Fractals, 2009, 42(2): 1181-1189.

[12] 陈向荣，刘崇新，王发强，等. 分数阶 Liu 混沌系统及其电路实验的研究与控制[J]. 物理学报，2008，57(3)：1416-1422.

[13] Li C, Chen G. Chaos in the fractional order Chen system and its control[J]. Chaos, Solitons & Fractals, 2004, 22(3): 549-554.

[14] Li Z, Chen D, Zhu J, et al. Nonlinear dynamics of fractional order Duffing system[J]. Chaos, Solitons & Fractals, 2015, 81: 111-116.

[15] Dang H. Dynamics and synchronization of the fractional-order sprott E system[J]. Advanced Materials Research, 2013, 850-851: 876-879.

[16] Shao S, Gao X. Synchronization in time-delayed fractional order chaotic Rossler systems[C]// International Conference on Communications, Circuits and Systems, Fuzhou, 2008: 652-654.

[17] Bai J, Yu Y, Wang S, et al. Modified projective synchronization of uncertain fractional order hyperchaotic systems[J]. Communications in Nonlinear Science and Numerical Simulation, 2012, 17(4): 1921-1928.

[18] Takagi T, Sugeno M. Fuzzy identification of systems and its applications to modeling and control[J]. IEEE Transactions on Systems, Man and Cybernetics, 1985, 15(1): 116-132.

[19] Feng G. A survey on analysis and design of model-based fuzzy control systems[J]. IEEE Transactions on Fuzzy Systems, 2006, 14(5): 676-697.

[20] Liu X, Zhang Q. New approaches to H_∞ controller designs based on fuzzy observers for T-S fuzzy systems via LMI[J]. Automatica, 2003, 39(9): 1571-1582.

[21] 杨志红，常凤云，姚琼荟. 基于 T-S 模糊模型的离散混沌系统变结构控制[J]. 控制工程，2007，14(2)：161-163.

[22] 张乐，井元伟. 基于非脆弱控制器设计的不确定模糊系统稳定性研究[J]. 控制与决策，2007，22(3)：329-332.

[23] Zheng Y, Nian Y, Wang D. Controlling fractional order chaotic systems based on Takagi-Sugeno fuzzy model and adaptive adjustment mechanism[J]. Physics Letters A, 2010, 375(2): 125-129.

[24] Lin T C, Kuo C H. H_∞ synchronization of uncertain fractional order chaotic systems: Adaptive fuzzy approach[J]. ISA Transactions, 2011, 50(4): 548-556.

[25] Chen D, Zhang R, Sprott J C, et al. Synchronization between integer-order chaotic systems and a class of fractional-order chaotic system based on fuzzy sliding mode control[J]. Nonlinear Dynamics, 2012, 70(2): 1549-1561.

[26] Wang B, Xue J, Chen D. Takagi-Sugeno fuzzy control for a wide class of fractional-order chaotic systems with uncertain parameters via linear matrix inequality[J]. Journal of Vibration & Control, 2014, 22(10): 414-416.

[27] Kuntanapreeda S. Robust synchronization of fractional-order unified chaotic systems via lin-

ear control[J]. Computers & Mathematics with Applications, 2012, 63(1): 183-190.

[28] Xie L. Output feedback H_∞ control of systems with parameter uncertainty[J]. International Journal of Control, 1996, 63(4): 741-750.

[29] Shahri E S A, Balochian S. Analysis of fractional-order linear systems with saturation using Lyapunov's second method and convex optimization[J]. International Journal of Automation & Computing, 2015, 12(4): 440-447.

第 4 章　分数阶统一混沌系统的模糊滑模控制

4.1　引　　言

第 3 章主要针对分数阶统一混沌系统，设计了非脆弱状态反馈模糊控制器。截至目前，越来越多的学者对于如何更有效地控制或同步混沌系统进行了大量的研究并找到了更多新的方法，如主动控制[1]、主动滑模控制[2]、自适应脉冲控制[3]、模糊自适应控制[4]、广义投影同步[5]等以及文献中所列其他参考文献，都在分数阶混沌系统的控制和同步问题中做出了巨大贡献。

另外，滑模控制对于扰动和参数不确定具有良好的鲁棒性[6-8]，因此，使用滑模控制技术对分数阶混沌系统进行控制或同步问题研究已经引起了许多学者的关注，同时一些滑模控制方法已经被用于控制或同步分数阶混沌系统，详见文献[9]、[10]及其所列参考文献。文献[11]讨论了分数阶系统的滑模控制器设计问题，所设计的控制方案确保了在外部扰动干扰下不确定分数阶混沌系统的渐近稳定性。文献[12]针对一种新的分数阶超混沌系统，设计了分数阶滑模控制器。然而据作者所知，对于分数阶混沌系统，模糊滑模控制器设计仍然是开放的问题。

本章针对分数阶统一混沌系统设计一种新的滑模控制器，首先，简单介绍滑模控制算法；然后，基于 T-S 模糊模型，将所考虑的混沌系统重构为 T-S 模糊系统，基于滑模控制和模糊控制理论，提出一种可以保证闭环系统渐近稳定的模糊滑模控制器；最后，仿真结果表明所设计方法的有效性。

4.2　滑模控制算法

滑模控制的最大优点是滑动模态对加在系统上的干扰和系统摄动具有完全的自适应性，而且系统状态一旦进入滑模运动，便快速地收敛到控制目标，但其最大的问题是系统控制器的输出具有抖动，这个问题用高阶滑动模态控制可以达到完全消除。为了更加清楚地介绍滑模控制理论，采用如下系统描述：

$$\begin{cases} \dot{x}=f(x,u,t) \\ y=h(x) \end{cases} \tag{4.1}$$

式中，$x\in\mathbb{R}^n$表示系统的状态变量；$u\in\mathbb{R}^m$为控制输入；$y\in\mathbb{R}^s$为系统输出；$f(\cdot)$和$h(\cdot)$为线性或非线性函数，t 为时间。

滑模控制的核心在于对式(4.1)所示的系统，确定一个切换函数 $s(x)$ 和控制律 $u(x)$，使得：

(1) 滑动模态存在；

(2) 满足到达条件：在切换面以外的点都将于有限时间内到达切换面；

(3) 滑模运动渐近稳定且动态品质好。

系统的状态空间被 $s(x)=0$ 分成 $s>0$ 和 $s<0$ 两块区域，如图 4.1 所示。系统运动点通过在系统状态空间区域的运动来改变系统结构，且保证了系统运动点处在已知滑模面上。此时，将 $s=s(x)$ 称为切换函数，将 $s(x)=0$ 称为切换面。

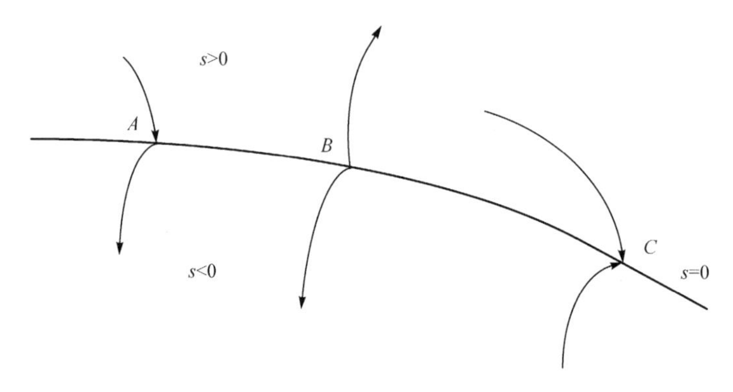

图 4.1　切换面上的运动形式

根据滑模面上系统状态变化的不同，将它们分为以下三类：

(1) 通常点：当系统状态到达 $s(x)=0$ 时，可以通过滑模面运动到另一侧，具体形式表示如图 4.1 中的 A 点。

(2) 起始点：系统状态从 $s(x)=0$ 附近向滑模面两侧运动，具体形式表示如图 4.1 中的 B 点。

(3) 终止点：系统状态从 $s(x)=0$ 两侧向 $s(x)=0$ 运动时，将会向 $s(x)=0$ 靠近，并且最终稳定在滑模超平面上，具体形式表示如图 4.1 中的 C 点。

在滑模控制系统中，通常点和起始点对控制系统来说都不能产生较好的控制效果，然而若在 $s(x)=0$ 上的某个范围内全部为终止点，那么系统运动点到达该范围内时，肯定会稳定在 $s(x)=0$ 上。此时，若在滑模面 $s(x)=0$ 上的点全部满足终止点的条件，则将该系统状态称为滑动模态，而满足该条件的范围称为滑模区，控制系统在滑模区的运动称为滑模运动。

为确保系统一直处于滑动模态，通常将控制系统的输入 u 设计为如下形式：

$$u=\begin{cases}u^{+}, & s(x)>0 \\ u^{-}, & s(x)<0\end{cases} \tag{4.2}$$

如果达到理想的滑动模态，则 $\dot{s}(x)=0$，即 $\dot{s}(x)=\frac{\partial s}{\partial x}\frac{\partial x}{\partial t}=0$ 或 $\frac{\partial s}{\partial x}f(x,u,t)=0$。滑模变结构控制系统中切换函数为 $s(x)$，即称 $s(x)=0$ 为不连续面、滑模面、切换面。滑模动态局部存在的条件为

$$\lim_{t\to 0^+}\dot{s}(x)=0 \tag{4.3}$$

$$\lim_{t\to 0^-}s(x)=0 \tag{4.4}$$

全局存在的条件为

$$s(x)\dot{s}(x)<0 \tag{4.5}$$

滑模控制器设计的推导过程如下：

首先，构造一个切换面如 $s(x)=cx$，解 u_{eq}；然后，把 u_{eq}代入控制系统状态方程 $\dot{x}=f(x,u,t)$ 可得到滑模动态方程；最后，利用 Lyapunov 稳定性分析方法证明存在的条件：$s(x)\dot{s}(x)<0$ 成立。

4.3　模糊滑模控制器设计

分数阶统一混沌系统可以描述如下：

$$D^\alpha x(t)=\begin{cases}D^\alpha x_1(t)=(25\sigma+10)(x_2-x_1)\\ D^\alpha x_2(t)=(28-35\sigma)x_1+(29\sigma-1)x_2-x_1x_3\\ D^\alpha x_3(t)=x_1x_2-\dfrac{8+\sigma}{3}x_3\end{cases} \tag{4.6}$$

式中，α 为分数阶导数且 $0<\alpha\leqslant 1$。

如参考文献[13]所述，当 σ 取不同值时，不同分数阶混沌系统表现出的混沌吸引子如图 3.1～图 3.3 所示。

本章将研究分数阶统一混沌系统的 T-S 模糊反馈控制方法，由于线性反馈形式简单，该控制方法非常贴合实际应用的要求。首先基于 T-S 模糊规则对分数阶统一混沌系统进行系统重构。基于 3.2 节中内容，分数阶统一混沌系统(4.6)重构后的 T-S 模糊模型为：

(1) 模糊系统规则 1：如果 $x_1(t)$大约是 M_1，则 $D^\alpha x(t)=A_1x(t)$；

(2) 模糊系统规则 2：如果 $x_1(t)$大约是 M_2，则 $D^\alpha x(t)=A_2x(t)$。

其中

$$A_1=\begin{bmatrix}-(25\sigma+10) & 25\sigma+10 & 0\\ 28-35\sigma & 29\sigma-1 & -M_1\\ 0 & M_1 & -(8+\sigma)/3\end{bmatrix}$$

$$A_2=\begin{bmatrix} -(25\sigma+10) & 25\sigma+10 & 0 \\ 28-35\sigma & 29\sigma-1 & M_1 \\ 0 & M_2 & -(8+\sigma)/3 \end{bmatrix}$$

分数阶统一混沌系统处于混沌状态时，x_1 的取值范围是$[-20,20]$，因此取 $M_1=-20$，$M_2=20$。通过 T-S 模糊模型重构后的分数阶统一混沌系统的吸引子形状与重构之前的吸引子相同。

模糊滑模控制器规则包含以下两步：第一步，基于系统的动态方程，建立一个合适的滑模面；第二步，设计一个切换控制律，使得滑动模态在滑模面的每个点都可以实现稳定。

下面，基于 T-S 模糊模型的模糊滑模控制器设计如下：

$$s(t)=C_1D^{\alpha-1}x(t)+C_2z(t) \tag{4.7}$$

式中，$z(t)$是一个函数，设计如下：

$$\dot{z}=kx-z$$

式中，k 为任意的正定常数；C_1、C_2 的选取是为了使系统的状态更快地到达滑模面。

当分数阶混沌系统(4.6)在所设计的滑模面上运行时，滑模面及其导数必须满足如下条件：

$$\begin{aligned} s(t)&=C_1D^{\alpha-1}x(t)+C_2z(t)=0 \\ \dot{s}(t)&=C_1D^{\alpha}x(t)+C_2(kx-z)=0 \end{aligned} \tag{4.8}$$

基于式(4.8)，可得如下等式：

$$\sum_{i=1}^{2}\mu_i(t)[C_1A_ix(t)+C_1Bu(t)]+C_2(kx-z)=0 \tag{4.9}$$

因此，可得等价控制律如下：

$$u_{\mathrm{eq}}=(C_1B)^{-1}\sum_{i=1}^{2}\mu_i(t)[z-kx-C_1A_ix(t)] \tag{4.10}$$

下一步是设计切换控制律，使得系统状态能够沿着滑模面到达稳定状态，本章设计到达律如下所示：

$$u_{\mathrm{r}}(t)=\sum_{i=1}^{2}\mu_i(t)[-\varepsilon\cdot\mathrm{sgn}(s)-ks] \tag{4.11}$$

式中

$$\mathrm{sgn}(s)=\begin{cases} +1, & s>0 \\ 0, & s=0 \\ -1, & s<0 \end{cases}$$

$\varepsilon>0$ 为切换增益；$k>0$ 为任意常数。

因此，可得控制器设计如下：

$$
\begin{aligned}
u(t) &= u_{\text{eq}}(t)+u_{\text{r}}(t) \\
&= \sum_{i=1}^{2}\mu_i(t)\left[(C_1B)^{-1}z-(C_1B)^{-1}kx-(C_1B)^{-1}C_1A_ix-\varepsilon\cdot\operatorname{sgn}(s)-ks\right]
\end{aligned} \tag{4.12}
$$

定理 4.1　考虑分数阶系统(4.6)，该系统在控制器 $u(t)$ 即式(4.12)的作用下，分数阶动态系统的状态轨迹能够渐近稳定至滑模面 $s(t)=0$。

证明　选取 Lyapunov 函数如下：

$$V(t)=s^2$$

对上述函数求导可得

$$
\begin{aligned}
\dot{V} &= 2s(t)\dot{s}(t) \\
&= 2s(t)\sum_{i=1}^{2}\mu_i(t)\{C_1A_ix(t)+C_1B[(C_1B)^{-1}z-(C_1B)^{-1}kx \\
&\quad -(C_1B)^{-1}C_1A_ix-\varepsilon\cdot\operatorname{sgn}(s)-ks]+kx-z\} \\
&= 2s(t)\sum_{i=1}^{2}\mu_i(t)[-C_1B\cdot\varepsilon\cdot\operatorname{sgn}(s)-C_1Bks] \\
&= -2\sum_{i-1}^{2}\mu_i(t)(C_1B\cdot\varepsilon\cdot|s|+C_1Bk|s|^2)
\end{aligned} \tag{4.13}
$$

从式(4.13)很容易得到

$$\dot{V}(t)<0$$

则一个合适的 Lyapunov 函数可以被找到且满足如下 Lyapunov 定理：

$$V>0,\quad \dot{V}<0 \tag{4.14}$$

因此，可得所设计的模糊滑模控制器是能够镇定系统的。

4.4　仿真算例

考虑系统(4.6)中 σ 的取值直接影响系统的类型，本章选取三种不同的 σ 值对分数阶 Lorenz 混沌系统、分数阶 Chen 混沌系统、分数阶 Lü 混沌系统进行仿真分析。

考虑在实际应用中，系统的模型扰动与外部不确定是不可避免的，为了验证所设计控制器的性能，本章考虑在分数阶统一混沌系统模型中添加模型不确定与外部扰动项。

假设 4.1　不确定项 $\Delta f_i(x)$ 被假定是有界的，同时满足如下不等式：

$$|\Delta f_i(x)|\leqslant L_1,\quad i=1,2,3$$

式中，$\Delta f_i(x)$ 代表系统(4.6)的模型不确定；L_1 是已知的正定常数。

假设 4.2　外部扰动 $d_i^x(t)$ 被假定是有界的，同时满足如下不等式：

$$|d_i^x(t)|\leqslant L_2,\quad i=1,2,3$$

式中，$d_i^x(t)$ 代表系统(4.6)的外部扰动；L_2 是已知的正定常数。

系统中的模型不确定和外部扰动设定如下：

$$\Delta f_1(x)+d_1^x(t)=0.5\cos(x_1x_2)+0.5\sin(2t)$$
$$\Delta f_2(x)+d_2^x(t)=\sin(x_2x_3)+0.2\sin(3t)$$
$$\Delta f_3(x)+d_3^x(t)=0.3\cos(x_1x_3)+0.5\sin(5t)$$

4.4.1　分数阶 Lorenz 混沌系统的仿真算例

当 $\sigma=0.25$ 时，系统(4.6)属于分数阶 Lorenz 混沌系统。设定系统参数如下：

$$\alpha=0.95,\quad M_2=20,\quad M_1=-20,\quad k=10,\quad \varepsilon=5$$
$$C_1=[1.05\quad 2\quad 0.1],\quad C_2=[1.01\quad 2\quad 0.2]$$
$$B=[1\quad 0\quad 0]^{\mathrm{T}}$$

初始条件设定为 $(x_1(0),x_2(0),x_3(0))=(3,-3,3)$，仿真结果如图 4.2～图 4.4所示。系统(4.6)的状态响应 x_1、x_2、x_3 如图 4.2 所示，滑模面 $s(t)$ 如图 4.3 所示，可知所设计的控制方法能够保证滑模面的到达性。控制输入 $u(t)$ 如图 4.4 所示，很明显仿真结果证明了所得理论的可行性和分数阶 Lorenz 混沌系统镇定的有效性。

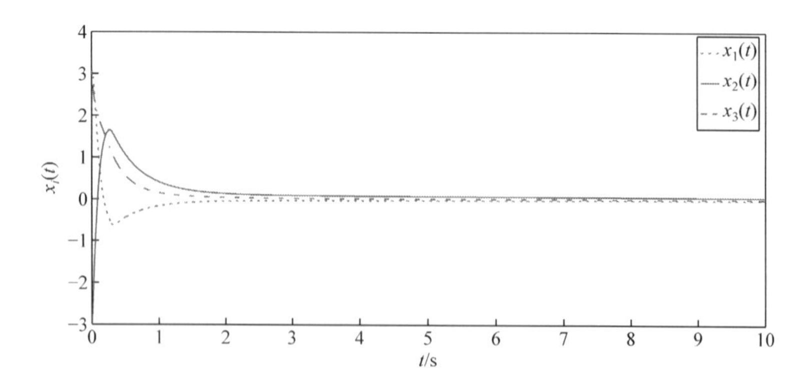

图 4.2　分数阶 Lorenz 混沌系统状态响应 $x_i(t)(i=1,2,3)$

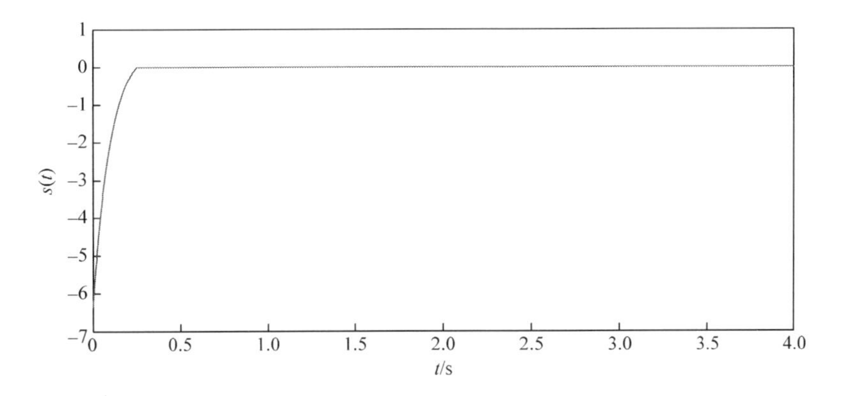

图 4.3　分数阶 Lorenz 混沌系统滑模面 $s(t)$

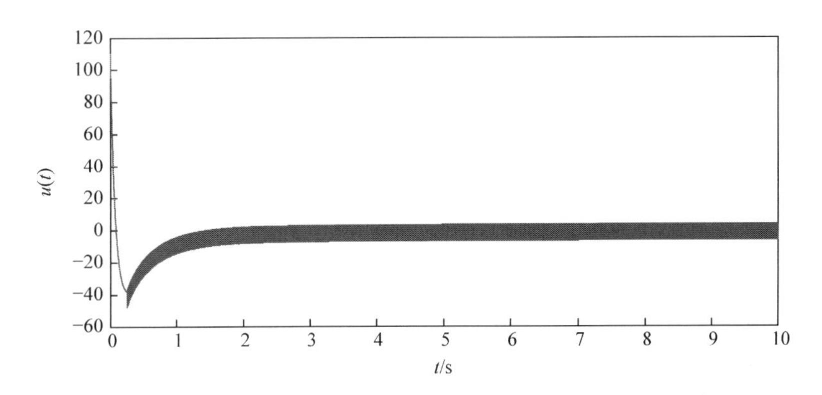

图 4.4　分数阶 Lorenz 混沌系统控制输入 $u(t)$

4.4.2　分数阶 Chen 混沌系统的仿真算例

当 $\sigma=1$ 时，系统(4.6)属于分数阶 Chen 混沌系统。选取系统参数如下：

$$\alpha=0.93,\quad M_2=20,\quad M_1=-20,\quad k=10,\quad \varepsilon=5$$

$$C_1=[1.05\quad 2\quad 0.1],\quad C_2=[1.01\quad 2\quad 0.2]$$

$$B=[1\quad 0\quad 0]^{\mathrm{T}}$$

初始条件设定为$(x_1(0),x_2(0),x_3(0))=(3,-3,3)$，仿真结果如图 4.5～图 4.7 所示。系统(4.6)的状态响应 x_1、x_2、x_3 如图 4.5 所示，滑模面 $s(t)$ 如图 4.6 所示，可知所设计的控制方法能够保证滑模面的到达性。控制输入 $u(t)$ 如图 4.7 所示，很明显仿真结果证明了所得理论的可行性和分数阶 Chen 混沌系统镇定的有效性。

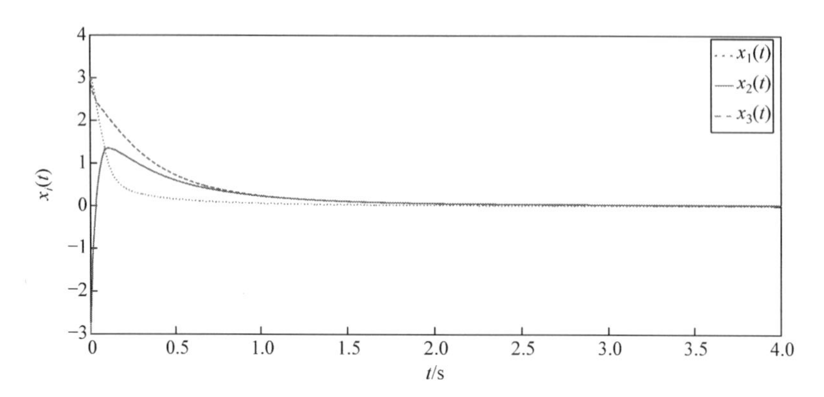

图 4.5　分数阶 Chen 混沌系统状态响应 $x_i(t)(i=1,2,3)$

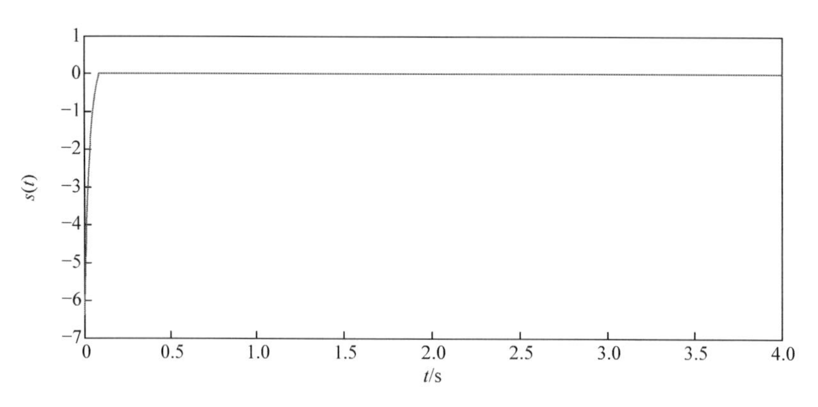

图 4.6　分数阶 Chen 混沌系统滑模面 $s(t)$

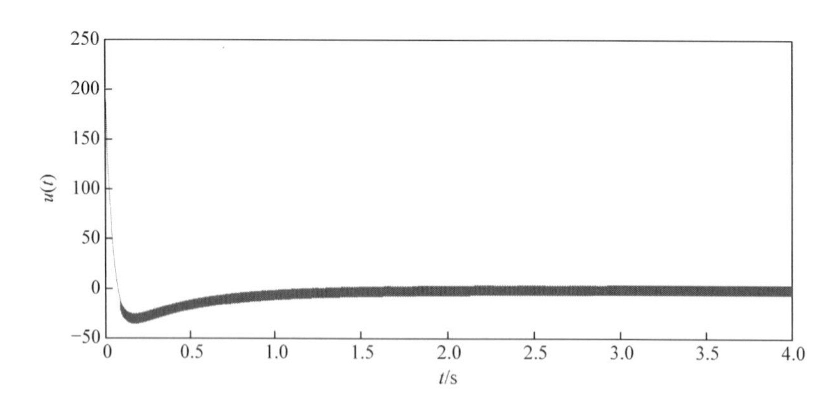

图 4.7　分数阶 Chen 混沌系统控制输入 $u(t)$

4.4.3　分数阶 Lü 混沌系统的仿真算例

当 $\sigma=0.8$ 时，系统(4.6)属于分数阶 Lü 混沌系统。选取系统参数如下：

$$\alpha=0.93,\quad M_2=20,\quad M_1=-20,\quad k=10,\quad \varepsilon=5$$
$$C_1=[1.05\quad 2\quad 0.1],\quad C_2=[1.01\quad 2\quad 0.2]$$
$$B=[0\quad 1\quad 0]^{\mathrm{T}}$$

初始条件设定为$(x_1(0),x_2(0),x_3(0))=(3,-3,3)$，仿真结果如图 4.8～图 4.10 所示。系统(4.6)的状态响应 x_1、x_2、x_3 如图 4.8 所示，滑模面 $s(t)$ 如图 4.9 所示，可知所设计的控制方法能够保证滑模面的到达性。控制输入 $u(t)$ 如图 4.10 所示，很明显仿真结果证明了所得理论的可行性和分数阶 Lü 混沌系统镇定的有效性。

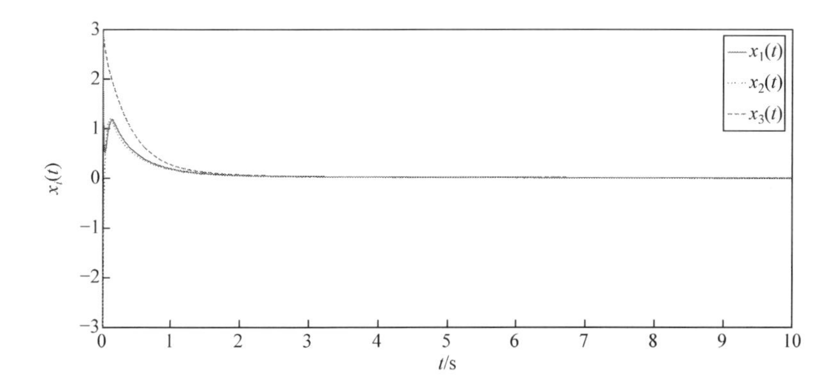

图 4.8　分数阶 Lü 混沌系统状态响应 $x_i(t)(i=1,2,3)$

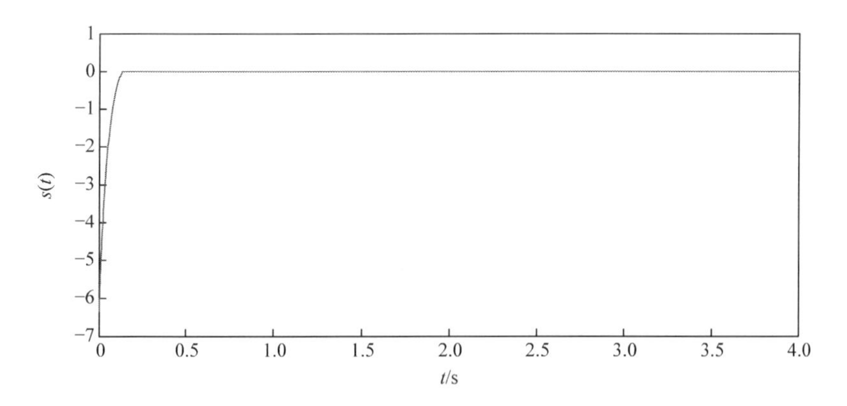

图 4.9　分数阶 Lü 混沌系统滑模面 $s(t)$

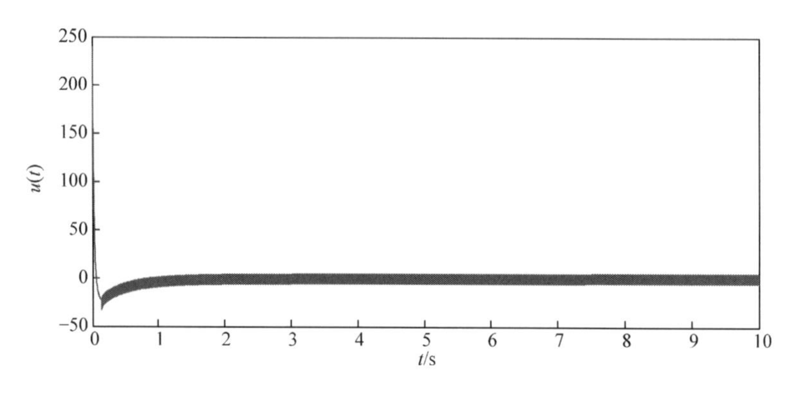

图 4.10　分数阶 Lü 混沌系统控制输入 $u(t)$

4.5 本章小结

本章研究了分数阶统一混沌系统的模糊滑模控制问题，首先基于 T-S 模糊建模理论，针对分数阶统一混沌系统建立相应的 T-S 模糊模型；然后基于滑模控制方法，设计模糊滑模控制器；最后用三个仿真算例证明所设计的模糊滑模控制器的有效性。

参考文献

[1] Agrawal S K, Srivastava M, Das S. Synchronization of fractional order chaotic systems using active control method[J]. Chaos, Solitons & Fractals, 2012, 45(6): 737-752.

[2] Wang X, Zhang X, Ma C. Modified projective synchronization of fractional-order chaotic systems via active sliding mode control[J]. Nonlinear Dynamics, 2012, 69(1-2): 511-517.

[3] Andrew L Y T, Li X F, Chu Y D, et al. A novel adaptive-impulsive synchronization of fractional-order chaotic systems[J]. Chinese Physics B, 2015, 24(10): 86-92.

[4] Bouzeriba A, Boulkroune A, Bouden T. Fuzzy adaptive synchronization of uncertain fractional-order chaotic systems[J]. International Journal of Machine Learning and Cybernetics, 2016, 7(5): 893-908.

[5] Peng G, Jiang Y. Generalized projective synchronization of fractional order chaotic systems[J]. Physica A: Statistical Mechanics and Its Applications, 2008, 387(14): 3738-3746.

[6] Utkin V I. Sliding Modes in Control and Optimization[M]. Berlin: Springer-Verlag, 1992.

[7] Mahjoub S, Mnif F, Derbel N. Second-order sliding mode approaches for the control of a class of underactuated systems[J]. International Journal of Automation and Computing, 2015, 12(2): 134-141.

[8] Li F, Hu J B, Zheng L, et al. Terminal sliding mode control for cyber physical system based on filtering backstepping[J]. International Journal of Automation and Computing, 2015,

12(5):497-502.

[9] Tavazoei M S, Haeri M. Synchronization of chaotic fractional-order systems via active sliding mode controller[J]. Physica A: Statistical Mechanics and Its Applications, 2008, 387(1): 57-70.

[10] Yin C, Zhong S M, Chen W F. Design of sliding mode controller for a class of fractional-order chaotic systems[J]. Communications in Nonlinear Science and Numerical Simulation, 2012, 17(12): 356-366.

[11] Chen D Y, Liu Y X, Ma X Y, et al. Control of a class of fractional-order chaotic systems via sliding mode[J]. Nonlinear Dynamics, 2012, 67(1): 893-901.

[12] Yang N N, Liu C X. A novel fractional-order hyperchaotic system stabilization via fractional sliding-mode control[J]. Nonlinear Dynamics, 2013, 74(3): 721-732.

[13] Kuntanapreeda S. Robust synchronization of fractional-order unified chaotic systems via linear control[J]. Computers & Mathematics with Applications, 2012, 63(1): 183-190.

第5章 分数阶非线性系统的自适应模糊终端滑模控制

5.1 引 言

第3章和第4章主要讨论了分数阶线性混沌系统的控制问题，而非线性是实际系统中常见的现象。近年来，分数阶系统的稳定和控制问题已在控制领域中得到广泛的研究。目前为止，很多控制方法都得到了成功的应用，如主动控制[1]、主动滑模控制[2]、反演控制[3]、T-S模糊控制[4]、滑模控制[5,6]等多种控制方式都被用来镇定分数阶系统。然而，考虑到实践中对系统的性能要求日益增加，如已知的非线性系统的有限时间控制可以产生高精度性能以及系统状态可以有限时间收敛到原点[7]，因此针对分数阶系统的有限时间稳定性分析已成为热点，许多学者已经考虑了基于有限时间方案的分数阶系统的稳定性分析和镇定问题[8-11]。

在滑模控制领域，非奇异终端滑模控制已被广泛研究，因为它不但可以实现有限时间的快速收敛性能，而且可以避免在传统滑模控制中产生的任何奇异问题[12]。近几年来，在这个研究领域有一些很有意义的研究成果。例如，文献[13]针对具有不确定参数或扰动的整数阶混沌系统，设计了一种非奇异终端滑模控制器。此外，文献[14]针对一类整数阶混沌系统，提出了一种新型的分数阶终端滑模控制器。而对于分数阶混沌系统，非奇异终端滑模控制在文献[8]和[9]中进行了讨论。

另外，自从 Zadeh 发起了模糊集理论[15]，模糊逻辑控制(FLC)方案已被广泛开发并成功应用于许多现实世界系统[16-19]。由于自适应控制理论的发展，最近自适应 FLC 方案已被用于分数阶系统的控制问题中[20-24]。然而，对于动态非结构化环境，迫切需要应对大量的不确定性，如 FLC 的输入、控制输出、语言不确定性和与嘈杂的训练数据相关的不确定性。目前，Ⅰ型模糊系统已不足以应对建模的复杂性和减小各种不确定性的影响[25-29]。原因是Ⅰ型模糊集在某种意义上是确定的，即对于特定的输入，隶属度是一个清晰的值。因此，引入了以隶属度函数(MF)为Ⅱ型模糊集的Ⅱ型 FLC，以克服Ⅰ型 FLC 的局限性[30]。对于这类模糊集合，每个输入具有由两个Ⅰ型 MF 定义的两层隶属度：上 MF 和下 MF。近年来，由于Ⅱ型 FLC 的高性能特点，此类控制方法已经成功应用于不同的工程系统，如图像处理[31]、模式识别[32]、嵌入智能体[33]和移动机器人控制[34]。组合滑模控制和自适应Ⅱ型 FLC 理论，对于整数阶混沌系统，作者在文献[35]中研究了自适应区间Ⅱ型模糊滑模控制器设计问题,而对于分数阶混沌系统的同步问题,文献[36]和[37]分别讨论了自适应区间Ⅱ型模糊滑模控制和自适应区间Ⅱ型模糊主动滑模控制。然而据作者所知,基于有限时间方案,分数阶非线性系统的自适应区间Ⅱ型模糊滑模控制问题从未被考虑过。

在此背景下,本章基于有限时间方案,研究具有模型不确定性和外部干扰的分数阶系统的镇定问题。自适应区间Ⅱ型模糊控制与非奇异终端滑模控制相结合,设计新型自适应模糊滑动控制器,用以保证分数阶闭环系统的有限时间稳定性。同时,提出的控制器能够减少受控系统的抖动现象和改善受控系统的鲁棒性。

5.2 区间Ⅱ型模糊系统

众所周知,模糊逻辑系统(FLS)具有广泛逼近性且在参数识别和控制器设计中用途广泛。传统的Ⅰ型模糊系统通常由四大部分构成:模糊化、规则库、模糊推理和解模糊。同理,典型的Ⅱ型模糊系统具备相似的结构。但是最主要的区别源于规则库,Ⅱ型模糊规则库的前因和后果都使用Ⅱ型模糊集。由于降型的复杂性,一般的Ⅱ型模糊逻辑系统的计算变得更加密集。为了能够使计算更加简便,区间Ⅱ型模糊系统的第Ⅱ隶属度函数等同于整体,从而也达到了降型的目的。其中含有均值 $m\in[m_1,m_2]$ 和一个已知的标准偏差 σ 的区间Ⅱ型高斯隶属度函数如图5.1所示。

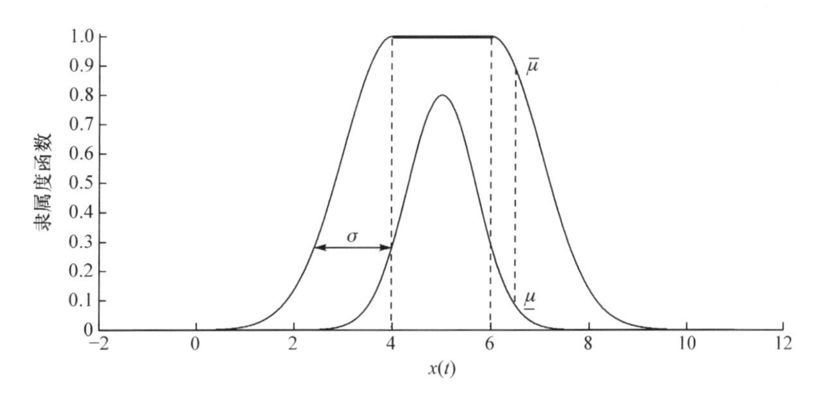

图5.1 带有不确定均值(m)和已知标准偏差(σ)的区间Ⅱ型高斯隶属度函数

利用单点模糊化,将单点输入通过乘积推理,并结合模糊“IF-THEN”规则,推理映射单个输入 $x=[x_1,x_2,\cdots,x_n]$ 至Ⅱ型模糊系统作为输出。模糊规则的典型形式如下:

R_i:如果 $x_1(t)$ 是 $\widetilde{F}_1^i$ 且 $x_2(t)$ 是 $\widetilde{F}_2^i,\cdots,x_n(t)$ 是 $\widetilde{F}_n^i$,则 $\widetilde{Z}^i$。

其中,$\widetilde{F}_k^i$ 是前件($k=1,2,\cdots,n$);$\widetilde{Z}^i$ 是第 i 条模糊规则的后件。

首先,第 i 条模糊规则的模糊集可估计如下:

$$F^i(\underline{x})=[\underline{f}^i(\underline{x}) \quad \bar{f}^i(\underline{x})] \tag{5.1}$$

式中

$$\begin{aligned}\underline{f}^i(\underline{x}) &= \underline{\mu}_{\tilde{F}_1^i}(x_1)\underline{\mu}_{\tilde{F}_2^i}(x_2)\cdots\underline{\mu}_{\tilde{F}_n^i}(x_n) = \prod_{k=1}^{n}\underline{\mu}_{\tilde{F}_k^i}(x_k)\\ \bar{f}^i(\underline{x}) &= \bar{\mu}_{\tilde{F}_1^i}(x_1)\bar{\mu}_{\tilde{F}_2^i}(x_2)\cdots\bar{\mu}_{\tilde{F}_n^i}(x_n) = \prod_{k=1}^{n}\bar{\mu}_{\tilde{F}_k^i}(x_k)\end{aligned} \tag{5.2}$$

式中,$\underline{\mu}_{\tilde{F}_k^i}$ 和 $\bar{\mu}_{\tilde{F}_k^i}$ 分别表示隶属度函数的上下界。

接下来,将模糊集 $F^i(\underline{x})$ 与第 i 条后件相结合并通过乘积得到Ⅱ型输出模糊集,并将Ⅱ型输出模糊集送至降型部分,然后通过解模糊得到区间Ⅱ型模糊系统的输出形式,其为 y_l 和 y_r 的均值,具体表示如下:

$$\begin{aligned}y(\underline{x})&=\frac{1}{2}[y_l(\underline{x})+y_r(\underline{x})]\\ &=\frac{1}{2}[\theta_l^{\mathrm{T}}\xi_l(\underline{x})+\theta_r^{\mathrm{T}}\xi_r(\underline{x})]=\frac{1}{2}\theta^{\mathrm{T}}\xi(\underline{x})\end{aligned} \tag{5.3}$$

式中,$\theta=[\theta_l^{\mathrm{T}} \quad \theta_r^{\mathrm{T}}]^{\mathrm{T}}$,$\xi=[\xi_l^{\mathrm{T}} \quad \xi_r^{\mathrm{T}}]^{\mathrm{T}}$,$y_l$ 和 y_r 分别表示每个规则后件的左右质心。

然后,通过解析下列优化问题,解模糊的输出如下:

$$y_l(\underline{x}) = \min_{\forall f^k\in\{\underline{f}^k \bar{f}^k\}}\left(\frac{\sum_{k=1}^{N} y_l^k f^k(\underline{x})}{\sum_{k=1}^{N} f^k(\underline{x})}\right), \quad y_r(\underline{x}) = \min_{\forall f^k\in\{\underline{f}^k \bar{f}^k\}}\left(\frac{\sum_{k=1}^{N} y_r^k f^k(\underline{x})}{\sum_{k=1}^{N} f^k(\underline{x})}\right) \tag{5.4}$$

定义函数 $y_l^k(\underline{x})$ 和 $y_r^k(\underline{x})$ 来解决上述问题,令

$$\xi_l^k(\underline{x}) = \frac{f_l^k(\underline{x})}{\sum_{k=1}^{M} f_l^k(\underline{x})}, \quad \xi_r^k(\underline{x}) = \frac{f_r^k(\underline{x})}{\sum_{k=1}^{M} f_r^k(\underline{x})}$$

则可以得到

$$y_l(\underline{x}) = \frac{\sum_{k=1}^{N} y_l^k f_l^k(\underline{x})}{\sum_{k=1}^{N} f_l^k(\underline{x})} = \sum_{k=1}^{N} y_l^k \xi_l^k(\underline{x}) = \theta_l^{\mathrm{T}}\xi_l(\underline{x}) \tag{5.5}$$

$$y_r(\underline{x}) = \frac{\sum_{k=1}^{N} y_r^k f_r^k(\underline{x})}{\sum_{k=1}^{N} f_r^k(\underline{x})} = \sum_{k=1}^{N} y_r^k \xi_r^k(\underline{x}) = \theta_r^{\mathrm{T}}\xi_r(\underline{x}) \tag{5.6}$$

式中,$\xi_l(\underline{x})=[\xi_l^1(\underline{x}) \quad \xi_l^2(\underline{x}) \quad \cdots \quad \xi_l^N(\underline{x})]$,$\xi_r(\underline{x})=[\xi_r^1(\underline{x}) \quad \xi_r^2(\underline{x}) \quad \cdots \quad \xi_r^N(\underline{x})]$是模糊基函数;$\theta_l(\underline{x})=[\theta_l^1(\underline{x}) \quad \theta_l^2(\underline{x}) \quad \cdots \quad \theta_l^N(\underline{x})]$,$\theta_r(\underline{x})=[\theta_r^1(\underline{x}) \quad \theta_r^2(\underline{x}) \quad \cdots \quad \theta_r^N(\underline{x})]$

是自适应参数。

图 5.2 表示区间Ⅱ型模糊神经网络(IT2FNN)体系,此系统由带有模糊逻辑项表示的参数和组件的区间Ⅱ型模糊系统来实现[38]。通过观察可以发现,Ⅱ型模糊神经网络有四层网络结构。其中,第一层和第二层分别表示输入节点和Ⅱ型模糊化节点,这也形成了Ⅱ型模糊神经网络的前件部分。同时,带有模糊规则节点和输出节点的典型两层神经网络用于构建区间Ⅱ型模糊神经网络的第三层和第四层,这形成了Ⅱ型模糊神经网络的后件部分。

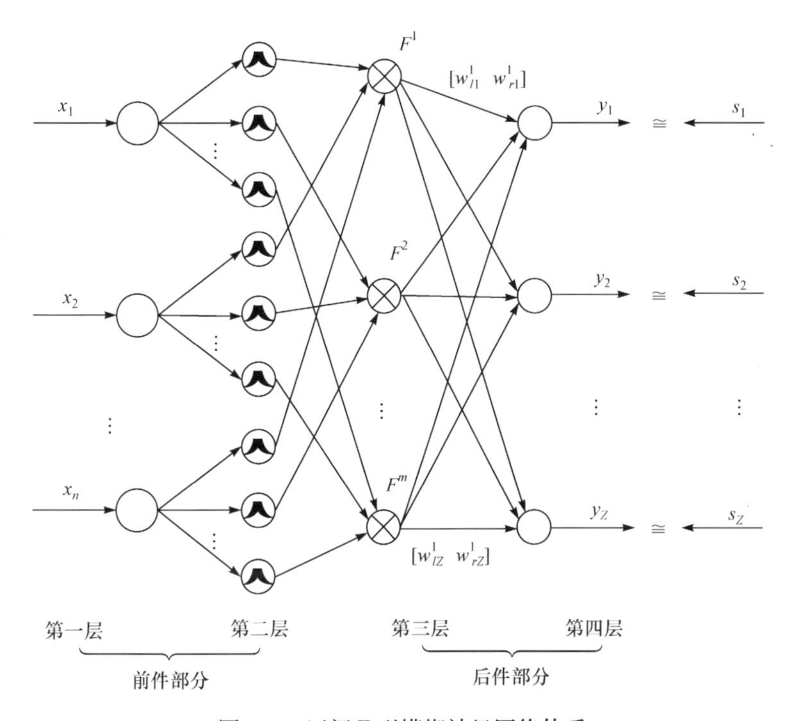

图 5.2　区间Ⅱ型模糊神经网络体系

5.3　自适应模糊终端滑模控制

5.3.1　控制器设计

本小节主要针对分数阶系统介绍一类自适应Ⅱ型模糊滑模控制器的设计方案。首先,考虑如下分数阶系统:

$$\begin{cases} D^{\alpha}x_1(t)=A_1x(t)+G_1(x,t)+F_1(x,t)+d_1(t)+u_1(t) \\ D^{\alpha}x_2(t)=A_2x(t)+G_2(x,t)+F_2(x,t)+d_2(t)+u_2(t) \\ \vdots \\ D^{\alpha}x_n(t)=A_nx(t)+G_n(x,t)+F_n(x,t)+d_n(t)+u_n(t) \end{cases} \tag{5.7}$$

式中,$x(t)=[x_1(t),x_2(t),\cdots,x_n(t)]^{\mathrm{T}}$ 表示系统(5.7)的状态变量;$A_i\in\mathbb{R}^{1\times n}$是系统矩阵$A\in\mathbb{R}^{n\times n}$的第 i 行;$G_i(x,t)(i=1,2,\cdots,n)$表示系统中的有界非线性函数;$F_i(x,t)$、$d_i(t)(i=1,2,\cdots,n)$分别表示模型不确定和外部扰动;$u_i(t)(i=1,2,\cdots,n)$是后续要设计的控制输入。

定义 5.1[9] 考虑不确定分数阶系统(5.7),如果存在一个常数 $T=T(x(0))>0$ 满足

$$\lim_{t\to T}\| x(t)\|=0$$

且当 $t\geqslant T$ 时满足 $\| x(t)\|\equiv 0$,则系统(5.7)的状态能够在有限时间 T 内收敛至零点。

引理 5.1[39] 考虑如下分数阶动态系统 Σ 的一般方程:

$$D^{\beta}x(t)=g(x)$$

式中,$g(x)$表示一个$\mathbb{R}^n\to\mathbb{R}^n$的非线性向量;$x=[x_1,x_2,\cdots,x_n]^{\mathrm{T}}$ 表示系统 Σ 的状态向量;β 代表分数阶次且满足 $0<\beta\leqslant 1$,这里当 $\beta=1$ 时,系统 Σ 是整数阶系统。如果存在一个正定的 Lyapunov 函数 $V(x)$,在 $t\geqslant t_0$ 条件下满足 $D^{\beta}V(x)<0$,这里 t_0 表示初始时间,则系统 Σ 是渐近稳定的。

在这一小节,目标是:基于定义 5.1,设计一个能够保证分数阶系统(5.7)渐近稳定的模糊滑模控制器。其中,控制器的设计过程有如下两个步骤。

首先,引入一类非奇异终端滑模平面如下所示:

$$s_i(t)=x_i(t)+\int(k_{1i}x_i(t)+k_{2i}\operatorname{sgn}(x_i(t))\mid x_i(t)\mid^{\theta}) \tag{5.8}$$

式中,$x_i(t)(i=1,2,\cdots,n)$表示系统(5.7)的状态向量;k_{1i}、$k_{2i}(i=1,2,\cdots,n)$是大于零的常数;θ 是一个常数且满足 $\theta\in(0,1)$。

基于滑模控制理论,其过程主要由到达阶段和滑模阶段这两个阶段构成。为了保证系统状态轨迹 $x(t)$能够从逼近阶段移至滑模阶段,则一旦系统状态轨迹到达滑模平面,满足下列充分条件:

$$s(t)=0 \tag{5.9}$$

结合分数阶微积分的重要性质以及式(5.8)和式(5.9),可得

$$D^{\alpha}x_i(t)=-D^{\alpha-1}(k_{1i}x_i(t)+k_{2i}\operatorname{sgn}(x_i(t))|x_i(t)|^{\theta}) \tag{5.10}$$

这里,式(5.10)也就是本章提出的滑模动态。

接下来,需要设计一个滑模控制器,从而能够强制系统的状态轨迹到达滑模平面并随后一直沿着滑模平面(5.8)运动。

定理 5.1 如果 $F_i(x,t)$是已知的,且系统在无扰动情况下,即 $d_i(t)=0$,则在如下控制器(5.11)的作用下,系统(5.7)能够实现渐近稳定,其中控制器设计如下:

$$\begin{aligned}u_i(t)=&-A_ix(t)-G_i(x,t)-F_i(x,t)-D^{\alpha-1}(k_{1i}x_i+k_{2i}\operatorname{sgn}(x_i)|x_i|^{\theta})\\&-[k_{3i}s_i+k_{4i}|s_i|^{\delta}\operatorname{sgn}(s_i)+\eta_i\operatorname{sgn}(s_i)]\end{aligned} \tag{5.11}$$

式中，k_{1i}、k_{2i}、k_{3i}、k_{4i}、$\eta_i(i=1,2,\cdots,n)$是大于零的恒定常数；δ 是一个常数且满足 $\delta\in(0,1)$。

证明　构造一个正定的 Lyapunov 函数如下：

$$V_1(t)=\frac{1}{2}s_i^2(t) \tag{5.12}$$

对 $V_1(t)$关于时间 t 进行求导，可得

$$\begin{aligned}D^\alpha V_1(t)&\leqslant s_i(t)[D^\alpha s_i(t)]\\&=s_i(t)[A_ix(t)+G_i(x,t)+F_i(x,t)\\&\quad+u_i(t)+D^{\alpha-1}(k_{1i}x_i+k_{2i}\mathrm{sgn}(x_i)|x_i|^\theta)]\\&=-(k_{3i}s_i^2+k_{4i}|s_i|^{\delta+1}+\eta_i|s_i|)<0\end{aligned} \tag{5.13}$$

因此，根据引理 5.1，系统(5.7)的状态轨迹将会渐近收敛至滑模平面 $s(t)=0$。然而，考虑到在实际系统中模型不确定可能是未知的，且外部扰动是不可避免的，即 $d_i(t)\neq0$。因此，上述理想的控制器(5.11)是不可能实现的。基于上述原因，这里利用如下所示的区间Ⅱ型模糊逻辑系统来取代 $F_i(x,t)$：

$$F_i(x|\underline{\theta})=\frac{1}{2}(\underline{\theta}_{ri}^{\mathrm{T}}\underline{\xi}_{ri}(x_i)+\underline{\theta}_{li}^{\mathrm{T}}\underline{\xi}_{li}(x_i))=\frac{1}{2}\underline{\theta}^{\mathrm{T}}\underline{\xi}(x) \tag{5.14}$$

式中

$$\begin{aligned}&\underline{\theta}=[\underline{\theta}_l^{\mathrm{T}}\quad \underline{\theta}_r^{\mathrm{T}}]^{\mathrm{T}},\quad \underline{\xi}=[\underline{\xi}_l^{\mathrm{T}}\quad \underline{\xi}_r^{\mathrm{T}}]^{\mathrm{T}}\\&\underline{\theta}_l=[\underline{\theta}_{l1}\quad \underline{\theta}_{l2}\quad \cdots\quad \underline{\theta}_{li}],\quad \underline{\theta}_r=[\underline{\theta}_{r1}\quad \underline{\theta}_{r2}\quad \cdots\quad \underline{\theta}_{ri}]\\&\underline{\xi}_l=[\underline{\xi}_{l1}\quad \underline{\xi}_{l2}\quad \cdots\quad \underline{\xi}_{li}],\quad \underline{\xi}_r=[\underline{\xi}_{r1}\quad \underline{\xi}_{r2}\quad \cdots\quad \underline{\xi}_{ri}]\end{aligned}$$

在这里，参数 $\underline{\xi}_{li}(x_i)$、$\underline{\xi}_{ri}(x_i)(i=1,2,\cdots,n)$依赖于模糊隶属度函数且假定为固定值，而 $\underline{\theta}_l^{\mathrm{T}}$、$\underline{\theta}_r^{\mathrm{T}}$ 取决于自适应率。于是，基于 Lyapunov 稳定条件得到新的控制器为

$$\begin{aligned}u_i(t)=&-A_ix(t)-G_i(x,t)-F_i(x|\theta)-D^{\alpha-1}(k_{1i}x_i+k_{2i}\mathrm{sgn}(x_i)|x_i|^\theta)\\&-[k_{3i}s_i+k_{4i}|s_i|^\delta\mathrm{sgn}(s_i)+\eta_i\mathrm{sgn}(s_i)]\end{aligned} \tag{5.15}$$

此外，当下列公式成立时，到达条件可以得以保证：

$$\eta_i>|d_i|+|\omega_i| \tag{5.16}$$

式中，ω_i 表示最小逼近误差，且假定$|d_i|$、$|\omega_i|$是有界的。

5.3.2　可达性分析

定理 5.2　考虑分数阶非线性系统(5.7)和滑模平面(5.8)，设计控制器如式(5.15)所示，且基于模糊理论的自适应律设计如下：

$$\begin{cases}D^\alpha\tilde{\underline{\theta}}_{li}=-\gamma_is_i(t)\underline{\xi}_{li}(x_i)\\D^\alpha\tilde{\underline{\theta}}_{ri}=-\zeta_is_i(t)\underline{\xi}_{ri}(x_i)\end{cases}\quad i=1,2,\cdots,n \tag{5.17}$$

式中，γ_i 和 ζ_i 是大于零的标量。因此，所设计的自适应策略能够保证系统(5.7)全

局稳定，且其状态轨迹渐近收敛至零。

证明　首先，定义最优参数 $\underline{\theta}^*$ 为

$$\underline{\theta}^* = \arg\min_{\theta\in\Omega}\left[\sup_{x\in\Omega_x}|F(x|\theta)-F(x,t)|\right] \tag{5.18}$$

式中，θ 和 x 分别属于紧集 Ω 和 Ω_x，其中紧集定义如下：

$$\Omega=\{\underline{\theta}|\ \|\underline{\theta}|\ \|\leqslant m\},\quad \Omega_x=\{x|\ \|x\|\leqslant m_x\}$$

式中，m 和 m_x 是正定的常数。

然后，构建如下 Lyapunov 函数：

$$V_2(t)=\frac{1}{2}s_i^2(t)+\frac{1}{4\gamma_i}\tilde{\underline{\theta}}_{li}^2+\frac{1}{4\zeta_i}\tilde{\underline{\theta}}_{ri}^2 \tag{5.19}$$

接着，定义最小逼近误差 ω_i 和自适应参数 $\tilde{\underline{\theta}}_{li}$、$\tilde{\underline{\theta}}_{ri}$ 为

$$\omega_i=F_i(x,t)-F_i(x|\underline{\theta}^*) \tag{5.20}$$

$$\tilde{\underline{\theta}}_{li}=\underline{\theta}_{li}^*-\underline{\theta}_{li},\quad \tilde{\underline{\theta}}_{ri}=\underline{\theta}_{ri}^*-\underline{\theta}_{ri} \tag{5.21}$$

对 $V_2(t)$ 关于时间 t 进行求导，可得

$$\begin{aligned}
D^\alpha V_2(t)\leqslant{}& s_i(t)D^\alpha s_i(t)+\frac{1}{2\gamma_i}\tilde{\underline{\theta}}_{li}D^\alpha\tilde{\underline{\theta}}_{li}+\frac{1}{2\zeta_i}\tilde{\underline{\theta}}_{ri}D^\alpha\tilde{\underline{\theta}}_{ri}\\
={}& s_i(t)[A_ix(t)+G_i(x,t)+F_i(x|\theta)+d_i(t)+u_i(t)\\
&+D^{\alpha-1}(k_{1i}x_i+k_{2i}\operatorname{sgn}(x_i)|x_i|^\theta)]+\frac{1}{2\gamma_i}\tilde{\underline{\theta}}_{li}D^\alpha\tilde{\underline{\theta}}_{li}+\frac{1}{2\zeta_i}\tilde{\underline{\theta}}_{ri}D^\alpha\tilde{\underline{\theta}}_{ri}\\
={}& s_i(t)[F_i(x,t)-F_i(x|\theta)+d_i(t)-(k_{3i}s_i+k_{4i}|s_i|^\delta\operatorname{sgn}(s_i)\\
&+\eta_i\operatorname{sgn}(s_i))]+\frac{1}{2\gamma_i}\tilde{\underline{\theta}}_{li}D^\alpha\tilde{\underline{\theta}}_{li}+\frac{1}{2\zeta_i}\tilde{\underline{\theta}}_{ri}D^\alpha\tilde{\underline{\theta}}_{ri}\\
={}& s_i(t)\left\{\frac{1}{2}[(-\underline{\theta}_{li})^{\mathrm{T}}\underline{\xi}_{li}(x_i)+(-\underline{\theta}_{ri})^{\mathrm{T}}\underline{\xi}_{ri}(x_i)]-(k_{3i}s_i+k_{4i}|s_i|^\delta\operatorname{sgn}(s_i))\right\}\\
&-(\eta_i|s_i(t)|-\omega s_i(t)-d_i(t)s_i(t))+\frac{1}{2\gamma_i}\tilde{\underline{\theta}}_{li}D^\alpha\tilde{\underline{\theta}}_{li}+\frac{1}{2\zeta_i}\tilde{\underline{\theta}}_{ri}D^\alpha\tilde{\underline{\theta}}_{ri}\\
={}& \frac{1}{2}\tilde{\underline{\theta}}_{li}\left[s_i(t)\underline{\xi}_{li}(x_i)+\frac{1}{\gamma_i}D^\alpha\tilde{\underline{\theta}}_{li}\right]+\frac{1}{2}\tilde{\underline{\theta}}_{ri}\left[s_i(t)\underline{\xi}_{ri}(x_i)+\frac{1}{\zeta_i}D^\alpha\tilde{\underline{\theta}}_{ri}\right]\\
&-(k_{3i}s_i^2+k_{4i}|s_i|^{\delta+1})-(\eta_i|s_i(t)|-\omega_is_i(t)-d_i(t)s_i(t))
\end{aligned} \tag{5.22}$$

基于式(5.16)，将式(5.17)代入式(5.22)，可得

$$\begin{aligned}
D^\alpha V_2(t)\leqslant{}&-(\eta_i|s_i(t)|-|d_i(t)\|s_i(t)|-|\omega_i\|s_i(t)|)\\
={}&-|s_i(t)|(\eta_i-|d_i(t)|-|\omega_i|)<0
\end{aligned} \tag{5.23}$$

因此，分数阶系统(5.7)是渐近稳定的且系统状态也将在有限时间 T 内收敛至零点。证明完毕。

注释 5.1　在这一小节，基于状态反馈考虑了分数阶非线性系统的滑模控制问题。然而，在当前的相关研究中(包括上述的控制策略)，其假定系统状态都是可

测的。如果状态信息不可用且只有输出可用，则可以通过输出反馈控制器来实现控制系统的目的。参考文献[40]～[42]，可以将输出反馈控制与本章的研究结果相结合来解决分数阶闭环系统的镇定问题。因此，在后续的研究工作中，计划利用凸线性化和迭代法这两种方法，并通过矩阵不等式技术来研究解决滑模输出反馈控制器综合问题。

接着，为了展现所提控制器的有限时间特性，给出如下定理。

定理 5.3　滑模动态(5.10)是渐近稳定的，其状态轨迹将在有限时间

$$T\leqslant\frac{1}{\mu(1-\theta)}(\ln\|x(t_r)\|_1^{1-\theta}+1)$$

内渐近收敛至平衡点 $x(t)=0$。

证明　定义一个正定的 Lyapunov 函数如下：

$$V_3(t)=\|x(t)\|_1=\sum_{i=1}^{n}|x_i(t)| \tag{5.24}$$

对 $V_3(t)$ 关于时间 t 进行求导，可得

$$\dot{V}_3(t)=\sum_{i=1}^{n}[\mathrm{sgn}(x_i(t))\dot{x}_i(t)] \tag{5.25}$$

结合分数阶微积分的重要性质可得

$$\dot{V}_3(t)=\sum_{i=1}^{n}[\mathrm{sgn}(x_i(t))D^{1-\alpha}(D^{\alpha}x_i(t))] \tag{5.26}$$

接着，将式(5.10)代入式(5.26)，可得

$$\dot{V}_3(t)=\sum_{i=1}^{n}[\mathrm{sgn}(x_i(t))D^{1-\alpha}D^{\alpha-1}(-(k_{1i}x_i(t)+k_{2i}\mathrm{sgn}(x_i(t))|x_i(t)|^{\theta}))] \tag{5.27}$$

进一步可得

$$\dot{V}_3(t)=-\sum_{i=1}^{n}[k_{1i}|x_i(t)|+k_{2i}|x_i(t)|^{\theta}] \tag{5.28}$$

定义 $\mu=\min\{k_{1i},k_{2i}\}(i=1,2,\cdots,n)$，则下列不等式成立：

$$\begin{aligned}\dot{V}_3(t)&\leqslant-\mu\sum_{i=1}^{n}[|x_i(t)|+|x_i(t)|^{\theta}]\\&=-\mu(|x_1|+|x_2|+\cdots+|x_3|+|x_1|^{\theta}+|x_2|^{\theta}+\cdots+|x_3|^{\theta})\\&\leqslant-\mu(\|x(t)\|_1+\|x(t)\|_1^{\theta})\leqslant0\end{aligned} \tag{5.29}$$

因此，系统状态 $x_i(t)(i=1,2,\cdots,n)$ 一旦到达滑模平面，将在有限时间内渐近收敛至零点。

下面，其有限时间收敛特性证明如下。

基于不等式(5.29)可得

$$\dot{V}_3(t)=\frac{\mathrm{d}\|x(t)\|_1}{\mathrm{d}t}\leqslant-\mu(\|x(t)\|_1+\|x(t)\|_1^{\theta}) \tag{5.30}$$

通过简单运算可得

$$\begin{aligned}\mathrm{d}t&\leqslant-\frac{\mathrm{d}\|x(t)\|_1}{\mu(\|x(t)\|_1+\|x(t)\|_1^{\theta})}\\&=\frac{\|x(t)\|_1^{-\theta}\mathrm{d}\|x(t)\|_1}{\mu(\|x(t)\|_1^{1-\theta}+1)}\\&=\frac{\mathrm{d}\|x(t)\|_1^{1-\theta}}{\mu(1-\theta)(\|x(t)\|_1^{1-\theta}+1)}\end{aligned} \tag{5.31}$$

已知 $x(t_s)=0$，对不等式(5.31)两边同时关于时间 t_r 到 t_s 积分，可得

$$\begin{aligned}t_s-t_r&\leqslant-\frac{1}{\mu(1-\theta)}\int_{t_r}^{t_s}\frac{\mathrm{d}\|x(t)\|_1^{1-\theta}}{\|x(t)\|_1^{1-\theta}+1}\\&=-\frac{1}{\mu(1-\theta)}\ln(\|x(t)\|_1^{1-\theta}+1)\Big|_{t_r}^{t_s}\\&=\frac{1}{\mu(1-\theta)}\ln(\|x(t_r)\|_1^{1-\theta}+1)\end{aligned} \tag{5.32}$$

从式(5.32)可以看出，一旦系统状态到达滑模平面，系统状态 $x_i(t)(i=1,2,\cdots,n)$将在有限时间 $T\leqslant\frac{1}{\mu(1-\theta)}\ln(\|x(t_r)\|_1^{1-\theta}+1)$内渐近收敛至零点。证明完毕。

注释 5.2　与现有相关研究结果比较总结如下。

首先，从控制器设计的角度而言，Hwang 等讨论了整数阶混沌系统的自适应区间Ⅱ型滑模控制器的设计问题[35]。此外，文献[36]和[37]研究了分数阶混沌系统的自适应区间Ⅱ型模糊滑模控制问题。然而，在现有的研究工作中还没有基于有限时间策略，研究分数阶系统自适应区间Ⅱ型模糊控制的相关成果，因此，研究上述内容对研究分数阶系统的应用问题具有十分重大的意义。

其次，从分数阶系统的角度而言，其许多同步策略和控制设计研究成果相继提出。例如，Aghababa 分别研究了分数阶非奇异终端滑模控制[8]、终端滑模控制[9]以及分数阶非线性系统的有限时间鲁棒镇定[10]。Lin 等针对分数阶系统研究了自适应模糊滑模控制问题[24]。与之前的工作对比可知，本章主要基于分数阶 Lyapunov 稳定理论，通过有限时间策略与自适应区间Ⅱ型模糊滑模控制技术相结合的控制策略，研究分数阶系统的控制器设计问题并验证所提方法和控制器的有效性。

5.4　仿真算例

本节将给出三个例子来验证所提自适应区间Ⅱ型模糊滑模控制器对于镇定一

类分数阶系统的可行性与有效性。

5.4.1 分数阶 Lorenz 混沌系统的仿真算例

首先,考虑如下分数阶 Lorenz 混沌系统:

$$\begin{cases} D^{\alpha}x_1(t)=a(x_2-x_1)+F_1(x,t)+d_1(t)+u_1(t) \\ D^{\alpha}x_2(t)=cx_1-x_1x_3-x_2+F_2(x,t)+d_2(t)+u_2(t) \\ D^{\alpha}x_3(t)=x_1x_2-bx_3+F_3(x,t)+d_3(t)+u_3(t) \end{cases} \tag{5.33}$$

式中,α 表示分数阶阶次;$x_i(t)(i=1,2,3)$是系统(5.33)的状态变量;a、b、c 是系统参数;u_1、u_2、u_3 是控制输入。

为了方便,不确定 $F_i(x,t)(i=1,2,3)$假定如下:

$$\begin{cases} F_1(x,t)=0.1\cos(t)x_1 \\ F_2(x,t)=-0.05\sin(2t)x_2 \\ F_3(x,t)=0.08\cos(3t)x_3 \end{cases}$$

外部扰动 $d_i(t)(i=1,2,3)$选取为随机高斯噪声。同时,分数阶混沌系统(5.33)的初始条件和参数选取如下:

$$[x_1(0)\quad x_2(0)\quad x_3(0)]^{\mathrm{T}}=[2\quad 5\quad 3]^{\mathrm{T}},\quad \alpha=0.95$$

$$\delta=\theta=0.9,\quad a=10,\quad b=8/3,\quad c=28$$

$$\eta_1=\eta_2=\eta_3=1,\quad [\gamma_1\quad \gamma_2\quad \gamma_3]^{\mathrm{T}}=[2\quad 3\quad 2]^{\mathrm{T}}$$

$$[\zeta_1\quad \zeta_2\quad \zeta_3]^{\mathrm{T}}=[2\quad 3\quad 2]^{\mathrm{T}}$$

$$k_{1i}=k_{2i}=k_{3i}=[2\quad 3\quad 5]^{\mathrm{T}}$$

$$k_{4i}=[k_{41}\quad k_{42}\quad k_{43}]^{\mathrm{T}}=[10\quad 10\quad 10]^{\mathrm{T}}$$

此外,参考文献[43],隶属度函数 $\underline{\xi}$ 的上下界定义如下:

$$\underline{\xi}_{l1}=0.95-\frac{0.925}{1+\mathrm{e}^{-\frac{x_1+4.5}{8}}},\quad \underline{\xi}_{r1}=0.95-\frac{0.925}{1+\mathrm{e}^{-\frac{x_3-3.5}{8}}}$$

$$\underline{\xi}_{l2}=0.025+\frac{0.925}{1+\mathrm{e}^{-\frac{x_2-4.5}{8}}},\quad \underline{\xi}_{r2}=0.025+\frac{0.925}{1+\mathrm{e}^{-\frac{x_1-3.5}{8}}}$$

$$\underline{\xi}_{l3}=0.025+\frac{0.925}{1+\mathrm{e}^{-\frac{x_3+4.5}{8}}},\quad \underline{\xi}_{r3}=0.95-\frac{0.925}{1+\mathrm{e}^{-\frac{x_2+3.5}{8}}}$$

在 MATLAB/Simulink 环境下对系统仿真,其仿真结果如图 5.3～图 5.8 所示。其中,图 5.3 和图 5.4 表示未受控分数阶混沌系统(5.33)的相轨迹与状态轨迹,图 5.5 表示在控制器(5.15)作用下受控分数阶混沌系统的状态轨迹。从图中可以看出,系统在控制器(5.15)的作用下能够实现渐近稳定。此外,滑模平面 $s_i(t)(i=1,2,3)$的状态轨迹见图 5.6,图 5.7 和图 5.8 分别描绘了自适应律 $\tilde{\underline{\theta}}_{li}$、$\tilde{\underline{\theta}}_{ri}(i=1,2,3)$。

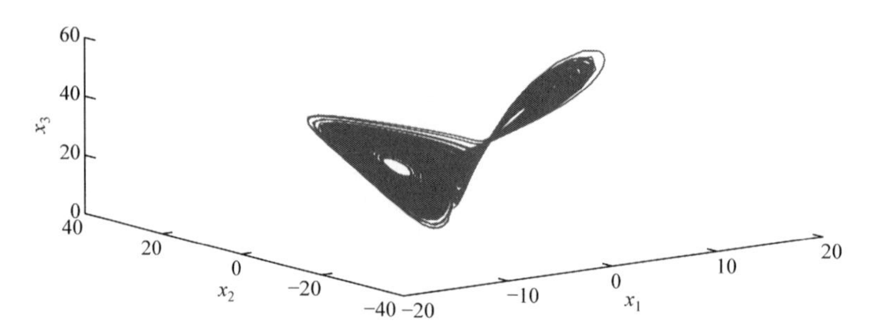

图 5.3 未受控分数阶混沌系统(5.33)的相轨迹

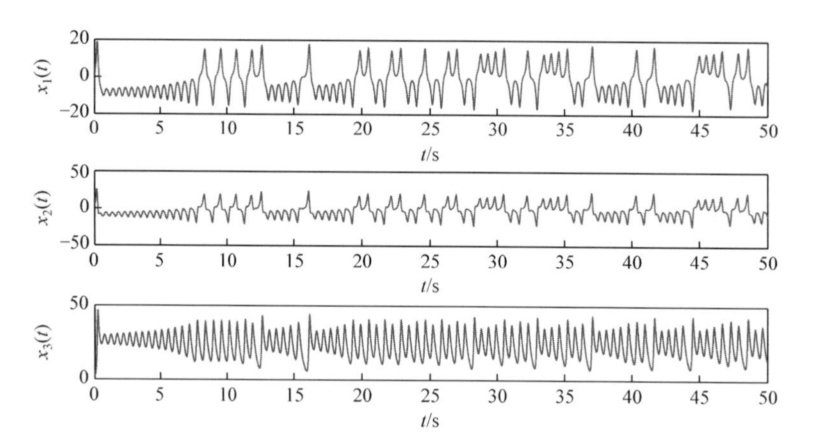

图 5.4 未受控分数阶混沌系统(5.33)的状态轨迹 $x_i(t)(i=1,2,3)$

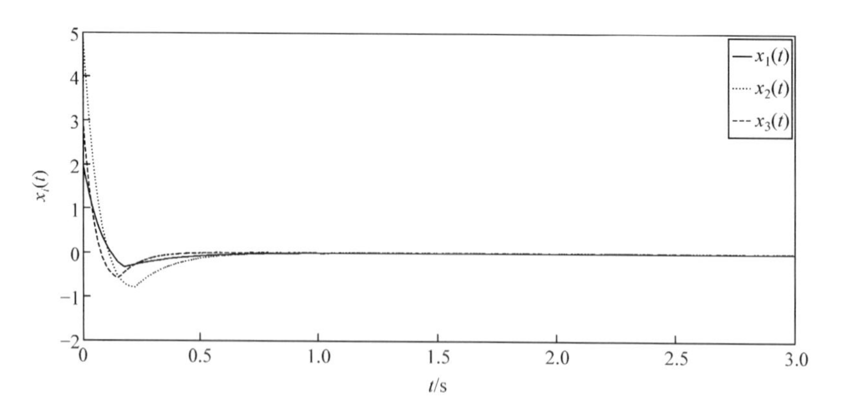

图 5.5 受控分数阶混沌系统(5.33)的状态轨迹 $x_i(t)(i=1,2,3)$

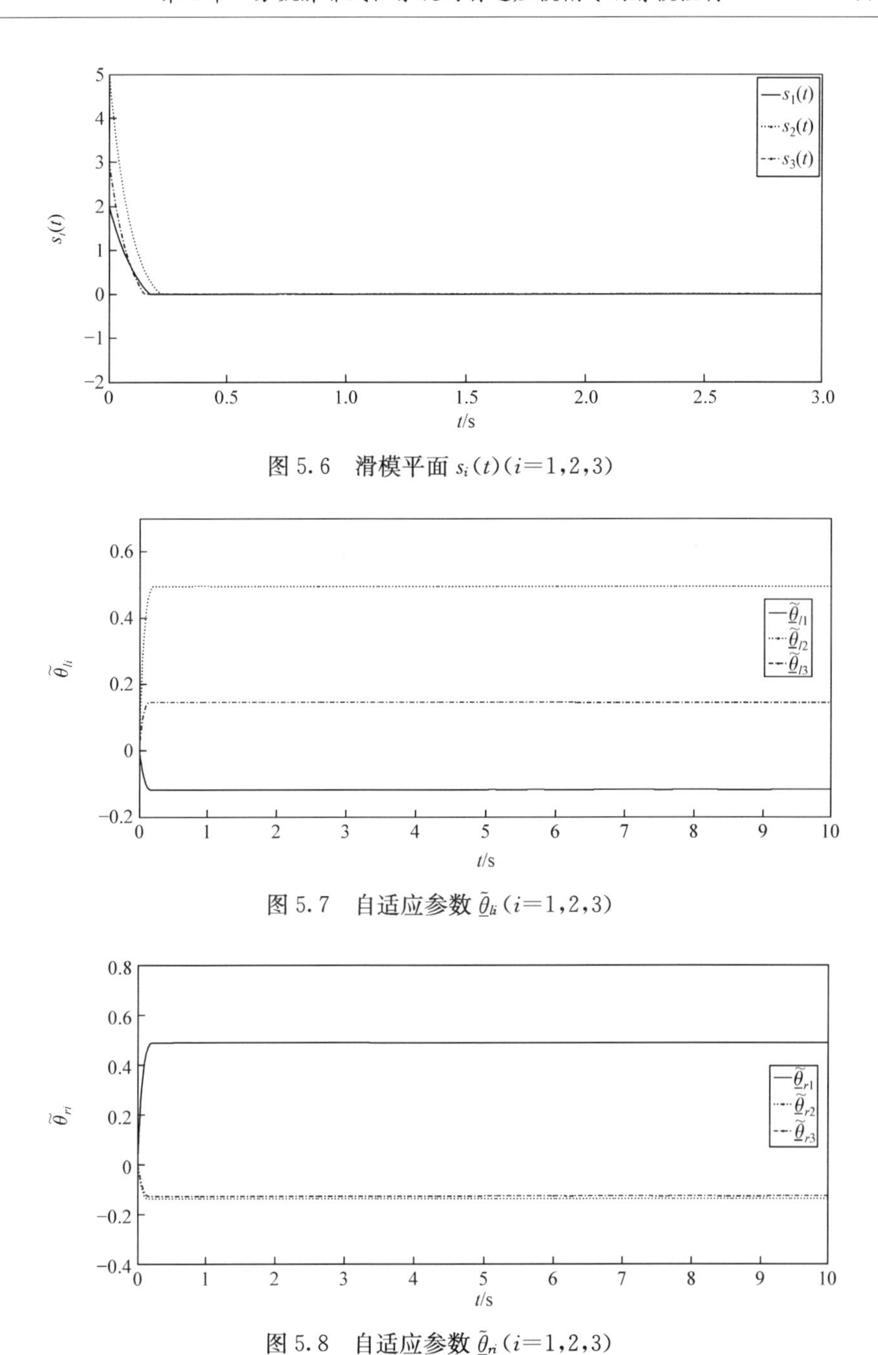

图 5.6　滑模平面 $s_i(t)(i=1,2,3)$

图 5.7　自适应参数 $\tilde{\theta}_{li}(i=1,2,3)$

图 5.8　自适应参数 $\tilde{\theta}_{ri}(i=1,2,3)$

5.4.2　分数阶非自治机电换能器的仿真算例

在该算例中，参考文献[44]，考虑如图 5.9 所示的基于混沌的非自治机电换能

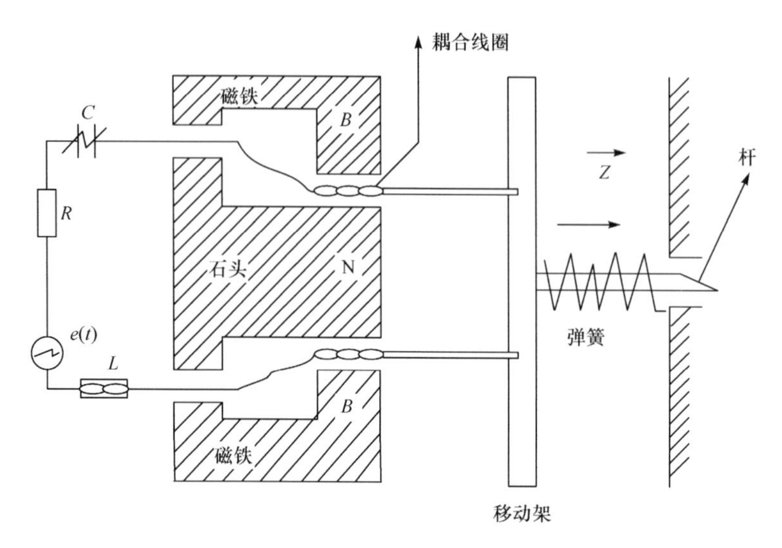

图 5.9　非自治机电换能器

器，其分数阶模型描述如下：

$$\begin{cases} D^{\alpha}x_1(t)=x_2+F_1(x,t)+d_1(t)+u_1(t) \\ D^{\alpha}x_2(t)=-\lambda_1x_2-x_1-\gamma x_1^3-\beta_1x_4+E_m\cos(\omega_s t)+F_2(x,t)+d_2(t)+u_2(t) \\ D^{\alpha}x_3(t)=x_4+F_3(x,t)+d_3(t)+u_3(t) \\ D^{\alpha}x_4(t)=-\lambda_2x_4-\omega^2x_3+\beta_2x_2+F_4(x,t)+d_4(t)+u_4(t) \end{cases} \tag{5.34}$$

这里，$F_4(x,t)=-\sin(5t)x_4$，不确定与外部扰动可参考 5.4.1 节，同时系统的初始参数选取如下：

$$[x_1(0)\quad x_2(0)\quad x_3(0)\quad x_4(0)]^{\mathrm{T}}=[0.1\quad 0.15\quad 0.2\quad 0.25]^{\mathrm{T}}$$

$$\alpha=0.97,\quad \eta_i=1,\quad \gamma_i=\zeta_i=2,\quad k_{1i}=k_{2i}=k_{3i}=[2\quad 3\quad 5\quad 5]^{\mathrm{T}}$$

$$k_{4i}=[10\quad 10\quad 10\quad 10]^{\mathrm{T}},\quad i=1,2,3,4$$

当选取参数 $\lambda_1=0.1$，$\lambda_2=0.3$，$\gamma=1.32$，$\beta_1=0.01$，$\beta_2=0.06$，$\omega=1.2$，$\omega_s=1.3$，$E_m=22$ 时，非线性机电系统(5.34)的混沌吸引子如图 5.10 所示。

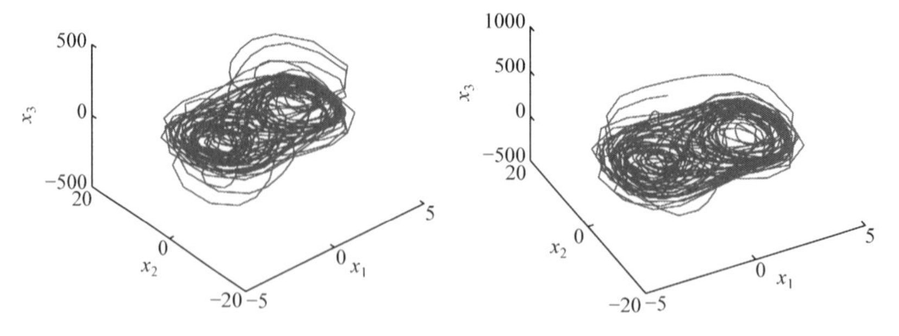

图 5.10　未受控非线性机电换能器(5.34)的混沌吸引子

同时，隶属度函数 $\underline{\xi}$ 的上下界定义为

$$\underline{\xi}_{l1}=0.95-\frac{0.925}{1+e^{-\frac{x_1+4.5}{8}}},\quad \underline{\xi}_{r1}=0.025+\frac{0.925}{1+e^{-\frac{x_4+3.5}{8}}}$$

$$\underline{\xi}_{l2}=0.025+\frac{0.925}{1+e^{-\frac{x_2-4.5}{8}}},\quad \underline{\xi}_{r2}=0.025+\frac{0.925}{1+e^{-\frac{x_1-3.5}{8}}}$$

$$\underline{\xi}_{l3}=0.025+\frac{0.925}{1+e^{-\frac{x_3+4.5}{8}}},\quad \underline{\xi}_{r3}=0.95-\frac{0.925}{1+e^{-\frac{x_2+3.5}{8}}}$$

$$\underline{\xi}_{l4}=0.95-\frac{0.925}{1+e^{-\frac{x_4-4.5}{8}}},\quad \underline{\xi}_{r4}=0.95-\frac{0.925}{1+e^{-\frac{x_3-3.5}{8}}}$$

基于控制器(5.15)，相应的仿真结果如图 5.11 和图 5.12 所示。

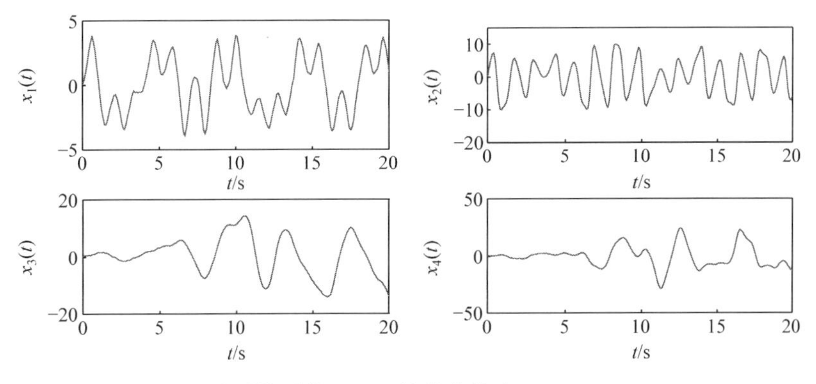

图 5.11　未受控系统(5.34)的状态轨迹 $x_i(t)(i=1,2,3,4)$

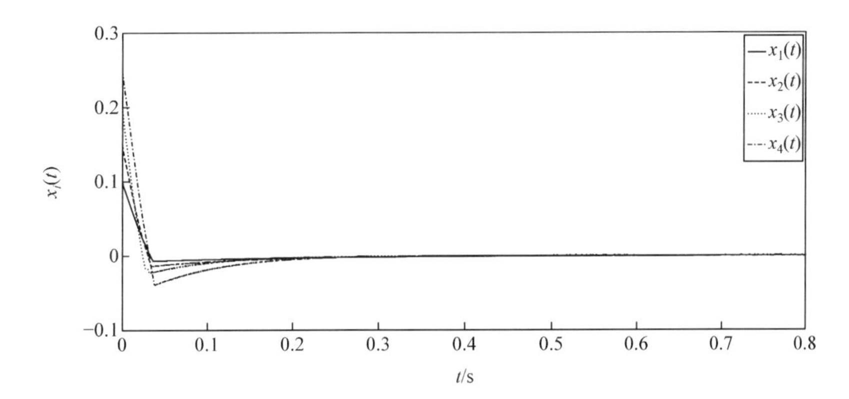

图 5.12　受控系统(5.34)的状态轨迹 $x_i(t)(i=1,2,3,4)$

5.4.3　算例比较

这该例子中，为了能够体现本章所设计控制器的优越性，这里应用所设计的自

适应Ⅱ型模糊滑模控制器来解决文献[8]中的不确定分数阶非自治旋转机械系统的镇定问题。

考虑如下带有模型不确定与外部扰动的非自治分数阶混沌旋转机械系统：

$$\begin{cases} D^{\alpha}x_1 = x_2 + F_1(x,t) + d_1(t) + u_1(t) \\ D^{\alpha}x_2 = 0.25(x_3+2.4)^2\sin(x_1-0.69) \\ \qquad \times\cos(x_1-0.69) - \sin(x_1-0.69) \\ \qquad -0.7x_2 + F_2(x,t) + d_2(t) + u_2(t) \\ D^{\alpha}x_3 = 2.8\cos(x_1-0.69) - 1.942 \\ \qquad + F_3(x,t) + d_3(t) + u_3(t) \end{cases} \tag{5.35}$$

其中在仿真中将不确定与外部扰动假定如下：

$$F_1(x,t)+d_1(t) = -0.15\sin(2t)x_1 + 0.15\sin(3t)$$

$$F_2(x,t)+d_2(t) = 0.25\cos(4t)x_2 + 0.1\cos t$$

$$F_3(x,t)+d_3(t) = 0.2\sin(3t)x_3 + 0.2\cos(3t)$$

同时，分数阶混沌旋转机械系统(5.35)的其他参数同5.4.1节且初始条件选取为 $x_1(0)=0.1, x_2(0)=-0.1, x_3(0)=0.2, \alpha=0.99$。

在MATLAB/Simulink环境下进行仿真，其仿真结果如图5.13所示。从图中可以看到，在本章所设计的自适应区间Ⅱ型模糊控制器的作用下，系统(5.35)的状态轨迹稳定时间大约为0.4s，而文献[8]中所提方法的结果大约为4s，通过比较可以体现出本章所设计的控制器性能的优越性。

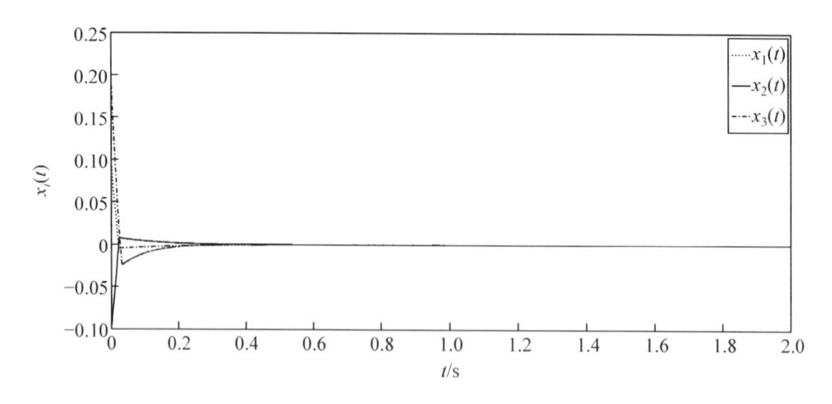

图5.13　受控系统(5.35)的状态轨迹 $x_i(t)(i=1,2,3)$

5.5　本章小结

本章针对一类带有外部扰动和不确定的分数阶系统，讨论了分数阶系统的有限时间镇定问题。首先基于区间Ⅱ型模糊控制对系统的不确定进行了有效逼近；然后结合终端滑模控制理论，设计了一类能够保证系统在有限时间渐近稳定的自适应模糊滑模控制器；最后通过给出三个数值算例验证了所提控制策略对于解决分数阶系统（包括分数阶混沌系统）有限时间镇定问题的有效性。

参 考 文 献

[1] Behinfaraz R，Badamchizadeh M A. Synchronization of different fractional-ordered chaotic systems using optimized active control[C]//IEEE International Conference on Modeling，Simulation，and Applied Optimization，Istanbul，2015：1-6.

[2] Delavari H. A novel fractional adaptive active sliding mode controller for synchronization of non-identical chaotic systems with disturbance and uncertainty[J]. International Journal of Dynamics and Control，2017，5(1)：102-114.

[3] Rakkiyappan R，Sivasamy R，Li X. Synchronization of Identical and Nonidentical Memristor-based Chaotic Systems Via Active Backstepping Control Technique[J]. Circuits，Systems and Signal Processing，2015，34(3)：763-778.

[4] Song X，Liu L，Balsera I T，et al. Output feedback control for fractional-order Takagi-Sugeno fuzzy systems with unmeasurable premise variables[J]. Transactions of the Institute of Measurement and Control，2016，38(10)：1201-1211.

[5] Yin C，Dadras S，Zhong S，et al. Control of a novel class of fractional-order chaotic systems via adaptive sliding mode control approach[J]. Applied Mathematical Modelling，2013，37(4)：2469-2483.

[6] Chen D，Liu Y，Ma X，et al. Control of a class of fractional-order chaotic systems via sliding mode[J]. Nonlinear Dynamics，2012，67(1)：893-901.

[7] Wang B，Yin L，Wang S，et al. Finite time control for fractional order nonlinear Hydroturbine Governing system via frequency distributed model[J]. Advances in Mathematical Physics，2016，2016(6)：1-9.

[8] Aghababa M P. Finite-time chaos control and synchronization of fractional-order nonautonomous chaotic(hyperchaotic) systems using fractional nonsingular terminal sliding mode technique[J]. Nonlinear Dynamics，2012，69(1-2)：247-261.

[9] Aghababa M P. A novel terminal sliding mode controller for a class of non-autonomous fractional-order systems[J]. Nonlinear Dynamics，2013，73(1-2)：679-688.

[10] Aghababa M P. Robust finite-time stabilization of fractional-order chaotic systems based on fractional Lyapunov stability theory[J]. Journal of Computational and Nonlinear Dynamics，2012，7(2)：021010.

[11] Lazarević M P，Spasić A M. Finite-time stability analysis of fractional order time-delay systems：Gronwall's approach[J]. Mathematical and Computer Modelling，2009，49(3)：475-481.

[12] Zuo Z. Non-singular fixed-time terminal sliding mode control of non-linear systems[J]. IET

Control Theory & Applications, 2015, 9(4): 545-552.
[13] Zhao L, Jia Y. Finite-time attitude tracking control for a rigid spacecraft using time-varying terminal sliding mode techniques[J]. International Journal of Control, 2015, 88(6): 1150-1162.
[14] Aghababa M P. A fractional sliding mode for finite-time control scheme with application to stabilization of electrostatic and electromechanical transducers[J]. Applied Mathematical Modelling, 2015, 39(20): 6103-6113.
[15] Zadeh L A. Fuzzy sets[J]. Information & Control, 1965, 8(65): 338-353.
[16] Kuo C L, Li T H S, Guo N R. Design of a novel fuzzy sliding-mode control for magnetic ball levitation system[J]. Journal of Intelligent & Robotic Systems, 2005, 42(3): 295-316.
[17] Wei Y, Qiu J, Lam H K, et al. Approaches to T-S fuzzy-affine-model-based reliable output feedback control for nonlinear Ito stochastic systems[J]. IEEE Transactions on Fuzzy Systems, 2017, 25(3): 569-583.
[18] Wei Y, Qiu J, Shi P, et al. A new design of H-infinity piecewise filtering for discrete-time nonlinear time-varying delay systems via T-S fuzzy affine models[J]. IEEE Transactions on Systems, Man, and Cybernetics: Systems, 2017, 47(8): 2034-2047.
[19] Deng S, Yang L. Reliable H_∞ control design of discrete-time Takagi-Sugeno fuzzy systems with actuator faults[J]. Neurocomputing, 2016, 173: 1784-1788.
[20] Li L, Sun Y. Adaptive Fuzzy control for nonlinear fractional-order uncertain systems with unknown uncertainties and external disturbance[J]. Entropy, 2015, 17(8): 5580-5592.
[21] Liu H, Li S G, Sun Y G, et al. Adaptive fuzzy synchronization for uncertain fractional-order chaotic systems with unknown non-symmetrical control gain[J]. Acta Physica Sinica, 2015, 64(7): 331-334.
[22] Ullah N, Han S, Khattak M. Adaptive fuzzy fractional-order sliding mode controller for a classof dynamical systems with uncertainty[J]. Transactions of the Institute of Measurement and Control, 2015, 38(4): 1-12.
[23] Lin T C, Lee T Y, Balas V E. Adaptive fuzzy sliding mode control for synchronization of uncertain fractional order chaotic systems[J]. Chaos, Solitons & Fractals, 2011, 44(10): 791-801.
[24] Lin T C, Lee T Y. Chaos synchronization of uncertain fractional-order chaotic systems with time delay based on adaptive fuzzy sliding mode control[J]. IEEE Transactions on Fuzzy Systems, 2011, 19(4): 623-635.
[25] Mendel J M. Computing derivatives in interval type-2 fuzzy logic systems[J]. IEEE Transactions on Fuzzy Systems, 2004, 12(1): 84-98.
[26] Wang J S, Lee C S G. Self-adaptive neuro-fuzzy inference systems for classification applications[J]. IEEE Transactions on Fuzzy Systems, 2003, 10(6): 790-802.
[27] Hojati M, Gazor S. Hybrid adaptive fuzzy identification and control of nonlinear systems[J]. IEEE Transactions on Fuzzy Systems, 2002, 10(2): 198-210.

[28] Golea N, Golea A, Benmahammed K. Fuzzy model reference adaptive control[J]. IEEE Transactions on Fuzzy Systems, 2002, 10(4): 436-444.

[29] Lee H, Tomizuka M. Robust adaptive control using a universal approximator for SISO nonlinear systems[J]. IEEE Transactions on Fuzzy Systems, 2000, 8(1): 95-106.

[30] Zadeh L A. The concept of a linguistic variable and its application to approximate reasoning[J]. Information Sciences, 1975, 8(3): 199-249.

[31] Mendoza O, Melin P, Licea G. A hybrid approach for image recognition combining type-2 fuzzy logic, modular neural networks and the Sugeno integral[J]. Information Sciences, 2009, 179(13): 2078-2101.

[32] Choi B I, Rhee C H. Interval type-2 fuzzy membership function generation methods for pattern recognition[J]. Information Sciences, 2009, 179(13): 2102-2122.

[33] Doctor F, Hagras H, Callaghan V. A fuzzy embedded agent-based approach for realizing ambient intelligence in intelligent inhabited environments[J]. IEEE Transactions on Systems Man and Cybernetics-Part A: Systems and Humans, 2005, 35(1): 55-65.

[34] Martínez R, Castillo O, Aguilar L T. Optimization of interval type-2 fuzzy logic controllers for a perturbed autonomous wheeled mobile robot using genetic algorithms[J]. Information Sciences, 2009, 179(13): 2158-2174.

[35] Hwang J, Kwak H, Park G. Adaptive interval type-2 fuzzy sliding mode control for unknown chaotic system[J]. Nonlinear Dynamics, 2011, 63(3): 491-502.

[36] Lin T C, Balas V E, Lee T Y. Synchronization of uncertain fractional order chaotic systems via adaptive interval type-2 fuzzy sliding mode control[C]//2011 IEEE International Conference on Fuzzy Systems, Taiwan, China, 2011: 2882-2889.

[37] Mohadeszadeh M, Delavari H. Synchronization of uncertain fractional-order hyper-chaotic systems via a novel adaptive interval type-2 fuzzy active sliding mode controller[J]. International Journal of Dynamics and Control, 2017, 5(1): 135-144.

[38] Wang C H, Cheng C S, Lee T T. Dynamical optimal training for interval type-2 fuzzy neural network(T2FNN)[J]. IEEE Transactions on Systems, Man, and Cybernetics-Part B, 2004, 34(3): 1462-1477.

[39] Chen D, Zhang R, Liu X, et al. Fractional order Lyapunov stability theorem and its applications in synchronization of complex dynamical networks[J]. Communications in Nonlinear Science and Numerical Simulation, 2014, 19(12): 4105-4121.

[40] Wei Y, Peng X, Qiu J. Robust and non-fragile static output feedback control for continuous-time semi-Markovian jump systems[J]. Transactions of the Institute of Measurement and Control, 2016, 38(9): 1136-1150.

[41] Wei Y, Qiu J, Fu S. Mode-dependent nonrational output feedback control for continuous-time semi-Markovian jump systems with time-varying delay[J]. Nonlinear Analysis: Hybrid Systems, 2015, 16: 52-71.

[42] Choi H H. Sliding-mode output feedback control design[J]. IEEE Transactions on Industrial Electronics,2008,55(11):4047-4054.

[43] Zhang B,Zhou S. Stability analysis and control design for interval type-2 stochastic fuzzy systems[J]. Control Theory and Applications,2015,32(7):985-992.

[44] Bowong S. Adaptive synchronization between two different chaotic dynamical systems[J]. Communications in Nonlinear Science and Numerical Simulation,2007,12(6):976-985.

第6章　基于有限时间策略的分数阶混沌系统的终端滑模同步

6.1 引　　言

近年来,分数阶微积分得到了大量的研究,因为它可以比传统整数阶微积分更充分地描述真实系统的行为[1-3]。尽管分数阶微积分是一个已有300多年历史的数学工具,但它在物理和工程中的应用,特别是在建模和控制方面,才刚刚开始,如可以用分数阶微积分更准确地描述微机电系统[4]和黏弹性材料系统[5],由于一些分数阶系统表现出的混沌行为,如分数阶Lorenz[6]、分数阶Liu[7]、分数阶超混沌系统[8]等,分数阶控制技术在混沌系统中的应用也开始浮现。更进一步,由于分数阶混沌系统在电子方面的应用和分数阶微分方程稳定性理论的快速发展,分数阶混沌系统引起了广泛的关注[9]。由于分数阶混沌系统在保密通信和控制处理中的潜在应用[10],分数阶动态系统的混沌同步研究受到越来越多的关注[11,12]。因此,分数阶动力学混沌系统的分析和控制/同步在理论和实践上都是重要的。目前为止,许多控制/同步方法,如主动控制[13]、主动滑模控制[14]、自适应脉冲控制[15]、模糊自适应控制[16]、广义投影同步[17],都已经成功应用于控制/同步分数阶混沌系统。

另外,滑模控制对干扰和参数不确定性具有良好的鲁棒性[18],因此它一直是最具有吸引力的研究课题之一,许多研究人员对这一领域做出了巨大的贡献[19-21]。近年来,利用滑模控制技术,针对分数阶混沌系统进行控制和同步问题研究引起了许多学者的关注。因此,一些滑模控制方法已被用来控制或同步分数阶混沌系统[22,23]。文献[24]讨论了分数阶混沌系统的滑模控制器设计,保证了不确定分数阶混沌系统在外部扰动下具有渐近稳定性。文献[25]针对一类新的分数阶超混沌系统,设计了一个分数阶滑模控制器。在滑模控制领域,非奇异终端滑模控制已被广泛研究,因为它可以实现有限时间收敛而不会在传统的终端滑模控制设计过程中引起任何奇异性问题[26]。为了消除分数阶混沌系统的抖振,文献[27]和[28]为其设计了非奇异终端滑模控制器,并且文献[29]提出了非颤振滑模面的概念。

然而,以上提到的在分数阶混沌系统的同步/控制中的大部分工作是在闭环系统的Lyapunov稳定性方面进行。在实践中,分数阶系统的有限时间稳定性是一个重要的问题。众所周知,非线性系统的有限时间控制可以得到很好的性能以及可以在有限的时间内收敛到原点[28]。因此,许多研究人员在分数阶系统的有限时间稳定性分析和控制方面做了有价值的工作[30,31],特别是对于分数阶混沌系统,有限时间稳定和同步问题的解决方案已经在文献[32]～[34]中提出。

因此,结合有限时间稳定性的概念和非奇异终端滑模控制方法已经变得非常流行,许多研究人员做出了很大的贡献。例如,对于具有不确定参数或扰动的整数阶混沌系统,文献[35]和[36]设计了基于有限时间稳定的非奇异终端滑模控制器,而对于分数阶混沌系统,文献[28]提出了一种新颖的分数阶滑模控制器。然而,据作者所知,关于分数阶混沌系统的有限时间稳定的控制器设计却很少,而这正是本章要解决的问题。本章将非奇异终端滑模控制和模糊控制理论相结合,针对具有参数不确定和外部干扰的两个分数阶混沌系统的鲁棒同步问题,设计了一种新的分数阶非奇异模糊滑模控制器。

6.2 问题描述

考虑以下不确定的非自治分数阶混沌系统:

$$D^{\alpha}x(t)=\begin{bmatrix}D^{\alpha}x_1(t)\\D^{\alpha}x_2(t)\\D^{\alpha}x_3(t)\end{bmatrix}=\begin{bmatrix}x_2\\x_3\\f(x)+\Delta f(x)+d_x(t)+u(t)\end{bmatrix}\tag{6.1}$$

式中,$\alpha\in(0,1)$表示系统微分阶次;$x(t)=[x_1,x_2,x_3]^{\mathrm{T}}\in\mathbb{R}^3$表示系统状态向量;$f(x)$是取决于状态变量 x 和时间 t 的给定的非线性函数;$\Delta f(x)\in\mathbb{R}$ 代表不确定的参数项;$d_x(t)\in\mathbb{R}$ 代表外部干扰;$u(t)\in\mathbb{R}$ 是控制输入。

现在,将混沌同步问题定义如下:为系统(6.1)设计一个适当的控制器,使得上述响应系统的状态轨迹可以跟踪如下驱动混沌系统的状态轨迹:

$$D^{\alpha}y(t)=\begin{bmatrix}D^{\alpha}y_1(t)\\D^{\alpha}y_2(t)\\D^{\alpha}y_3(t)\end{bmatrix}=\begin{bmatrix}y_2\\y_3\\g(y)+\Delta g(y)+d_y(t)\end{bmatrix}\tag{6.2}$$

式中,$y(t)=[y_1,y_2,y_3]^{\mathrm{T}}\in\mathbb{R}^3$是系统的状态变量;$g(y)$是给定的非线性函数;$\Delta g(y)\in\mathbb{R}$ 是一个未知的模型不确定性项;$d_y(t)\in\mathbb{R}$ 代表外部干扰。

响应系统(6.1)和驱动系统(6.2)之间的误差是 $e(t)=y(t)-x(t)$,定义为如下形式:

$$e(t)=\begin{cases}e_1(t)=y_1(t)-x_1(t)\\e_2(t)=y_2(t)-x_2(t)\\e_3(t)=y_3(t)-x_3(t)\end{cases}\tag{6.3}$$

其分数阶动力学表示为

$$D^{\alpha}e(t)=\begin{cases}D^{\alpha}e_1(t)=e_2\\D^{\alpha}e_2(t)=e_3\\D^{\alpha}e_3(t)=g(y)-f(x)+\Delta g(y)-\Delta f(x)\\\qquad\qquad +d_y(t)-d_x(t)-u(t)\end{cases}\tag{6.4}$$

设计模糊滑模控制器，首先应该根据 T-S 模糊建模理论将系统(6.1)、系统(6.2)和系统(6.4)转换成相应的 T-S 模糊模型。下面，给出系统(6.1)、系统(6.2)和系统(6.4)的 T-S 模糊模型。

模糊规则 i：如果 $z_1(t)$是 F_{i1}，$z_2(t)$是 F_{i2}，…，$z_N(t)$是 F_{iN}，那么系统(6.1)的 T-S 模糊系统可以表示为

$$D^{\alpha}x(t)=\sum_{i=1}^{N}h_i(z(t))[A_ix(t)]+\Delta\bar{f}(x)+\bar{d}_x(t)+U(t)\tag{6.5}$$

式中

$$h_i(z(t))=\frac{\varpi_i(z(t))}{\sum_{i=1}^{N}\varpi_i(z(t))},\quad \varpi_i(z(t))=\prod_{j=1}^{p}F_{ij}(z_j(t))$$

$$\varpi_i(z(t))\geqslant 0,\quad \sum_{i=1}^{N}\varpi_i(z(t))>0,\quad i=1,2,\cdots,N$$

以及

$$h_i(z(t))\geqslant 0,\quad \sum_{i=1}^{N}h_i(z(t))=1,\quad i=1,2,\cdots,N$$

$x(t)\in\mathbb{R}^3$是系统的状态向量；$z_1(t),\cdots,z_N(t)$是前置变量，并且假定前置变量不依赖于控制变量和外部扰动；$F_{ij}(z_j(t))$是 $z_j(t)$的隶属度函数；$A_i\in\mathbb{R}^{3\times3}(i=1,2,\cdots,N)$是已知的实常数矩阵；$N$ 是模糊规则数，并且

$$\Delta\bar{f}(x)=\begin{bmatrix}0\\0\\\Delta f(x)\end{bmatrix},\quad \bar{d}_x(t)=\begin{bmatrix}0\\0\\d_x(t)\end{bmatrix},\quad U(t)=\begin{bmatrix}0\\0\\u(t)\end{bmatrix}$$

使用类似的方法，可以将驱动系统(6.2)和误差动态系统(6.4)重构为以下 T-S 模糊模型：

$$D^{\alpha}y(t)=\sum_{i=1}^{N}h_i(z(t))[\bar{A}_iy(t)]+\Delta\bar{g}(y)+\bar{d}_y(t)\tag{6.6}$$

$$\begin{aligned}D^{\alpha}e(t)=&\sum_{i=1}^{N}h_i(z(t))[\hat{A}_ie(t)]+\Delta\bar{f}(x)-\Delta\bar{g}(y)\\&+\bar{d}_x(t)-\bar{d}_y(t)-U(t)\end{aligned}\tag{6.7}$$

式中，$\bar{A}_i\in\mathbb{R}^{3\times3}$和 $\hat{A}_i\in\mathbb{R}^{3\times3}$是已知的实常数矩阵，并且

$$\Delta\bar{g}(y)=\begin{bmatrix}0\\0\\\Delta g(y)\end{bmatrix},\quad \bar{d}_y(t)=\begin{bmatrix}0\\0\\d_y(t)\end{bmatrix}$$

对于上述不确定的条件和外部干扰，给出以下假设：

假设 6.1[36]　假定不确定项 $\Delta f(x)$ 和 $\Delta g(y)$ 是有界的，并且满足如下不等式：

$$|D^{1-\alpha}(\Delta g(y)-\Delta f(x))|\leqslant L_1 \tag{6.8}$$

式中，L_1 是已知的正数。

假设 6.2[36]　假设外部干扰 $d_x(t)$ 和 $d_y(t)$ 是有界的，并且满足如下不等式：

$$|D^{1-\alpha}(d_y(t)-d_x(t))|\leqslant L_2 \tag{6.9}$$

式中，L_2 是已知的正数。

定义 6.1　考虑到误差系统(6.7)，如果存在实数 $T>0$ 满足 $\lim\limits_{t\to T}\|e(t)\|=0$，同时当 $t>T$ 时，$\|e(t)\|\equiv 0$，那么误差系统(6.7)的状态轨迹将在有限的时间 T 内收敛到零。

本章的目的是设计一个分数阶非奇异终端模糊滑模控制器来稳定误差动态系统(6.7)。换句话说，本章的目标是同步系统(6.1)和驱动系统(6.2)的响应。6.3 节将详细给出控制器的设计方法。

6.3　分数阶非奇异终端模糊滑模控制器设计

本节首先引入一个新的分数阶滑模面，然后提出适当的滑模控制律，以保证在有限的时间内存在滑模运动。

为了实现滑模控制器设计，首先提出一个新的分数阶非奇异终端滑模面：

$$s(t)=e_2+e_3+D^{\alpha-1}(k_1e_1+k_2e_2+k_3\operatorname{sgn}(e_1+e_2)|e_1+e_2|^{\theta}) \tag{6.10}$$

式中，$0<\theta<1$；k_1、k_2、k_3 均为正数。

系统一旦到达滑模面，它就满足以下等式：

$$s(t)=0$$

通过等式(6.10)，可以获得以下滑模动态：

$$e_2+e_3+D^{\alpha-1}(k_1e_1+k_2e_2+k_3\operatorname{sgn}(e_1+e_2)|e_1+e_2|^{\theta})=0 \tag{6.11}$$

利用等式(6.4)，可以证明(6.11)等价于

$$D^{\alpha}e_1+D^{\alpha}e_2=-D^{\alpha-1}(k_1e_1+k_2e_2+k_3\operatorname{sgn}(e_1+e_2)|e_1+e_2|^{\theta}) \tag{6.12}$$

在下面的定理中，证明滑模动态(6.12)的有限时间稳定性。

定理 6.1　滑模动态(6.12)是稳定的，并且它的轨迹收敛到平衡点。

证明　选择如下正定函数作为 Lyapunov 函数：

$$V_1(t)=|e_1(t)+e_2(t)| \tag{6.13}$$

对 $V_1(t)$ 求导可得

$$\dot{V}_1(t)=\mathrm{sgn}(e_1+e_2)(\dot{e}_1(t)+\dot{e}_2(t)) \tag{6.14}$$

基于分数阶微积分性质和等式(6.14)可得

$$\begin{aligned}\dot{V}_1(t)&=\mathrm{sgn}(e_1+e_2)[D^{1-\alpha}(D^{\alpha}e_1+D^{\alpha}e_2)]\\&=-\mathrm{sgn}(e_1+e_2)\{D^{1-\alpha}[D^{\alpha-1}(k_1e_1+k_2e_2+k_3\mathrm{sgn}(e_1+e_2)|e_1+e_2|^{\theta})]\}\\&=-\mathrm{sgn}(e_1+e_2)(k_1e_1+k_2e_2+k_3\mathrm{sgn}(e_1+e_2)|e_1+e_2|^{\theta})\end{aligned} \tag{6.15}$$

如果 $k_1=k_2$，可得

$$\begin{aligned}\dot{V}_1(t)&=-(k_1|e_1+e_2|+k_3|e_1+e_2|^{\theta})\\&\leqslant -k(|e_1+e_2|+|e_1+e_2|^{\theta})\\&\leqslant -k|e_1+e_2|<0\end{aligned} \tag{6.16}$$

式中

$$k=\min\{k_1,k_3\}$$

从上面的证明可以看出，误差动态系统(6.4)的状态轨迹将渐近收敛到零。接下来，证明误差动态系统(6.4)的轨迹在有限的时间内收敛到零。

由不等式(6.16)可得

$$\dot{V}_1(t)=\frac{\mathrm{d}|e_1+e_2|}{\mathrm{d}t}\leqslant -k(|e_1+e_2|+|e_1+e_2|^{\theta}) \tag{6.17}$$

显然

$$\mathrm{d}t\leqslant -\frac{\mathrm{d}|e_1+e_2|}{k(|e_1+e_2|+|e_1+e_2|^{\theta})}=-\frac{\mathrm{d}|e_1+e_2|^{1-\theta}}{k(1-\theta)(|e_1+e_2|^{1-\theta}+1)} \tag{6.18}$$

对(6.18)两边从 t_r 到 t_s 积分，并且由 $x(t_s)=0$ 可得

$$\begin{aligned}t_s-t_r&\leqslant -\frac{1}{k(1-\theta)}\int_{t_r}^{t_s}\frac{\mathrm{d}\,|\,e_1+e_2\,|^{1-\theta}}{|\,e_1+e_2\,|^{1-\theta}+1}\\&=-\frac{1}{k(1-\theta)}\ln(1+|\,e_1(x(t_r))+e_2(x(t_r))\,|^{1-\theta})\end{aligned} \tag{6.19}$$

因此，可以得出结论，误差动态系统将在有限的时间 T 内收敛到零，并且满足

$$T\leqslant -\frac{1}{k(1-\theta)}\ln(1+|e_1(x(t_r))+e_2(x(t_r))|^{1-\theta})$$

在式(6.10)中已经建立了一个合适的非奇异终端滑模面，下一步是确定一个输入信号 $u(t)$，以保证误差系统轨迹到达滑模面 $s(t)=0$ 并永远保持在滑模面上。当闭环系统在滑模面上移动时，满足等式

$$\dot{s}(t)=0$$

通过式(6.10)，可得

$$\dot{s}(t)=\dot{e}_2+\dot{e}_3+D^{\alpha}(k_1e_1+k_2e_2+k_3\mathrm{sgn}(e_1+e_2)|e_1+e_2|^{\theta}) \tag{6.20}$$

基于分数阶微积分性质，可得

$$\begin{aligned}\dot{s}(t) &= D^{\alpha}(k_1 e_1 + k_2 e_2 + k_3 \operatorname{sgn}(e_1 + e_2) \mid e_1 + e_2 \mid^{\theta}) \\ &\quad + D^{1-\alpha}(D^{\alpha} e_2) + D^{1-\alpha}(D^{\alpha} e_3) \\ &= D^{\alpha}(k_1 e_1 + k_2 e_2 + k_3 \operatorname{sgn}(e_1 + e_2) \mid e_1 + e_2 \mid^{\theta}) \\ &\quad + D^{1-\alpha}\Big[\sum_{i=1}^{2} h_i\Big(\sum_{j=1}^{3} \hat{A}_{3j} e_j\Big) + e_3 + d_y(t) - d_x(t) \\ &\quad + \Delta g(y) - \Delta f(x) - u(t)\Big]\end{aligned} \tag{6.21}$$

令 $\dot{s}(t)=0$,可得

$$\begin{aligned}u_{\mathrm{eq}} &= \sum_{i=1}^{2} h_i\Big(\sum_{j=1}^{3} \hat{A}_{3j} e_j\Big) + d_y(t) - d_x(t) + \Delta g(y) - \Delta f(x) + e_3 \\ &\quad + D^{2\alpha-1}(k_1 e_1 + k_2 e_2 + k_3 \operatorname{sgn}(e_1 + e_2) |e_1 + e_2|^{\theta})\end{aligned} \tag{6.22}$$

选择如下到达率:

$$u_{\mathrm{r}} = D^{\alpha-1}(\xi_1 s + \xi_2 \ |s|^{\beta} \operatorname{sgn}(s) + \xi_3 \ |s|^{\gamma} \operatorname{sgn}(s)) \tag{6.23}$$

式中,ξ_1、ξ_2、ξ_3 是正的切换增益和正的常量;$\beta,\gamma \in (0,1)$是正常量。

基于式(6.22)和式(6.23),控制率 $u(t)$由如下式子决定:

$$\begin{aligned}U(t) &= \sum_{i=1}^{2} h_i\Big(\sum_{j=1}^{3} \hat{A}_{3j} e_j\Big) + d_y(t) - d_x(t) + \Delta g(y) - \Delta f(x) + e_3 \\ &\quad + D^{2\alpha-1}(k_1 e_1 + k_2 e_2 + k_3 \operatorname{sgn}(e_1 + e_2) |e_1 + e_2|^{\theta}) \\ &\quad + D^{\alpha-1}(\xi_1 s + \xi_2 \ |s|^{\beta} \operatorname{sgn}(s) + \xi_3 \ |s|^{\gamma} \operatorname{sgn}(s))\end{aligned} \tag{6.24}$$

考虑到系统不确定性和外部干扰是未知的且不可测量的,所提出的控制输入如下:

$$\begin{aligned}u(t) &= \sum_{i=1}^{2} h_i\Big(\sum_{j=1}^{3} \hat{A}_{3j} e_j\Big) + D^{\alpha-1}[(L_1 + L_2)\operatorname{sgn}(s)] + e_3 \\ &\quad + D^{2\alpha-1}(k_1 e_1 + k_2 e_2 + k_3 \operatorname{sgn}(e_1 + e_2) |e_1 + e_2|^{\theta}) \\ &\quad + D^{\alpha-1}(\xi_1 s + \xi_2 \ |s|^{\beta} \operatorname{sgn}(s) + \xi_3 \ |s|^{\gamma} \operatorname{sgn}(s))\end{aligned} \tag{6.25}$$

6.4 基于有限时间策略的可达性分析

下面的定理可以确保误差轨迹会收敛到滑动面。

定理 6.2 考虑到误差动态系统(6.7),如果该系统由控制输入(6.25)控制,则系统轨迹将在有限时间内收敛到滑动面 $s(t)=0$。

证明 选择正定 Lyapunov 函数如下:

$$V_2(t) = |s(t)| \tag{6.26}$$

对 t 求导可得

$$\dot{V}_2(t) = \operatorname{sgn}(s)\dot{s}(t) \tag{6.27}$$

将式(6.21)代入式(6.27),可得

$$\dot{V}_2(t)=\text{sgn}(s)\Big\{D^{\alpha}(k_1e_1+k_2e_2+k_3\text{sgn}(e_1+e_2)|e_1+e_2|^{\theta})$$
$$+D^{1-\alpha}\Big[\sum_{i=1}^{2}h_i(\sum_{j=1}^{3}\hat{A}_{3j}e_j)+e_3+d_y(t)-d_x(t)$$
$$+\Delta g(y)-\Delta f(x)-u(t)\Big]\Big\} \tag{6.28}$$

基于不等式(6.8)和不等式(6.9)以及等式(6.25),可得

$$\dot{V}_2(t)\leqslant L_1+L_2+\text{sgn}(s)\Big\{D^{\alpha}(k_1e_1+k_2e_2+k_3\text{sgn}(e_1+e_2)\mid e_1+e_2\mid^{\theta})$$
$$+D^{1-\alpha}\Big[\sum_{i=1}^{2}h_i(\sum_{j=1}^{3}\hat{A}_{3j}e_j)+e_3-u(t)\Big]\Big\} \tag{6.29}$$

通过式(6.25)和式(6.29)可知以下不等式成立:

$$\dot{V}_2(t)\leqslant\text{sgn}(s)\Big\{D^{\alpha}(k_1e_1+k_2e_2+k_3\text{sgn}(e_1+e_2)|e_1+e_2|^{\theta})$$
$$+D^{1-\alpha}\Big[\sum_{i=1}^{2}h_i(\sum_{j=1}^{3}\hat{A}_{3j}e_j)+e_3-\sum_{i=1}^{2}h_i(\sum_{j=1}^{3}\hat{A}_{3j}e_j)-e_3$$
$$-D^{2\alpha-1}(k_1e_1+k_2e_2+k_3\text{sgn}(e_1+e_2)\mid e_1+e_2\mid^{\theta})\Big]$$
$$-(\xi_1s+\xi_2\mid s\mid^{\beta}\text{sgn}(s)+\xi_3\mid s\mid^{\gamma}\text{sgn}(s))\Big\} \tag{6.30}$$

整理后可得

$$\dot{V}_2(t)\leqslant\text{sgn}(s)\{-[\xi_1s+\xi_2\ |s|^{\beta}\text{sgn}(s)+\xi_3\ |s|^{\gamma}\text{sgn}(s)]\} \tag{6.31}$$

基于如下等式:

$$\begin{cases}\text{sgn}(s)\cdot s=|s|\\ \text{sgn}^2(s)=1\end{cases} \tag{6.32}$$

可得

$$\begin{aligned}\dot{V}_2(t)&\leqslant-\text{sgn}(s)[\xi_1s+\xi_2\ |s|^{\beta}\text{sgn}(s)+\xi_3\ |s|^{\gamma}\text{sgn}(s)]\\ &\leqslant-(\xi_1|s|+\xi_2\ |s|^{\beta}+\xi_3\ |s|^{\gamma})\\ &\leqslant-\xi|s|\end{aligned} \tag{6.33}$$

式中

$$\xi=\min\{\xi_1,\xi_2,\xi_3\} \tag{6.34}$$

因此,基于定理 6.1,误差动态系统的状态轨迹将在有限的时间内收敛到滑动面$s(t)=0$上。为了证明滑模运动在有限时间内发生,可以得到到达时间为

$$\begin{aligned}\dot{V}_2(t)=\frac{\text{d}|s|}{\text{d}t}&\leqslant-\xi(|s|+|s|^{\beta}+|s|^{\gamma})\\ &\leqslant-\xi(|s|+|s|^{\beta})\end{aligned} \tag{6.35}$$

设 $s(t_r)=0$,对式(6.35)两边从 0 到 t_r 进行积分,可得

$$t_{\mathrm{r}} \leqslant -\int_0^{t_{\mathrm{r}}} \frac{\mathrm{d}|s|}{\xi(|s|+|s|^{\beta})} = -\frac{1}{\xi(1-\beta)}\ln(1+|s|^{1-\beta})\Big|_0^{t_{\mathrm{r}}}$$
$$= -\frac{1}{\xi(1-\beta)}\ln(1+|s(0)|^{1-\beta}) \tag{6.36}$$

因此,误差系统(6.7)的轨迹将会在有限时间 T_2 到达滑模面 $s(t)=0$,其中 $T_2 \leqslant -\frac{1}{\xi(1-\beta)}\ln(1+|s(0)|^{1-\beta})$。

6.5 仿真算例

在本节中,举例说明分数阶非奇异终端模糊滑模控制器在解决两个分数阶 Genesio-Tesi 混沌系统同步问题中的有效性。

选择带有控制输入和外部扰动的不确定分数阶 Genesio-Tesi 混沌系统的数学模型为

$$D^{\alpha}x(t)=\begin{cases} D^{\alpha}x_1(t)=x_2 \\ D^{\alpha}x_2(t)=x_3 \\ D^{\alpha}x_3(t)=-ax_1-bx_2-cx_3 \\ \qquad +x_1^2+\Delta f(x)+d_x(t)+u(t) \end{cases} \tag{6.37}$$

式中

$$\Delta f(x)+d_x(t)=0.2\cos(2t)x_3-0.3\sin t \tag{6.38}$$

具有不确定参数和外部干扰的驱动系统选择如下:

$$D^{\alpha}y(t)=\begin{cases} D^{\alpha}y_1(t)=y_2 \\ D^{\alpha}y_2(t)=y_3 \\ D^{\alpha}y_3(t)=-ay_1-by_2-cy_3 \\ \qquad +y_1^2+\Delta g(y)+d_y(t) \end{cases} \tag{6.39}$$

式中

$$\Delta g(y)+d_y(t)=0.2\sin(3t)y_3+0.1\cos(2t) \tag{6.40}$$

假设以上给出的不确定参数和外部干扰 $\Delta g(y)$、$\Delta f(x)$、$d_y(t)$、$d_x(t)$满足假设 6.1 和假设 6.2。换句话说,它们被假定为有界的,同时满足不等式(6.8)和不等式(6.9)。为了验证假设 6.1 和假设 6.2,给出图 6.1 所示仿真结果,从图 6.1 中可以看出 $\Delta g(y)$、$\Delta f(x)$、$d_y(t)$、$d_x(t)$和 $D^{1-\alpha}(\Delta g(y)-\Delta f(x))$、$D^{1-\alpha}(d_y(t)-d_x(t))$、$D^{1-\alpha}(\Delta g(y)+d_y(t)-\Delta f(x)-d_x(t))$是有界的。

现在假设 $x_1(t)$在[$-20,20$]中,那么 T-S 模糊模型的构造如下:

规则 1:如果 $x_1(t)$是 M_1,那么 $D^{\alpha}x(t)=A_1x(t)$。

规则 2:如果 $x_1(t)$是 M_2,那么 $D^{\alpha}x(t)=A_2x(t)$。

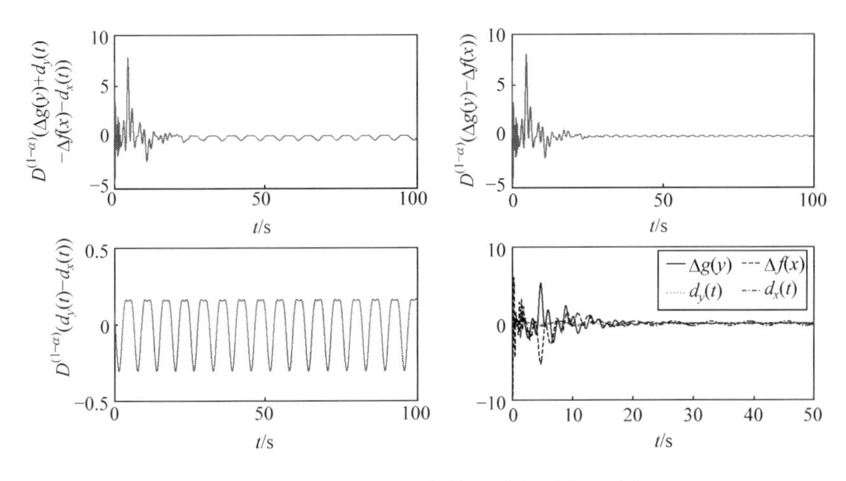

图 6.1　给定的不确定参数和外部干扰的边界

由以上规则可得驱动系统和响应系统的 T-S 模糊模型为

$$
\begin{aligned}
D^{\alpha}x(t) &= \sum_{i=1}^{2} h_i[A_i x(t)] + \Delta\bar{f}(x) + \bar{d}_x(t) + U(t) \\
D^{\alpha}y(t) &= \sum_{i=1}^{2} h_i[A_i y(t)] + \Delta\bar{g}(y) + \bar{d}_y(t)
\end{aligned}
\tag{6.41}
$$

式中

$$
h_1(z(t)) = \frac{M_2 - x_1}{M_2 - M_1}, \quad h_2(z(t)) = \frac{x_1 - M_1}{M_2 - M_1}
$$

其中，M_1、M_2 是模糊集。

动态误差模糊系统可以从(6.41)中得到：

$$
\begin{aligned}
D^{\alpha}e(t) = &\sum_{i=1}^{2} h_i[A_i e(t)] + \Delta\bar{g}(y) + \bar{d}_y(t) \\
&-\Delta\bar{f}(x) - \bar{d}_x(t) - U(t)
\end{aligned}
\tag{6.42}
$$

式中

$$
A_1 = \begin{bmatrix} 0 & 1 & 0 \\ 0 & 0 & 1 \\ M_1 - a & -b & -c \end{bmatrix}, \quad A_2 = \begin{bmatrix} 0 & 1 & 0 \\ 0 & 0 & 1 \\ M_2 - a & -b & -c \end{bmatrix}
\tag{6.43}
$$

现在，选择相关参数如下：

$$
\begin{gathered}
\alpha = 0.95, \quad \beta = 0.15, \quad \gamma = 0.5, \quad M_1 = -20, \quad M_2 = 20 \\
a = 1.2, \quad b = 2.92, \quad c = 6, \quad L_1 = L_2 = 0.8, \quad \xi_1 = 2 \\
\xi_2 = 3, \quad \xi_3 = 5, \quad \theta = 0.9, \quad k_1 = k_2 = k_3 = 1
\end{gathered}
$$

初始条件选择为$(x_1(0), x_2(0), x_3(0)) = (1,2,2)$和$(y_1(0), y_2(0), y_3(0)) =$

(−0.5,−0.5,1)。仿真结果如图 6.2～图 6.10 所示。

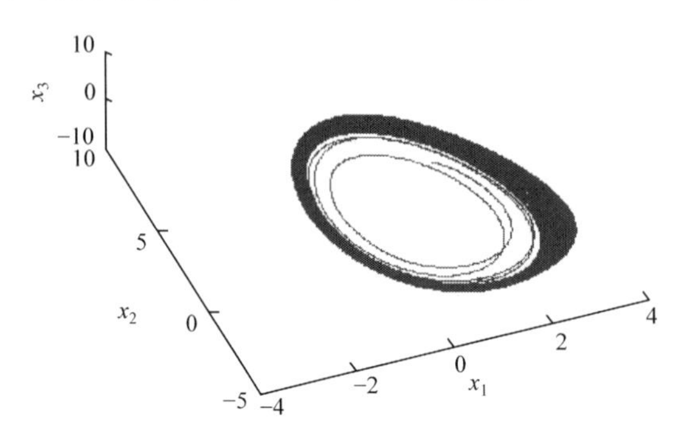

图 6.2 系统(6.37)的相轨迹

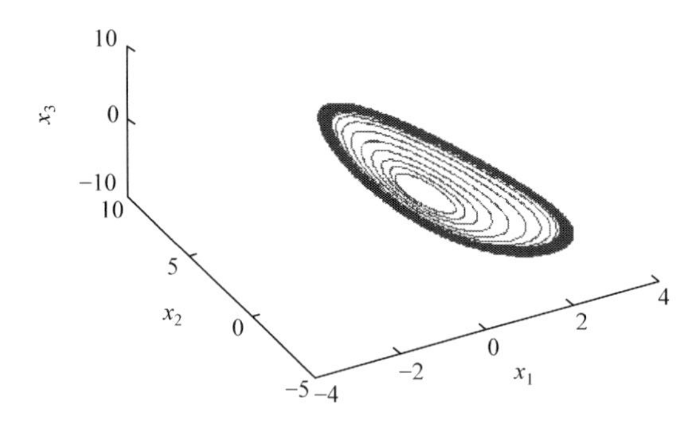

图 6.3 系统(6.39)的相轨迹

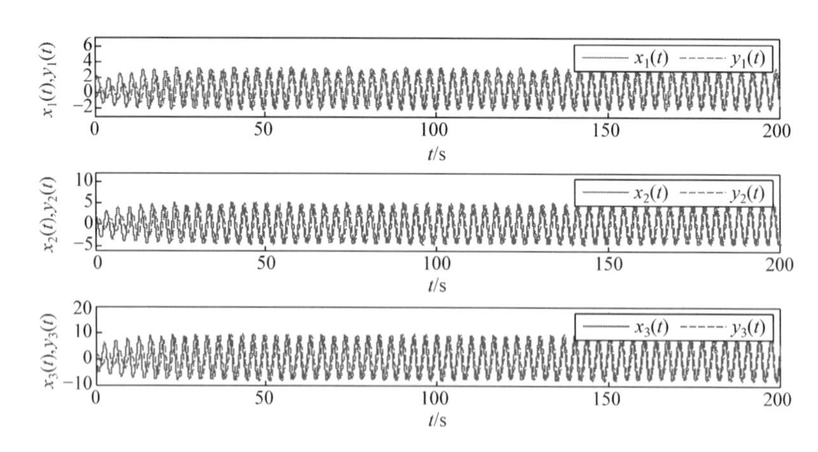

图 6.4 未受控系统(6.37)和系统(6.39)的状态轨迹

系统(6.37)和系统(6.39)的相位轨迹示于图 6.2 和图 6.3 中。从图中可以看到,当设置相应的参数时,系统(6.37)和系统(6.39)存在混沌现象。图 6.4 示出了未受控系统(6.37)和系统(6.39)的状态轨迹,由此得出结论:不受制的系统存在混

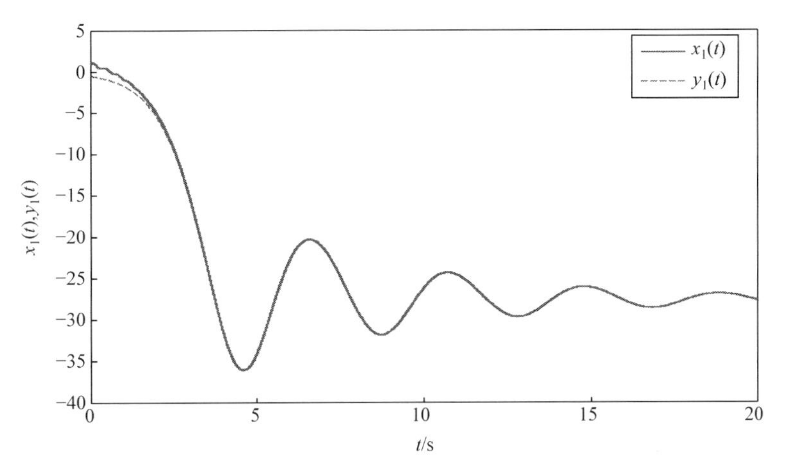

图 6.5　受控系统状态 x_1 和 y_1 的轨迹

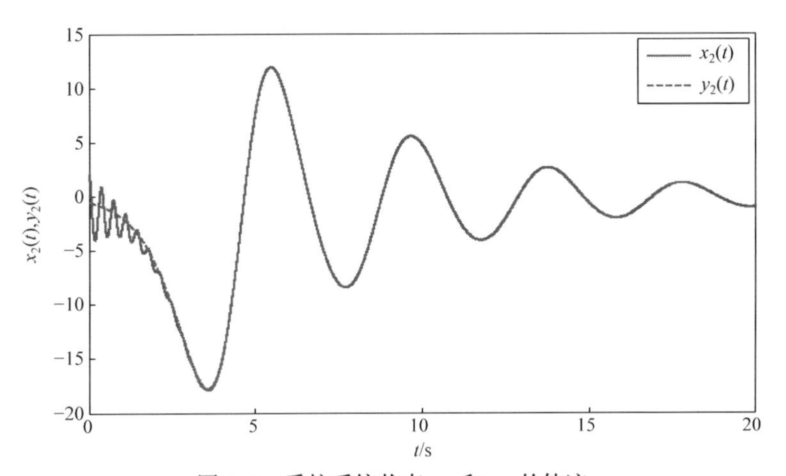

图 6.6　受控系统状态 x_2 和 y_2 的轨迹

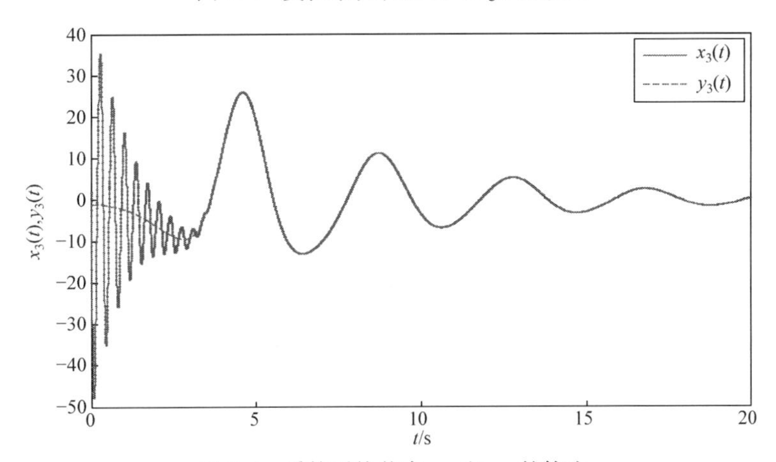

图 6.7　受控系统状态 x_3 和 y_3 的轨迹

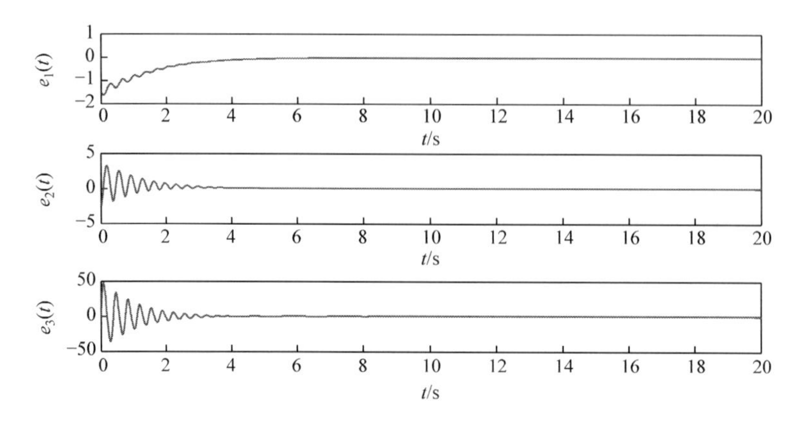

图 6.8　受控的误差系统状态 $e(t)$ 的轨迹

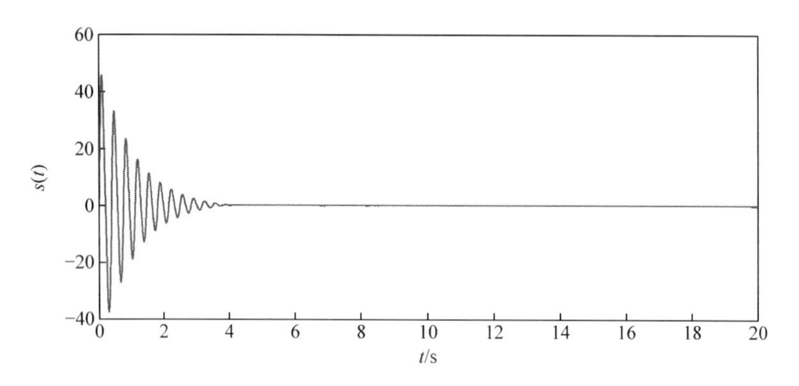

图 6.9　滑模面 $s(t)$ 的轨迹

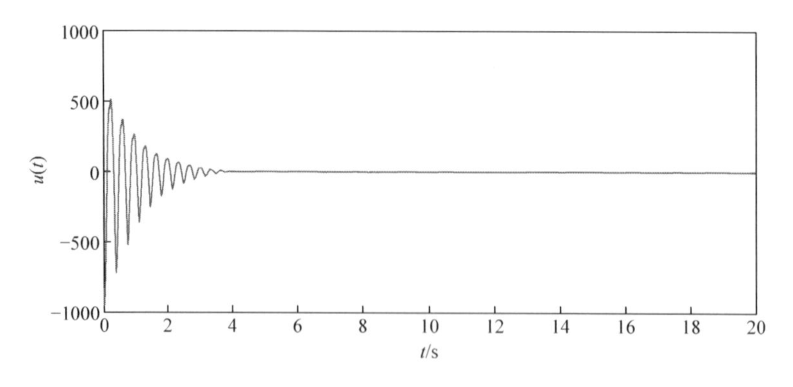

图 6.10　控制器 $u(t)$ 的轨迹

沌现象。受控驱动系统(6.39)和响应系统(6.37)的状态轨迹如图 6.5～图 6.7 所示。从分析结果可以看出,设计的分数阶非奇异终端模糊滑模控制器可以保证驱动系统(6.39)和响应系统(6.37)之间的渐近同步。误差系统的状态轨迹 $e(t)$ 如图 6.8 所示,说明系统(6.37)和系统(6.39)之间的同步可以在有限的时间内完成。最后,滑模面 $s(t)$ 和控制输入 $u(t)$ 分别显示在图 6.9 和图 6.10 中,验证了所提出的滑动面和控制器设计的有效性。

6.6 本章小结

本章针对存在参数不确定性和外部干扰的分数阶混沌系统,研究了分数阶非奇异终端模糊滑模控制方法。首先,基于 T-S 模糊模型,重构了分数阶混沌系统。然后,提出了一个具有有限时间稳定特性的新的分数阶滑模面。基于滑模控制理论和分数阶 Lyapunov 稳定性理论,设计了一种模糊滑模控制律,以保证有限时间内滑模运动的发生,数值仿真表明了该控制器的有效性。

参考文献

[1] Podlubny I, Petras I, Vinagre B M. Analogue realizations of fractional-order controllers[J]. Nonlinear Dynamics, 2002, 29(1-4): 281-296.

[2] Agrawal O P. Solution for a fractional diffusion-wave equation defined in a bounded domain[J]. Nonlinear Dynamics, 2002, 29(1-4): 145-155.

[3] Diethelm K, Ford N J, Freed A D. A predictor-corrector approach for the numerical solution of fractional differential equations[J]. Nonlinear Dynamics, 2002, 29(1-4): 3-22.

[4] Luo Y, Chen Y Q, Pi Y. Experimental study of fractional order proportional derivative controller synthesis for fractional order systems[J]. Mechatronics, 2011, 21(1): 204-214.

[5] Aghababa M P. Chaos in a fractional-order micro-electro-mechanical resonator and its suppression[J]. Chinese Physics B, 2012, 21(10): 159-167.

[6] Grigorenko I, Grigorenko E. Chaotic dynamics of the fractional Lorenz system[J]. Physical Review Letters, 2003, 91(3): 034101.

[7] Hegazi A S, Ahmed E, Matouk A E. On chaos control and synchronization of the commensurate fractional order Liu system[J]. Communications in Nonlinear Science and Numerical Simulation, 2013, 18(5): 1193-1202.

[8] Wu X, Lu H, Shen S. Synchronization of a new fractional-order hyperchaotic system[J]. Physics Letters A, 2009, 373(27-28): 2329-2337.

[9] Yuan J, Shi B, Ji W. Adaptive sliding mode control of a novel class of fractional chaotic systems[J]. Advances in Mathematical Physics, 2013, 9(4): 594-603.

[10] Matignon D. Stability results for fractional differential equations with applications to control processing[C]//IMACS, IEEE-SMC Lille, Paris, 1996: 963-968.

[11] Kiani B A, Fallahi K, Pariz N, et al. A chaotic secure communication scheme using fractional chaotic systems based on an extended fractional Kalman filter[J]. Communications in Non-

linear Science and Numerical Simulation, 2009, 14(3): 863-879.

[12] Zhang W W, Wu R C. Dual projective synchronization of fractional-order chaotic systems with a linear controller[J]. Applied Mathematics and Mechanics, 2016, 37(7): 710-717.

[13] Agrawal S K, Srivastava M, Das S. Synchronization of fractional order chaotic systems using active control method[J]. Chaos, Solitons & Fractals, 2012, 45(6): 737-752.

[14] Wang X, Zhang X, Ma C. Modified projective synchronization of fractional-order chaotic systems via active sliding mode control[J]. Nonlinear Dynamics, 2012, 69(1-2): 511-517.

[15] Andrew L Y T, Li X F, Chu Y D, et al. A novel adaptive-impulsive synchronization of fractional-order chaotic systems. Chinese Physics B, 2015, 24(10): 86-92.

[16] Bouzeriba A, Boulkroune A, Bouden T. Fuzzy adaptive synchronization of uncertain fractional-order chaotic systems[J]. International Journal of Machine Learning and Cybernetics, 2016, 7(5): 893-908.

[17] Peng G, Jiang Y. Generalized projective synchronization of fractional order chaotic systems[J]. Physica A: Statistical Mechanics and its Applications, 2008, 387(14): 3738-3746.

[18] Utkin V I. Sliding Modes in Control and Optimization[M]. Berlin: Springer-Verlag, 1992.

[19] Li F, Wu L, Shi P, et al. State estimation and sliding mode control for semi-Markovian jump systems with mismatched uncertainties[J]. Automatica, 2014, 51: 385-393.

[20] Li H, Shi P, Yao D, et al. Observer-based adaptive sliding mode control for nonlinear Markovian jump systems[J]. Automatica, 2016, 64(C): 133-142.

[21] Wu L, Zheng W X, Gao H. Dissipativity-based sliding mode control of switched stochastic systems[J]. IEEE Transactions on Automatic Control, 2013, 58(3): 785-791.

[22] Tavazoei M S, Haeri M. Synchronization of chaotic fractional-order systems via active sliding mode controller[J]. Physica A: Statistical Mechanics and its Applications, 2008, 387(1): 57-70.

[23] Yin C, Zhong S M, Chen W F. Design of sliding mode controller for a class of fractional-order chaotic systems[J]. Communications in Nonlinear Science and Numerical Simulation, 2012, 17(12): 356-366.

[24] Chen D Y, Liu Y X, Ma X Y, et al. Control of a class of fractional-order chaotic systems via sliding mode[J]. Nonlinear Dynamics, 2012, 67(1): 893-901.

[25] Yang N N, Liu C X. A novel fractional-order hyperchaotic system stabilization via fractional sliding-mode control[J]. Nonlinear Dynamics, 2013, 74(3): 721-732.

[26] Yang J, Li S, Su J, et al. Continuous nonsingular terminal sliding mode control for systems with mismatched disturbances[J]. Automatica, 2013, 49(7): 2287-2291.

[27] Aghababa M P. Finite-time chaos control and synchronization of fractional-order nonautonomous chaotic (hyperchaotic) systems using fractional nonsingular terminal sliding mode technique[J]. Nonlinear Dynamics, 2012, 69(1-2): 247-261.

[28] Aghababa M P. A novel terminal sliding mode controller for a class of non-autonomous fractional-order systems[J]. Nonlinear Dynamics, 2013, 73(1-2): 679-688.

[29] Aghababa M P. No-chatter variable structure control for fractional nonlinear complex systems[J]. Nonlinear Dynamics,2013,73(4):2329-2342.

[30] Yang X,Song Q,Liu Y,et al. Finite-time stability analysis of fractional-order neural networks with delay[J]. Neurocomputing,2015,152(5):19-26.

[31] Chen L,Pan W,Wu R,et al. New result on finite-time stability of fractional-order nonlinear delayed systems[J]. Journal of Computational and Nonlinear Dynamics,2015,10(6):1-12.

[32] Xin B,Zhang J. Finite-time stabilizing a fractional-order chaotic financial system with market confidence[J]. Nonlinear Dynamics,2014,79(2):1399-1409.

[33] Li C,Zhang J. Synchronisation of a fractional-order chaotic system using finite-time input-to-state stability[J]. International Journal of Systems Science,2016,47(10):2440-2448.

[34] Aghababa M P. Synchronization and stabilization of fractional second-order nonlinear complex systems[J]. Nonlinear Dynamics,2015,80(4):1731-1744.

[35] Wang H,Han Z Z,Xie Q Y,et al. Finite-time chaos control via nonsingular terminal sliding mode control[J]. Communications in Nonlinear Science and Numerical Simulation,2009,14(6):2728-2733.

[36] Aghababa M P. A fractional sliding mode for finite-time control scheme with application to stabilization of electrostatic and electromechanical transducers[J]. Applied Mathematical Modelling,2015,39(20):6103-6113.

第7章　分数阶 Genesio-Tesi 混沌系统的反演滑模同步

7.1　引　　言

分数阶微积分是研究分数阶次的微积分算子特性以及分数阶微分方程的理论,已经有逾300年的历史。随着对分数阶微积分研究的不断深入,研究者普遍认为分数阶微积分作为整数阶微积分的自然推广[1],极大地扩展了人们所了解的整数阶微积分的描述能力。如今,混沌现象不仅是物理界研究的热点,同时也受到了工程技术界的广泛关注。近年来,混沌系统的控制与同步已成为控制理论与控制工程领域的重要研究内容,许多学者针对各类混沌系统进行了研究[2-5]。目前,分数阶混沌系统引起了人们极大的兴趣和深入的研究。在分数阶 Chua 电路[6]、分数阶 Lorenz 混沌系统[7]、分数阶 Liu 混沌系统[8]、分数阶 Chen 混沌系统[9]、分数阶统一系统[10]、分数阶 Duffing 系统[11]、分数阶 Coullet 系统[12]、分数阶 Lü 系统[13]、分数阶超混沌系统[14]中,通过计算机数值仿真发现,分数阶混沌系统产生的混沌现象更能反映系统的工程物理现象,具有更普遍的意义。人们提出了很多分数阶混沌系统的控制与同步方法,如模糊控制[15]、变结构控制[16]、非线性控制[17]、自适应控制[18]、耗散控制[19]、反演控制[20]等。

自1990年 Pecora 和 Carroll 提出了混沌同步的思想以来,混沌系统的同步问题研究得到了蓬勃的发展。随着分数阶微积分的发展,分数阶混沌系统同步及其应用已经成为非线性科学中的一个重要研究课题,人们提出了很多分数阶混沌同步的方法,其中反演方法是最常用的方法之一,该类方法在其递推过程中,巧妙地构建 Lyapunov 函数并且设计虚拟控制输入[21,22],而真实控制输入根据反馈设计,在递推终端得到,最终基于 Lyapunov 稳定性理论得到受控系统稳定的充分条件。针对分数阶 Genesio-Tesi 混沌系统,文献[23]设计了反演控制器,使得分数阶 Genesio-Tesi 主从混沌系统达到同步,文献[24]讨论了带有未知参数的分数阶 Coullet 混沌系统的同步问题,设计了自适应反演控制器。

另外,滑模变结构控制已经形成了一个相对独立的研究分支,适用于线性与非线性系统、连续与离散系统、确定性与不确定性系统等,并且在实际工程中逐渐得到推广应用。在混沌系统的同步研究中,滑模控制也得到了广泛的应用,文献[25]针对一类带有外部扰动的分数阶混沌系统,研究了自适应滑模同步问题。更进一步,采用主动滑模控制器,文献[26]探讨了分数阶主从结构混沌系统的同步问题。

针对带有时滞的分数阶混沌系统,基于自适应模糊滑模控制,文献[27]研究了两个不同的带有不确定参数的分数阶时滞混沌系统的同步问题。

自整数阶 Genesio-Tesi 混沌系统[28]在 1992 年由 Genesio 和 Tesi 两位学者提出以来,很多学者对其进行了研究。如今,分数阶 Genesio-Tesi 混沌系统也得到了众多学者的重视,文献[29]利用一个标量驱动信号,使得分数阶 Genesio-Tesi 混沌系统达到同步,文献[30]基于主动控制和滑模控制两种方法,研究了分数阶 Genesio-Tesi 混沌系统的混沌动态及其同步问题。虽然针对分数阶 Genesio-Tesi 混沌系统的同步已有一些研究成果,但是基于反演滑模控制技术,实现分数阶 Genesio-Tesi 混沌系统的同步,仍有许多亟待解决的问题。

本章深入分析研究带有参数不确定和外部扰动的分数阶 Genesio-Tesi 混沌系统的结构特点,用反演设计方法在递推过程中对 Lyapunov 子函数和虚拟控制输入进行设计,并在反演终端加入滑模控制,最终完成了能够使带有参数不确定和外部扰动的分数阶响应系统与分数阶驱动系统渐近同步的反演滑模控制器的设计。利用 MATLAB-Simulink 仿真工具对带有参数不确定和外部扰动的分数阶 Genesio-Tesi 混沌系统进行同步仿真实验,取得了令人满意的结果,从而证实了所提出的分数阶 Genesio-Tesi 混沌系统反演滑模同步算法的有效性。

7.2 问题描述

由 Genesio 和 Tesi 提出的 Genesio-Tesi 系统由于具备了混沌系统的很多特征,成为了混沌系统的代表之一,它包含一个平方项和三个简单的微分方程且微分方程取决于三个正实参数,其系统动态方程如下:

$$\dot{x}(t)=\begin{cases}\dot{x}_1=x_2\\ \dot{x}_2=x_3\\ \dot{x}_3=-ax_1-bx_2-cx_3+x_1^2\end{cases}\tag{7.1}$$

式中,x_1、x_2、x_3 是状态变量;a、b、c 是正实数且满足 $ab<c$。

例如,当参数 $a=1.2$,$b=2.92$,$c=6$ 时,系统(7.1)就是混沌的。

为了观测 Genesio-Tesi 混沌系统的同步现象,设定系统(7.1)为驱动系统,作为系统(7.1)的响应系统的动态方程如下:

$$\dot{y}(t)=\begin{cases}\dot{y}_1=y_2\\ \dot{y}_2=y_3\\ \dot{y}_3=-ay_1-by_2-cy_3+y_1^2\end{cases}\tag{7.2}$$

式中,y_1、y_2、y_3 是状态变量;a、b、c 是正实数且满足 $ab<c$。

本章需要设计一个控制器 $u(t)$ 来控制响应系统,从而使响应系统(7.2)与驱动系统(7.1)实现渐近同步。在这里考虑到实际情况中不可避免地存在不确定项与外部扰动项，设计受控的响应系统如下：

$$\dot{y}(t)=\begin{cases}\dot{y}_1=y_2\\ \dot{y}_2=y_3\\ \dot{y}_3=-ay_1-by_2-cy_3+y_1^2\\ \qquad +\Delta f(y_1,y_2,y_3)+d+u(t)\end{cases} \tag{7.3}$$

式中，y_1、y_2、y_3 是状态变量；a、b、c 是正实数且满足 $ab<c$；$\Delta f(y_1,y_2,y_3)$是不确定项；d 是外部扰动。

驱动系统(7.1)和受控响应系统(7.3)之间的误差信号 $e(t)$的数学模型为

$$e(t)=\begin{cases}e_1(t)=y_1(t)-x_1(t)\\ e_2(t)=y_2(t)-x_2(t)\\ e_3(t)=y_3(t)-x_3(t)\end{cases} \tag{7.4}$$

在控制器 $u(t)$作用下，系统(7.3)与系统(7.1)实现渐近同步，也就是说，误差信号 $e(t)$收敛至零，其误差信号 $e(t)$的动态模型为

$$\dot{e}(t)=\begin{cases}\dot{e}_1=y_2\\ \dot{e}_2=y_3\\ \dot{e}_3=-ae_1-be_2-ce_3+e_1(x_1+y_1)\\ \qquad +\Delta f(y_1,y_2,y_3)+d+u(t)\end{cases} \tag{7.5}$$

现在，考虑将分数阶 Genesio-Tesi 混沌系统的模型描述如下：

$$D^\alpha x(t)=\begin{cases}D^\alpha x_1(t)=x_2\\ D^\alpha x_2(t)=x_3\\ D^\alpha x_3(t)=-ax_1-bx_2-cx_3+x_1^2\end{cases} \tag{7.6}$$

式中，α 为分数阶且 $0<\alpha\leqslant 1$；x_1、x_2、x_3 是状态变量；a、b、c 是正实数且满足 $ab<c$。

同理，由系统(7.2)可以得到系统(7.6)的响应系统的动态方程为

$$D^\alpha y(t)=\begin{cases}D^\alpha y_1(t)=y_2\\ D^\alpha y_2(t)=y_3\\ D^\alpha y_3(t)=-ay_1-by_2-cy_3+y_1^2\end{cases} \tag{7.7}$$

其受控的分数阶响应系统模型如下：

$$D^\alpha y(t)=\begin{cases}D^\alpha y_1(t)=y_2\\ D^\alpha y_2(t)=y_3\\ D^\alpha y_3(t)=-ay_1-by_2-cy_3+y_1^2\\ \qquad +\Delta f(y_1,y_2,y_3)+d+u(t)\end{cases} \tag{7.8}$$

分数阶驱动系统(7.6)与受控的响应系统(7.8)之间的误差信号动态方程如下：

$$D^{\alpha}e(t)=\begin{cases}D^{\alpha}e_1(t)=e_2\\D^{\alpha}e_2(t)=e_3\\D^{\alpha}e_3(t)=-ae_1-be_2-ce_3+e_1(x_1+y_1)\\\qquad\qquad+\Delta f(y_1,y_2,y_3)+d+u(t)\end{cases}\tag{7.9}$$

7.3　反演滑模同步

分数阶微分有三种最典型的定义：Riemann-Liouville 定义、Grünwald-Letnikov 定义和 Caputo 定义。由于 Caputo 定义在初始条件下沿用了与整数阶微分方程相同的形式，其已被广泛应用于工程实践中。因此，本章也采用 Caputo 定义来对特定的方程进行分数阶微分。

引理 7.1[31]　如果 $x(t)\in\mathbb{R}^n$ 是微分函数的一个向量，则在时间 $t\geqslant t_0$ 的任意时间里，下列关系恒成立：

$$\frac{1}{2}{}^{c}D^{\alpha}(x(t)^{\mathrm{T}}Px(t))\leqslant x(t)^{\mathrm{T}}P\frac{1}{2}{}^{c}D^{\alpha}x(t),\quad\forall\alpha\in(0,1)$$

式中，$P\in\mathbb{R}^{n\times n}$ 是一个对称且正定的矩阵。

接着需要做的是设计反演滑模控制器 $u(t)$。

首先，定义一个 Lyapunov 函数，形式如下：

$$V_1=\frac{1}{2}z_1^2\tag{7.10}$$

式中，$z_1=e_1$。根据引理 7.1，对式(7.10)进行阶次为 α 关于时间的分数阶微分求导，得到

$$D^{\alpha}V_1\leqslant z_1D^{\alpha}z_1=e_1e_2=-e_1^2+e_1(e_1+e_2)=-z_1^2+z_1(e_1+e_2)\tag{7.11}$$

然后，选取第二个 Lyapunov 函数，形式如下：

$$V_2=V_1+\frac{1}{2}z_2^2\tag{7.12}$$

式中，z_2 作为虚拟输入且满足 $z_2=e_1+e_2$。根据引理 7.1，对式(7.12)进行阶次为 α 关于时间的分数阶微分求导，得到

$$D^{\alpha}V_2\leqslant D^{\alpha}V_1+z_2D^{\alpha}z_2=-z_1^2-z_2^2+z_2(2e_1+2e_2+e_3)\tag{7.13}$$

最后，选取第三个 Lyapunov 函数，形式如下：

$$V_3=V_2+\frac{1}{2}s^2\tag{7.14}$$

定义切换函数为

$$s=k_1e_1+k_2e_2+k_3e_3\tag{7.15}$$

式中，选取 $k_1=2,k_2=2,k_3=1$。

根据引理 7.1,对式(7.14)进行阶次为 α 关于时间的分数阶微分求导,得到

$$
\begin{aligned}
D^{\alpha}V_3 &\leqslant D^{\alpha}V_2 + sD^{\alpha}s \\
&= z_1^2 - z_2^2 - s^2 + s[(3-a+x_1+y_1)e_1 + (5-b)e_2 \\
&\quad + (3-c)e_3 + \Delta f(y_1,y_2,y_3) + d + u(t)]
\end{aligned} \tag{7.16}
$$

根据式(7.16),如果满足 $D^{\alpha}V_3<0$,则得到

$$
u_{\mathrm{eq}} = -[(3-a+x_1+y_1)e_1 + (5-b)e_2 + (3-c)e_3 + \Delta f(y_1,y_2,y_3) + d] \tag{7.17}
$$

同时取控制律 u_{c} 如下:

$$
u_{\mathrm{c}} = -k_4 s - k_5 \operatorname{sgn}(s) \tag{7.18}
$$

由式(7.17)和式(7.18),设计反演滑模控制器 $u(t)$ 为

$$
\begin{aligned}
u(t) &= u_{\mathrm{eq}} + u_{\mathrm{c}} \\
&= -[(3-a+x_1+y_1)e_1 + (5-b)e_2 + (3-c)e_3 \\
&\quad + \Delta f(y_1,y_2,y_3) + d + k_4 s + k_5 \operatorname{sgn}(s)]
\end{aligned} \tag{7.19}
$$

因此,当控制器 $u(t)$ 满足式(7.19)时,可得带有不确定参数和外部扰动的分数阶响应系统(7.8)和分数阶驱动系统(7.6)渐近同步。

7.4 仿真算例

本节通过如下相关仿真结果来验证上述所设计的反演滑模控制器的有效性。令

$$
\begin{gathered}
\alpha=0.97,\quad a=1.2,\quad b=2.92,\quad c=6 \\
k_1=2,\quad k_2=2,\quad k_3=1,\quad k_4=2,\quad k_5=5 \\
d=\cos(2t),\quad \Delta f(y_1,y_2,y_3)=0.2\sin(2\pi y_1)
\end{gathered} \tag{7.20}
$$

取初值为$(x_1(0),x_2(0),x_3(0))=(3,3,3)$,$(y_1(0),y_2(0),y_3(0))=(-3,-3,-5)$,图 7.1 表示系统(7.6)的相轨迹图,图 7.2 表示加入式(7.20)中所示不确定性和外部扰动的系统(7.6)的相轨迹图,图 7.3 代表驱动系统(7.6)和响应系统(7.8)的状态轨迹图,图 7.4 是同步误差信号 $e(t)$ 的响应图,图 7.5 和图 7.6 分别

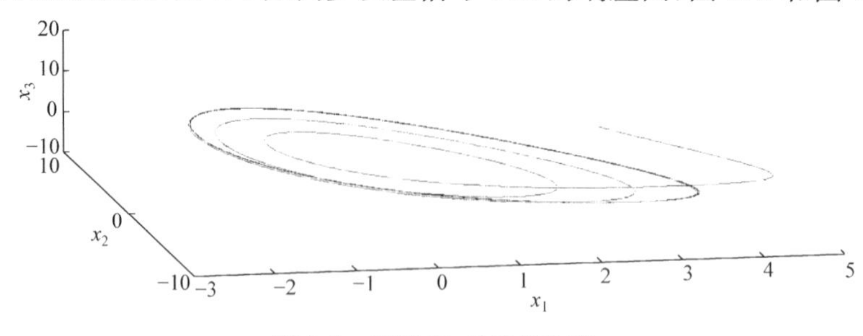

图 7.1　系统(7.6)的相轨迹

表示滑模面 $s(t)$ 和控制输入 $u(t)$。从图中可以看出，本章所设计的反演滑模控制器能够保证驱动系统(7.6)和响应系统(7.8)的渐近同步。

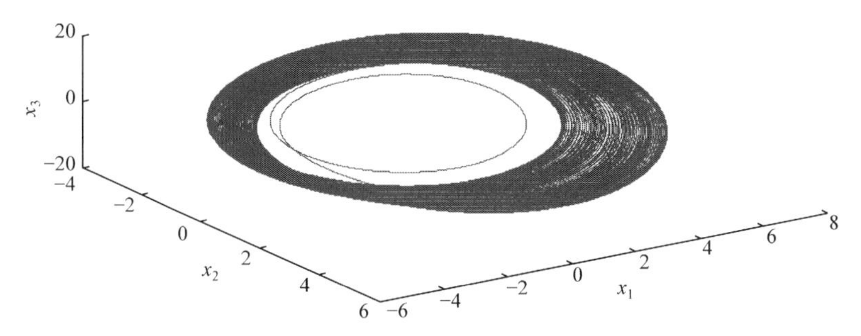

图 7.2　加入参数不确定与外部扰动的系统(7.6)的相轨迹

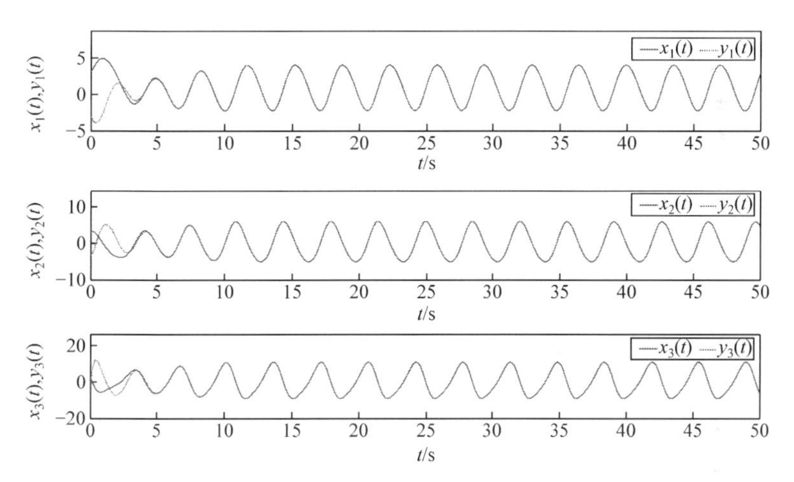

图 7.3　受控分数阶驱动系统与响应系统的状态轨迹

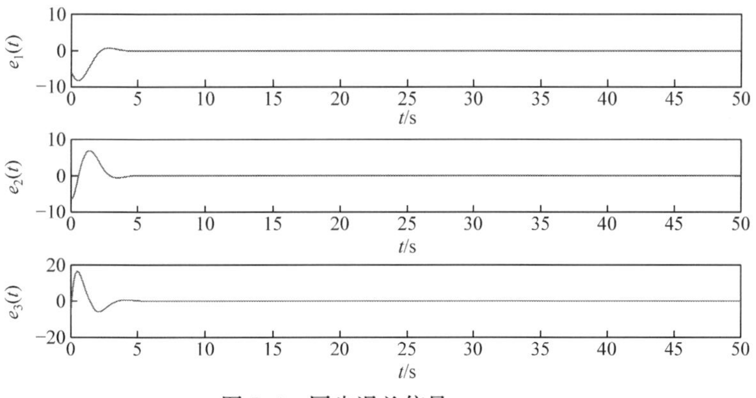

图 7.4　同步误差信号 e_1、e_2、e_3

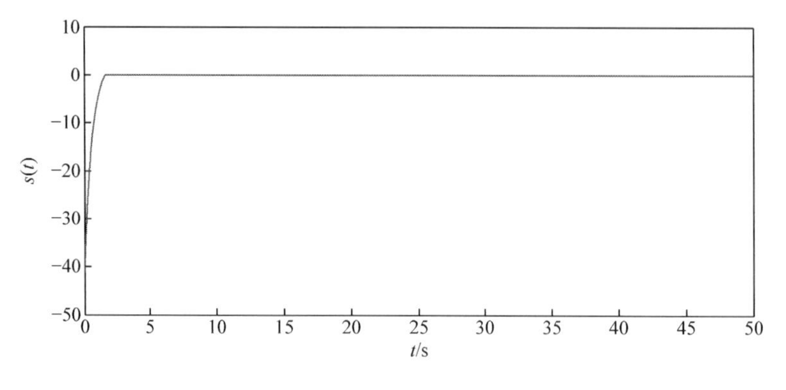

图 7.5　滑模面 $s(t)$

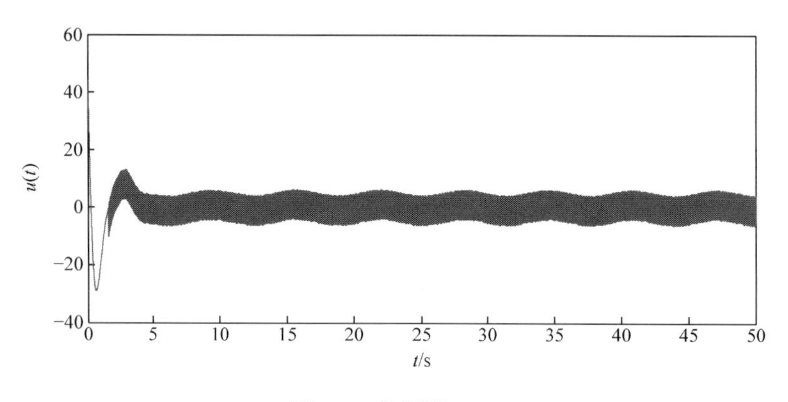

图 7.6　控制器 $u(t)$

7.5　本章小结

本章研究了带有参数不确定分数阶 Genesio-Tesi 混沌系统的反演滑模同步问题，首先基于反演控制策略设计了所给系统的 Lyapunov 子函数与虚拟控制输入；然后在此基础上设计了滑模面，得到了能够使带有参数不确定与外部扰动的分数阶响应系统与分数阶驱动系统渐近同步的反演滑模控制器；最后通过仿真验证了所设计控制器的有效性。

参考文献

[1] Podlubny I. Fractional Differential Equation[M]. San Diego: Academic Press, 1999.

[2] 陶朝海，陆君安，吕金虎. 统一混沌系统的反馈同步[J]. 物理学报，2002，51(7)：1497-1501.

[3] Ju H P. Synchronization of Genesio chaotic system via backstepping approach[J]. Chaos, Solitons & Fractals, 2006, 27(5): 1369-1375.

[4] Boulkroune A, Bouzeriba A, Hamel S, et al. A projective synchronization scheme based on fuzzy adaptive control for unknown multivariable chaotic systems[J]. Nonlinear Dynamics, 2014, 78(1): 433-447.

[5] Wang Z. Synchronization of an uncertain fractional-order chaotic system via backstepping sliding mode control[J]. Discrete Dynamics in Nature & Society, 2013, 29(2): 122-128.

[6] Hartley T T, Lorenzo C F, Qammer H K. Chaos in a fractional order Chua's system[J]. IEEE Transactions on Circuits and Systems Ⅰ: Fundamental Theory and Applications, 1995, 42(8): 485-490.

[7] Grigorenko I, Grigorenko E. Chaotic dynamics of the fractional Lorenz system[J]. Physical Review Letters, 2003, 91(3): 034101.

[8] 陈向荣,刘崇新,王发强,等.分数阶Liu混沌系统及其电路实验的研究与控制[J].物理学报,2008,57(3):1416-1422.

[9] Deng W, Li C. Synchronization of chaotic fractional Chen system[J]. Journal of the Physical Society of Japan, 2005, 74(6): 1645-1648.

[10] Kuntanapreeda S. Robust synchronization of fractional-order unified chaotic systems via linear control[J]. Computers & Mathematics with Applications, 2012, 63(1): 183-190.

[11] Ge Z M, Ou C Y. Chaos in a fractional order modified Duffing system[J]. Chaos, Solitons & Fractals, 2007, 34(2): 262-291.

[12] Shahiri M, Ghaderi R, Rn A, et al. Chaotic fractional-order coullet system: Synchronization and control approach[J]. Communications in Nonlinear Science and Numerical Simulation, 2010, 15(3): 665-674.

[13] Jia H Y, Chen Z Q, Qi G Y. Topological horseshoe analysis and circuit realization for a fractional-order Lü system[J]. Nonlinear Dynamics, 2013, 74(1-2): 203-212.

[14] Wu X, Lu H, Shen S. Synchronization of a new fractional-order hyperchaotic system[J]. Physics Letters A, 2009, 373(27-28): 2329-2337.

[15] Wang Y W, Guan Z H, Wang HO. Impulsive synchronization for Takagi-Sugeno fuzzy model and its application to continuous chaotic system[J]. Physics Letters A, 2005, 339(3-5): 325-332.

[16] Yin C, Zhong S M, Chen W F. Design of sliding mode controller for a class of fractional-order chaotic systems[J]. Communications in Nonlinear Science and Numerical Simulation, 2012, 17(1): 356-366.

[17] Ahmad W M, Harb A M. On nonlinear control design for autonomous chaotic systems of integer and fractional orders[J]. Chaos, Solitons & Fractals, 2003, 18(2): 693-701.

[18] Zhang R X, Yang Y, Yang S P. Adaptive synchronization of the fractional-order unified chaotic system[J]. Acta Physica Sinica, 2009, 58(9): 6039-6044.

[19] Wang Q, Qi D. Passivity-Based Control for Fractional Order Unified Chaotic System[M]. Berlin: Springer, 2014: 310-317.

[20] Wang Q, Qi D. Synchronization for a class of fractional order chaotic systems with uncer-

tainties via fractional backstepping [C]//IEEE Control and Decision Conference, Chongqing, 2017, 1657-1663.

[21] Zhang Z, Xu S, Shen H. Reduced-order observer-based output-feedback tracking control of nonlinear systems with state delay and disturbance[J]. International Journal of Robust & Nonlinear Control, 2010, 20(15): 1723-1738.

[22] Zhang Z, Xu S, Wang B. Adaptive actuator failure compensation with unknown control gain signs[J]. IET Control Theory & Applications, 2011, 5(16): 1859-1867.

[23] Zhao L D, Hu J B. Synchronizing fractional chaotic Genesio-Tesi system via backstepping approach[J]. Applied Mechanics & Materials, 2012, 220-223: 1244-1248.

[24] Shahiri T M, Ranjbar A, Ghaderi R, et al. Adaptive Backstepping Chaos Synchronization of Fractional order Coullet Systems with Mismatched Parameters[C]//Proceedings of FDA' 10 Badajoz, Spain, 2010: 1-6.

[25] Shao S, Chen M, Yan X. Adaptive sliding mode synchronization for a class of fractional-order chaotic systems with disturbance[J]. Nonlinear Dynamics, 2015: 1-12.

[26] Tavazoei M S, Haeri M. Synchronization of chaotic fractional-order systems via active sliding mode controller[J]. Physica A: Statistical Mechanics and Its Applications, 2011, 387(1): 57-70.

[27] Lin T C, Lee T Y. Chaos synchronization of uncertain fractional-order chaotic systems with time delay based on adaptive fuzzy sliding mode control[J]. IEEE Transactions on Fuzzy Systems, 2011, 19(4): 623-635.

[28] Genesio R, Tesi A. Harmonic balance methods for analysis of chaotic dynamics in nonlinear systems[J]. Automatica, 1992, 28(3): 531-548.

[29] Lu J G. Chaotic dynamics and synchronization of fractional-order Genesio-Tesi systems[J]. Chinese Physics, 2005, 14(8): 1517-1521.

[30] Faieghi M R, Delavari H. Chaos in fractional-order Genesio-Tesi system and its synchronization[J]. Communications in Nonlinear Science and Numerical Simulation, 2012, 17(2): 731-741.

[31] Shahri E S A, Balochian S. Analysis of fractional-order linear systems with saturation using Lyapunov's second method and convex optimization[J]. International Journal of Automation & Computing, 2015, 12(4): 1-8.

第8章　分数阶混沌系统的自同步

8.1 引　　言

自从 Pecora 和 Carrol[1] 介绍了一种同步两个不同初始条件的相同混沌系统的方法以来，由于混沌同步在安全通信、化学系统、生物系统和人体心跳调节等许多应用中的重要性，混沌同步问题得到了大量学者的广泛关注。迄今为止，已经研究出了多种混沌同步方法，包括自适应控制[2]、非线性控制[3]、有限时间同步[4]、滑模控制[5]、神经网络同步[6]，以及Ⅱ型模糊神经网络同步[7]。对于整数阶混沌系统，投影同步首先由 Mainieri 和 Rehacek[8] 提出，然后由许多学者进行了延伸[9,10]，后来一种新的同步方法——改进的投影同步被提出[11]，并引入了函数投影同步的概念[12,13]，Du 等[14]讨论了一种新型的同步，称为修改函数投影同步。结合自适应理论，文献[15]针对统一混沌系统的自适应函数投影同步进行了研究。

但是，在上述和其他文献中，很多结果都是基于传统的整数阶混沌系统获得的。由于分数阶微积分提供了比整数阶微积分更精确的系统模型，近年来已经提出了很多分数阶混沌系统的同步控制方案，如主动控制[16]、主动滑模控制[17]、自适应脉冲控制[18]、模糊自适应控制[19]、广义投影同步[20]及其所列参考文献。进一步，文献[21]针对分数阶混沌系统讨论了基于滑模控制的投影同步，之后文献[22]中提出了分数阶超混沌系统的改进投影同步，函数投影同步方案在文献[23]中被研究，文献[24]研究了一类部分线性分数阶混沌系统的修正函数投影同步。在过去 20 年中，各种系统的自适应性控制取得了重大进展，特别是分数阶系统，已经得到了一些结果[25,26]，并且在文献[27]和[28]中研究了不同分数阶混沌系统的自适应函数投影同步。

实际上，在过去的几十年中，许多学者已经广泛地研究了 T-S 模糊系统，该系统可以提供一种结合模糊 IF-THEN 规则的局部线性系统来实现非线性的方法，事实上，已经有很多关于整数阶 T-S 模糊系统的稳定性分析和控制器设计方法[29-31]。而对于分数阶 T-S 模糊系统，只有少数论文研究了它的稳定性分析和控制。在文献[32]和[33]中，用 T-S 模糊模型解决了分数阶系统的稳定性分析问题，给出了分数阶不确定 T-S 模糊模型的渐近稳定充分条件，设计了状态反馈控制器。基于分数阶系统理论，将分数阶 T-S 模糊模型应用于一类具有不确定参数的分数阶混沌系统，给出了状态反馈控制器[34]。然而，基于 T-S 模糊模型的分数阶混沌系统的控制和/或同步问题仍然有深入的研究空间。据作者所知，基于 T-S 模糊模型的分数阶混沌系统的自适应函数投影组合同步的结果就相对较少。

本章针对三个自结构分数阶经济混沌系统及分数阶经济超混沌系统，研究自适应函数组合投影同步问题。首先，基于 T-S 模糊建模理论，将分数阶经济混沌系统和超混沌系统进行系统重构；然后，定义两个驱动系统和一个响应系统之间函数组合投影同步并结合 Lyapunov 稳定性理论，设计能够保证分数阶误差系统渐近稳定的自适应控制器；最后，通过两个数值算例验证所提控制方法在解决一类分数阶混沌系统及超混沌系统自结构投影同步问题方面的可行性与有效性。

8.2 模糊自适应函数组合投影同步

8.2.1 三个分数阶混沌系统的模糊自适应函数组合投影同步

自适应控制的特点是对于目标系统中的不确定项能够自动调整与适应，因此在系统参数未知的情况下，自适应稳定理论能够保证系统的稳定。自适应稳定理论在整数阶系统中的运用已经日趋成熟，然而其在分数阶系统中的应用尚未良好地推广且仍有待研究。下面将给出能够保证多驱动-单响应系统实现自适应函数投影组合同步的策略。其中，目标系统的描述如下：

驱动系统 1：

$$\begin{aligned} D^\alpha x_1 &= x_3 + (x_2 - a)x_1 \\ D^\alpha x_2 &= 1 - bx_2 - x_1^2 \\ D^\alpha x_3 &= -x_1 - cx_3 \end{aligned} \tag{8.1}$$

驱动系统 2：

$$\begin{aligned} D^\alpha y_1 &= y_3 + (y_2 - a)y_1 \\ D^\alpha y_2 &= 1 - by_2 - y_1^2 \\ D^\alpha y_3 &= -y_1 - cy_3 \end{aligned} \tag{8.2}$$

响应系统：

$$\begin{aligned} D^\alpha z_1 &= z_3 + (z_2 - a)z_1 \\ D^\alpha z_2 &= 1 - bz_2 - z_1^2 \\ D^\alpha z_3 &= -z_1 - cz_3 \end{aligned} \tag{8.3}$$

式中，$x=(x_1,x_2,x_3)^{\mathrm{T}}$ 和 $y=(y_1,y_2,y_3)^{\mathrm{T}}$ 分别表示驱动系统(8.1)和系统(8.2)的状态向量；$z=(z_1,z_2,z_3)^{\mathrm{T}}$ 表示响应系统(8.3)的状态向量；a、b、c 是常数。

当选取系统参数 $a=1,b=0.1,c=1$ 以及 $\alpha=0.95$ 时，目标系统(8.1)、系统(8.2)和系统(8.3)可以展现出混沌行为。如果系统参数选取得当，系统(8.1)～系统(8.3)在选取不同初始参数时也能够表现出混沌行为。

接下来,给出函数投影组合同步的定义:

定义 8.1　对于给定的三个目标系统(8.1)～系统(8.3),如果存在三个矩阵 $\Upsilon(t)$、$\Psi(t)$、$C(t)\in\mathbb{R}^{3\times3}$,其中 $C(t)\neq0$,使得下式成立:

$$\lim_{t\to\infty}\| C(t)z(t)-\Upsilon(t)x(t)-\Psi(t)y(t)\|=0 \tag{8.4}$$

式中,$\|\cdot\|$ 表示矩阵范数。则系统(8.3)和系统(8.4)与系统(8.5)能实现函数投影组合同步。

在定义 8.1 的基础上,定义同步误差如下:

$$e(t)=C(t)z(t)-\Upsilon(t)x(t)-\Psi(t)y(t) \tag{8.5}$$

为了方便后续的讨论,在这里,假定 $C(t)=I$。其中,$I\in\mathbb{R}^{3\times3}$ 是单位矩阵。因此,式(8.5)等价于

$$e(t)=z(t)-\Upsilon(t)x(t)-\Psi(t)y(t) \tag{8.6}$$

式中,矩阵 $\Upsilon(t)$、$\Psi(t)$、$C(t)\in\mathbb{R}^{3\times3}$ 称为缩放函数矩阵。

注释 8.1　如果 $\Upsilon(t)$、$\Psi(t)$、$C(t)\in\mathbb{R}^{3\times3}$ 是常数,则函数投影组合同步问题可以还原为投影组合同步问题。

注释 8.2　如果 $\Upsilon(t)=0$,$\Psi(t)$ 是常数或者 $\Psi(t)=0$,$C(t)$ 是常数,则函数投影组合同步问题可以还原为修正投影同步问题。

注释 8.3　如果 $\Upsilon(t)=\Psi(t)=0$,则函数投影组合同步问题可以还原为混沌控制问题。

接下来,为了实施所提出的自适应函数投影组合同步策略,首先系统(8.1)～系统(8.3)需要重构为 T-S 模糊系统以利于后续的同步控制器设计。

考虑如下分数阶混沌系统:

$$D^{\alpha}x(t)=Ax(t) \tag{8.7}$$

基于 T-S 模糊建模理论,系统(8.7)可以重构为:

规则 i:如果 $s_j(t)$ 是 M_{ij} $(j=1,2,\cdots,p)$,则

$$D^{\alpha}x(t)=A_ix(t)$$

式中,$i=1,2,\cdots,n$,n 为模糊推理规则数;$x(t)=[x_1(t),x_2(t),\cdots,x_n(t)]^{\mathrm{T}}$ 表示系统(8.7)的状态向量;$s_1(t),\cdots,s_p(t)$ 是前件变量且假定前件变量是不依赖于输入变量和外部扰动的;$M_{ij}(s_j(t))$ 是 $s_j(t)$ 关于模糊集合 M_{ij} 的隶属度函数;$A_i\in\mathbb{R}^{3\times3}$ 是适维的常数矩阵。

将系统(8.7)通过单点模糊化、乘积推理、中心加权平均解模糊,可得如下模糊系统的全局状态方程:

$$D^{\alpha}x(t)=\left(\sum_{i=1}^{n}h_i(t)A_i\right)x(t) \tag{8.8}$$

式中，$h_i(t)=\dfrac{\omega_i(t)}{\sum\limits_{i=1}^{n}\omega_i(t)}$，$\omega_i(t)=\prod\limits_{j=1}^{p}M_{ij}(s_j(t))$，$\omega_i(t)\geqslant 0$，$\sum\limits_{i=1}^{N}\omega_i(s(t))>0(i=1,2,\cdots,N)$ 且 $h_i(t)\geqslant 0$，$\sum\limits_{i=1}^{N}h_i(s(t))=1(i=1,2,\cdots,N)$。

在这里，系统(8.8)与系统(8.7)是等价的。因此，假定 $x_1\in[M_1,M_2]$，对于驱动系统(8.1)，模糊规则设计如下：

如果 $x_1(t)$是 M_1，则 $D^\alpha x(t)=A_1x(t)+K$；

如果 $x_1(t)$是 M_2，则 $D^\alpha x(t)=A_2x(t)+K$。

其中

$$A_1=\begin{bmatrix}-a & -M_1 & 1\\ -M_1 & -b & 0\\ -1 & 0 & -c\end{bmatrix},\quad A_2=\begin{bmatrix}-a & -M_2 & 1\\ -M_2 & -b & 0\\ -1 & 0 & -c\end{bmatrix},\quad K=[0\quad 1\quad 0]^{\mathrm{T}}$$

基于 T-S 模糊模型，通过对系统(8.1)进行重构，可以得到如下全局模糊系统：

$$D^\alpha x(t)=\sum_{i=1}^{2}h_i(t)[A_ix(t)+K] \tag{8.9}$$

式中

$$h_1(t)=\frac{x_2-M_1}{M_2-M_1},\quad h_2(t)=\frac{M_2-x_2}{M_2-M_1}$$

利用上述模糊重构过程，驱动系统(8.2)和响应系统(8.3)对应的模糊系统如下：

$$D^\alpha y(t)=\sum_{i=1}^{2}h_i(t)[A_iy(t)+K] \tag{8.10}$$

$$D^\alpha z(t)=\sum_{i=1}^{2}h_i(t)[A_iz(t)+K]+U=h(z(t))+U \tag{8.11}$$

式中，$U=[u_1\quad u_2\quad u_3]^{\mathrm{T}}$ 表示系统的控制输入。

注释 8.4　在这里，假定控制器 $U(x,y,z)$由两部分组成：$U(x,y,z)=\tilde{u}(x,y,z)+\hat{u}(x,y,z)$，其中 $\tilde{u}(x,y,z)$是模糊控制器，$\hat{u}(x,y,z)$是自适应函数投影组合同步控制器。

针对响应系统(8.3)，定义一个补偿函数 $G(x,y)$如下所示：

$$G(x,y)=D^\alpha(Ax+By)-h(Ax+By) \tag{8.12}$$

基于式(8.12)，令

$$\tilde{u}(x,y,z)=G(x,y)+\theta(x,y,z) \tag{8.13}$$

式中，$\theta(x,y,z)$是一个将要设计的向量值函数。

结合式(8.9)和式(8.11)，可以得到

$$\begin{aligned} D^{\alpha}e(t) &= \sum_{i=1}^{2}h_i(t)(A_iz+K)-\sum_{i=1}^{2}h_i(t)[A_i(Ax+By)+K] \\ &\quad +\theta(x,y,z)+\hat{u}(x,y,z) \\ &= \sum_{i=1}^{2}h_i(t)[A_ie(t)]+\theta(x,y,z)+\hat{u}(x,y,z) \\ &= \Omega(e(t))+\hat{u}(x,y,z) \end{aligned} \tag{8.14}$$

式中，$\Omega(e(t))=\sum_{i=1}^{2}h_i(t)[A_ie(t)]+\theta(x,y,z)$。

基于式(8.14)，两个驱动系统与一个响应系统之间的同步问题可以转化为如下问题：设计一个自适应控制率 $\hat{u}(x,y,z)$ 和一个向量值函数 $\theta(x,y,z)$，使得误差系统(8.14)能够渐近收敛至零。

自适应函数投影组合同步控制器设计如下：

$$\hat{u}(x,y,z)=-ke(t) \tag{8.15}$$

式中，$k=\mathrm{diag}(k_1,k_2,k_3)$，且自适应律设计为

$$D^{\alpha}k_i(t)=\lambda|e_i(t)|,\quad \lambda>0,\quad i=1,2,3 \tag{8.16}$$

引理 8.1[28]　对于分数阶系统(8.14)，假定 $\Omega(e(t))$ 是非线性向量值函数且满足 Lipschitz 条件，则下列不等式成立：

$$\|\Omega(e(t))\|=\|\Omega(e(t))-\Omega(0)\|\leqslant l\|e(t)\|,\quad l>0 \tag{8.17}$$

式中，$e(t)=0$ 是系统的平衡点，即得 $\Omega(0)=0$。

定理 8.1　对于分数阶误差动态系统(8.14)，如果采用自适应控制器(8.15)和参数自适应律(8.16)，下列等式成立：

$$\theta(x,y,z)=\Phi(x,y,z)e(t) \tag{8.18}$$

式中，$\Phi(x,y,z)$ 是待设计的向量值函数。则同步误差动态系统(8.14)能够渐近稳定。

证明　因为 $\theta(x,y,z)=\Phi(x,y,z)e(t)$，系统(8.14)可以等价于

$$\begin{aligned} D^{\alpha}e(t) &= \sum_{i=1}^{2}h_i(t)[A_ie(t)]+\Phi(x,y,z)e(t)+\hat{u}(x,y,z) \\ &= \Omega(e(t))+\hat{u}(x,y,z) \end{aligned} \tag{8.19}$$

由自适应律(8.16)可得 $k_i>0(i=1,2,3)$，由此可得下列不等式：

$$\sum_{i=1}^{3}D^{-\alpha}(k_i\mid e_i(t)\mid)\geqslant 0 \tag{8.20}$$

接下来，构造如下 Lyapunov 函数：

$$V=\sum_{i=1}^{3}\mid e_i(t)\mid+\sum_{i=1}^{3}D^{-\alpha}(k_i\mid e_i(t)\mid)+\sum_{i=1}^{3}\mid(k_i-k^*)k^*\mid \tag{8.21}$$

式中，$k^*>\max(k_i,l/\lambda)$。

基于分数阶导数定义，可得

$$
\begin{aligned}
D^{\alpha}V &= D^{\alpha}\sum_{i=1}^{3} |e_i(t)| + D^{\alpha}\sum_{i=1}^{3} D^{-\alpha}(k_i|e_i(t)|) + D^{\alpha}\sum_{i=1}^{3}|(k_i - k^*)k^*| \\
&= \operatorname{sgn}^{\mathrm{T}}(e(t))D^{\alpha}e(t) + \sum_{i=1}^{3}k_i|e_i(t)| + \sum_{i=1}^{3}\operatorname{sgn}[(k_i-k^*)k^*]k^*D^{\alpha}k_i \\
&= \operatorname{sgn}^{\mathrm{T}}(e(t))(\Omega(e(t)) - ke(t)) + \sum_{i=1}^{3}k_i|e_i(t)| - k^*\sum_{i=1}^{3}\lambda|e_i(t)| \\
&= \operatorname{sgn}^{\mathrm{T}}(e(t))\Omega(e(t)) - \sum_{i=1}^{3}k_i|e_i(t)| + \sum_{i=1}^{3}k_i|e_i(t)| - k^*\sum_{i=1}^{3}\lambda|e_i(t)| \\
&= \operatorname{sgn}^{\mathrm{T}}(e(t))\Omega(e(t)) - k^*\sum_{i=1}^{3}\lambda|e_i(t)| \\
&\leqslant l\|e(t)\| - k^*\sum_{i=1}^{3}\lambda|e_i(t)| \\
&\leqslant l\sum_{i=1}^{3}|e_i(t)| - k^*\sum_{i=1}^{3}\lambda|e_i(t)| \\
&= (l - k^*\lambda)\sum_{i=1}^{3}|e_i(t)|
\end{aligned} \tag{8.22}
$$

由 $k^* > \max(k_i, l/\lambda)$，则有下列不等式成立：

$$
D^{\alpha}V \leqslant (l - k^*\lambda)\sum_{i=1}^{3}|e_i(t)| < 0 \tag{8.23}
$$

因此，同步误差动态系统(8.14)的渐近稳定性得以保证。证毕。

下面，将考虑延伸上述所提及的控制方法来解决三个分数阶超混沌系统的自适应函数投影组合同步问题。

8.2.2 三个分数阶超混沌系统的模糊自适应函数组合投影同步

本节所选取的三个分数阶超混沌系统的数学模型可以描述如下。

驱动系统 1：

$$
\begin{aligned}
D^{\alpha}x_1 &= x_3 + (x_2 - a)x_1 + x_4 \\
D^{\alpha}x_2 &= 1 - bx_2 - x_1^2 \\
D^{\alpha}x_3 &= -x_1 - cx_3 \\
D^{\alpha}x_4 &= -0.05x_1x_3 - nx_4
\end{aligned} \tag{8.24}
$$

驱动系统 2：

$$
\begin{aligned}
D^{\alpha}y_1 &= y_3 + (y_2 - a)y_1 + y_4 \\
D^{\alpha}y_2 &= 1 - by_2 - y_1^2 \\
D^{\alpha}y_3 &= -y_1 - cy_3 \\
D^{\alpha}y_4 &= -0.05y_1y_3 - ry_4
\end{aligned} \tag{8.25}
$$

响应系统：

$$\begin{aligned} D^\alpha z_1 &= z_3+(z_2-a)z_1+z_4 \\ D^\alpha z_2 &= 1-bz_2-z_1^2 \\ D^\alpha z_3 &= -z_1-cz_3 \\ D^\alpha z_4 &= -0.05z_1z_3-rz_4 \end{aligned} \tag{8.26}$$

式中，$x=(x_1,x_2,x_3,x_4)^{\mathrm{T}}$ 和 $y=(y_1,y_2,y_3,y_4)^{\mathrm{T}}$ 分别表示驱动系统(8.24)和驱动系统(8.25)的状态向量；$z=(z_1,z_2,z_3,z_4)^{\mathrm{T}}$ 表示响应系统(8.26)的状态向量；a、b、c、r 是常数。当选取系统参数 $a=1,b=0.1,c=1,r=-0.6$ 时，系统(8.24)系统(8.26)会展现出混沌行为。

为了后续的模糊自适应同步控制器设计，同 8.2.1 节，首先需要基于 T-S 模糊建模理论对目标系统(8.24)～系统(8.26)进行重构，其经过 T-S 模糊重构后的全局模糊系统为

$$D^\alpha x(t)=\sum_{i=1}^{2}h_i(t)[A_ix(t)+K] \tag{8.27}$$

$$D^\alpha y(t)=\sum_{i=1}^{2}h_i(t)[A_iy(t)+K] \tag{8.28}$$

$$D^\alpha z(t)=\sum_{i=1}^{2}h_i(t)[A_iz(t)+K]+U \tag{8.29}$$

式中，$U=[u_1\quad u_2\quad u_3\quad u_4]^{\mathrm{T}}$ 表示控制输入；$K=[0\quad 1\quad 0\quad 0]^{\mathrm{T}}$；

$$A_1=\begin{bmatrix} -a & -M_1 & 1 & 1 \\ -M_1 & -b & 0 & 0 \\ -1 & 0 & -c & 0 \\ 0 & 0 & -0.05M_1 & r \end{bmatrix},\quad A_2=\begin{bmatrix} -a & -M_1 & 1 & 1 \\ -M_1 & -b & 0 & 0 \\ -1 & 0 & -c & 0 \\ 0 & 0 & -0.05M_2 & r \end{bmatrix}$$

基于系统(8.24)和系统(8.26)，可得到如下同步误差动态系统：

$$\begin{aligned} D^\alpha e(t) &= \sum_{i=1}^{2}h_i(t)[A_iz+K]-\sum_{i=1}^{2}h_i(t)[A_i(Ax+By)+K] \\ &\quad +\theta(x,y,z)+\hat{u}(x,y,z) \\ &= \sum_{i=1}^{2}h_i(t)[A_ie(t)]+\theta(x,y,z)+\hat{u}(x,y,z) \\ &= \Omega(e(t))+\hat{u}(x,y,z) \end{aligned} \tag{8.30}$$

式中，$\Omega(e(t))=\sum_{i=1}^{2}h_i(t)[A_ie(t)]+\theta(x,y,z)$。

利用 8.2.1 节中同步控制器的设计思路，针对三个分数阶超混沌系统的自适应函数投影组合同步问题，其同步控制器设计如下：

$$\hat{u}(x,y,z)=-ke(t) \tag{8.31}$$

式中，$k=\mathrm{diag}(k_1,k_2,k_3,k_4)$且自适应律设计如下：

$$D^{\alpha}k_i(t)=\lambda|e_i(t)|,\quad \lambda>0,\quad i=1,2,3,4 \tag{8.32}$$

则对于误差系统(8.30),给出如下定理。

定理 8.2 对于分数阶误差动态系统(8.30),如果采用自适应控制器(8.31)和参数自适应律(8.32),等式(8.18)成立,则同步误差动态系统(8.30)能够渐近稳定。

证明 使用同定理 8.1 相同的证明方法,可以轻易地得出定理 8.2。证毕。

8.3 仿真算例

8.3.1 分数阶混沌系统的同步算例

首先选取 $\Upsilon(t)$、$\Psi(t)$ 为

$$\Upsilon(t)=\mathrm{diag}\{\gamma_1(t),\gamma_2(t),\gamma_3(t)\},\quad \Psi(t)=\mathrm{diag}\{\eta_1(t),\eta_2(t),\eta_3(t)\}$$

情形 1 当 $\Upsilon(t)$ 和 $\Psi(t)$ 为常数时,选取参数如下:

$$\gamma_1(t)=\gamma_2(t)=\gamma_3(t)=0.5,\quad \eta_1(t)=\eta_2(t)=\eta_3(t)=0.2$$

依据所提出的同步策略,基于式(8.18),选取 $\theta(x,y,z)$ 为

$$\theta(x,y,z)=\Phi(x,y,z)e(t)=\sum_{i=1}^{2}h_iB_ie(t)$$

式中

$$B_1=\begin{bmatrix}-a & M_1 & -1\\ M_1 & -b & 0\\ 1 & 0 & -c\end{bmatrix},\quad B_2=\begin{bmatrix}-a & M_2 & -1\\ M_2 & -b & 0\\ 1 & 0 & -c\end{bmatrix}$$

则可以得到 $\|\Omega(e(t))\|\leqslant l\cdot\|e\|=\max\{|-2a|,|-2b|,|-2c|\}\|e\|$。

同时,系统的初始条件设定如下:

$$\begin{aligned}&x_1(0)=-0.2,\quad x_2(0)=0.2,\quad x_3(0)=-0.5\\&y_1(0)=0.5,\quad y_2(0)=0.5,\quad y_3(0)=-0.5\\&z_1(0)=10,\quad z_2(0)=5,\quad z_3(0)=-10\\&M_1=-20,\quad M_2=20\end{aligned} \tag{8.33}$$

考虑到在实际的工程应用中,系统中模型不确定及外部扰动的存在是不可避免的。因此,在驱动系统(8.9)、驱动系统(8.10)及响应系统(8.11)中考虑了不确定和外部扰动项,则基于模糊模型的驱动系统与响应系统可以重新描述如下:

$$D^{\alpha_i}x(t)=\sum_{i=1}^{2}h_i(t)[A_ix(t)+K]+\Delta f(x)+d_x(t) \tag{8.34}$$

$$D^{\alpha_i}y(t)=\sum_{i=1}^{2}h_i(t)[A_iy(t)+K]+\Delta f(y)+d_y(t) \tag{8.35}$$

$$D^{\alpha_i}z(t)=\sum_{i=1}^{2}h_i(t)[A_iz(t)+K]+\Delta f(z)+d_z(t)+U \tag{8.36}$$

在这里，假定

$$
\Delta f(x)+d_x(t)=\begin{cases}0.1\sin(0.2t)+1.5\sin(0.5x_2)\\0.1\sin(0.2t)+0.5\sin(0.5x_3)\\0.1\cos(0.2t)+0.1\sin(0.5x_1)\end{cases}
$$

$$
\Delta f(y)+d_y(t)=\begin{cases}0.3\sin(2t)+0.1\sin(0.5y_2^2)\\0.5\sin t+0.1\cos(2y_3)\\0.15\cos(0.2t)+0.1\sin(y_1y_2)\end{cases} \tag{8.37}
$$

$$
\Delta f(z)+d_z(t)=\begin{cases}0.2\sin(0.3t)+0.2\sin(z_1z_3)\\0.1\cos(0.2t)+0.1\sin(0.5z_2)\\0.2\sin(0.5t)+0.2\sin z_3\end{cases}
$$

对于误差系统(8.14)，考虑以上的模型不确定和外部扰动以及初始条件(8.33)，可得到仿真结果如图 8.1～图 8.3 所示。其中，图 8.1 表示系统(8.14)在未加入控制时的相轨迹。从图 8.2 可以看出，随着 $t\to\infty$，可得 $e(t)\to 0$，这表明两个驱动系统和一个响应系统之间的误差系统是渐近稳定的。此外，图 8.3 表示系统的控制输入 $u_i(t)(i=1,2,3)$，从图中也可以发现所提出的方法对于带有不确定与外部扰动的系统之间的同步是行之有效的。

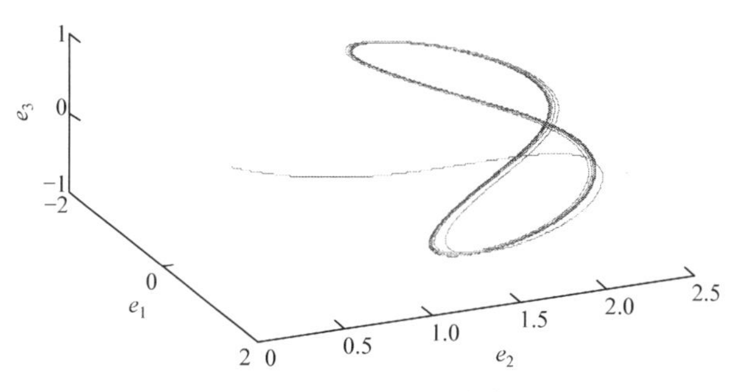

图 8.1　系统(8.14)的相轨迹

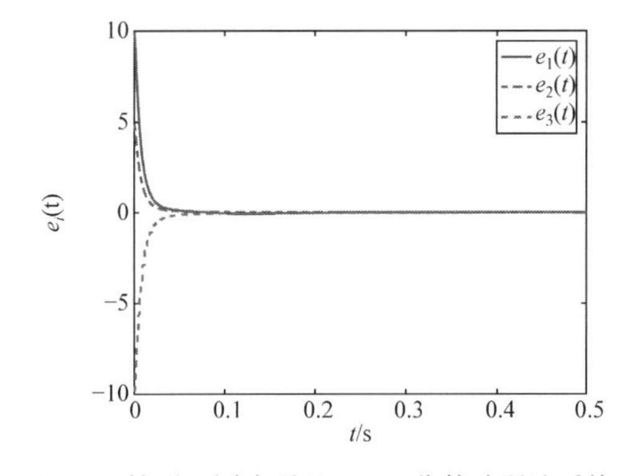

图 8.2　情形 1 同步误差 $e_i(t)$(分数阶混沌系统)

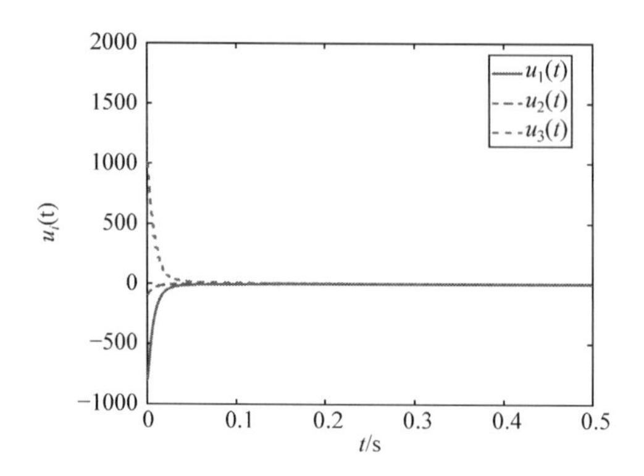

图 8.3　情形 1 控制输入 $u_i(t)$(分数阶混沌系统)

情形 2　当 $\Upsilon(t)$和 $\Psi(t)$为时变参数时,选取参数如下:

$$\begin{cases}\gamma_1(t)=0.5+0.1\sin(0.3t)\\ \gamma_2(t)=0.5+0.2\cos(0.5t),\\ \gamma_3(t)=0.3+0.3\sin t\end{cases}\quad \begin{cases}\eta_1(t)=0.3+0.2\sin(0.1t)\\ \eta_2(t)=0.3+0.3\cos(0.5t)\\ \eta_3(t)=0.3+0.3\sin t\end{cases}$$

同时,基于初始条件(8.33),考虑到系统(8.14)中存在的模型不确定与外部扰动项(8.37),通过仿真可以得到图 8.4,它表明当标度函数为时变矩阵时,所提的方法对于同步带有模型不确定和外部扰动的误差系统是行之有效的。

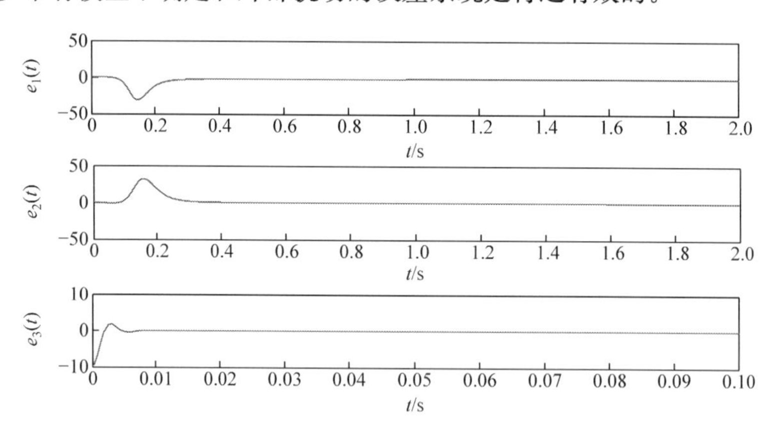

图 8.4　情形 2 同步误差 $e_i(t)$(分数阶混沌系统)

为了能够体现本章所提方法的优越性,基于情形 1 中的初始条件和参数设置与文献[28]中的同步控制器进行比较。通过仿真,两种控制方法下的同步误差如图 8.5～图 8.7 所示。从仿真结果来看,很明显本章所提的方法比文献[28]具有更好的同步效果。

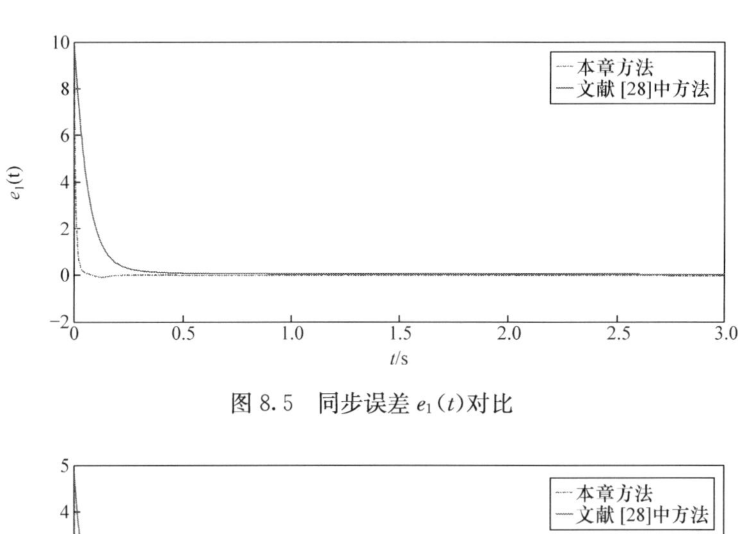

图 8.5　同步误差 $e_1(t)$对比

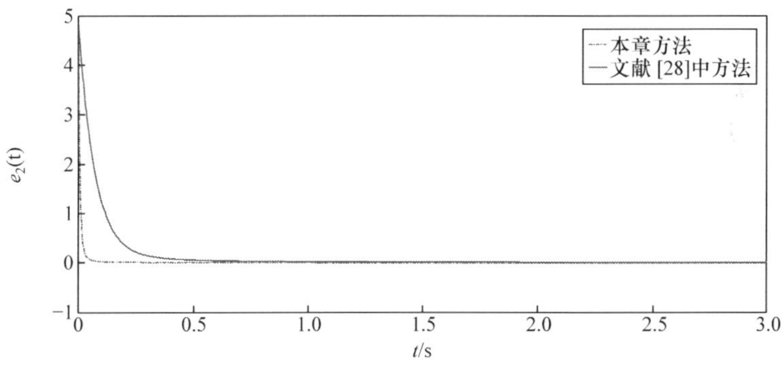

图 8.6　同步误差 $e_2(t)$对比

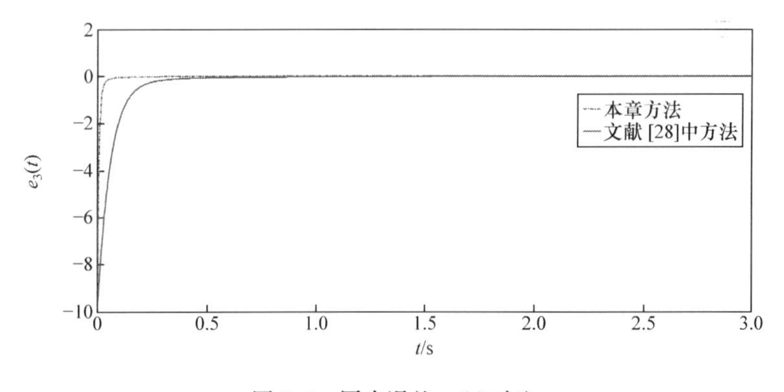

图 8.7　同步误差 $e_3(t)$对比

8.3.2　分数阶超混沌系统的同步算例

为了验证所提方法对于同步分数阶超混沌系统的可行性，首先选取 $\Upsilon(t)$、$\Psi(t)$如下所示：

$$\Upsilon(t)=\operatorname{diag}\{\gamma_1(t),\gamma_2(t),\gamma_3(t),\gamma_4(t)\}$$

$$\Psi(t)=\operatorname{diag}\{\eta_1(t),\eta_2(t),\eta_3(t),\eta_4(t)\}$$

情形 1　当 $\Upsilon(t)$ 和 $\Psi(t)$ 为常数时，选取参数如下：

$$\gamma_1(t)=\gamma_2(t)=\gamma_3(t)=\gamma_4(t)=0.1$$

$$\eta_1(t)=\eta_2(t)=\eta_3(t)=\eta_4(t)=0.2$$

利用 8.3.1 节中的同步策略，选取 $\theta(x,y,z)$ 为

$$\theta(x,y,z)=\Phi(x,y,z)e(t)=\sum_{i=1}^{2}h_iB_ie(t)$$

式中

$$B_1=\begin{bmatrix}-a & M_1 & 1 & 1\\ -M_1 & -b & 0 & 0\\ -1 & 0 & -c & 0\\ 0 & 0 & 0.05M_1 & r\end{bmatrix},\quad B_2=\begin{bmatrix}-a & M_2 & 1 & 1\\ -M_2 & -b & 0 & 0\\ -1 & 0 & -c & 0\\ 0 & 0 & 0.05M_2 & r\end{bmatrix}$$

则可得 $\|\Omega(e(t))\|\leqslant l\cdot\|e\|=\max\{|-2a|,|-2b|,|-2c|,0\}\|e\|$，这里同样考虑驱动系统和响应系统中存在模型不确定和外部扰动项。为了方便，假定

$$\Delta f(x)+d_x(t)=\begin{cases}0.1\sin(0.2t)+1.5\sin(0.2x_2)\\ 0.1\sin(0.2t)+0.5\sin(0.5x_3)\\ 0.1\cos(0.2t)+0.1\sin(0.2x_1)\\ 0.1\cos(0.2t)+0.1\sin(0.5x_4)\end{cases}$$

$$\Delta f(y)+d_y(t)=\begin{cases}0.3\sin(2t)+0.1\sin(0.5y_2^2)\\ 0.5\sin t+0.1\cos(2y_3)\\ 0.15\cos(0.2t)+0.1\sin(y_1y_2)\\ 0.2\cos(0.5t)+0.2\cos(y_1y_4)\end{cases}\tag{8.38}$$

$$\Delta f(z)+d_z(t)=\begin{cases}0.2\sin(0.3t)+0.2\sin(z_1z_3)\\ 0.1\cos(0.2t)+0.1\sin(0.5z_2)\\ 0.2\sin(0.5t)+0.2\sin z_3\\ 0.1\cos t+0.5\sin(z_2z_4)\end{cases}$$

同时给定初始条件如下：

$$\begin{gathered}a=1,\quad b=0.3,\quad c=1,\quad r=-0.6,\quad \alpha_1=\alpha_2=\alpha_3=\alpha_4=0.95\\ x_1(0)=0.2,\quad x_2(0)=0.2,\quad x_3(0)=0.2,\quad x_4(0)=-0.2\\ y_1(0)=0.5,\quad y_2(0)=0.5,\quad y_3(0)=0.5,\quad y_4(0)=-0.5\\ z_1(0)=10,\quad z_2(0)=5,\quad z_3(0)=5,\quad z_4(0)=-10,\quad M_1=-30,\quad M_2=30\end{gathered}\tag{8.39}$$

通过仿真可得结果如图 8.8 和图 8.9 所示。从图 8.8 可以看出，当 $t\to\infty$ 时，$e(t)\to0$，这也表明两个驱动系统和一个响应系统之间的误差系统是渐近稳定的。

此外，图 8.9 表示系统的控制输入 $u_i(t)(i=1,2,3,4)$，从图中也可以发现所提的方法对于同步带有模型不确定与外部扰动的分数阶超混沌系统是行之有效的。

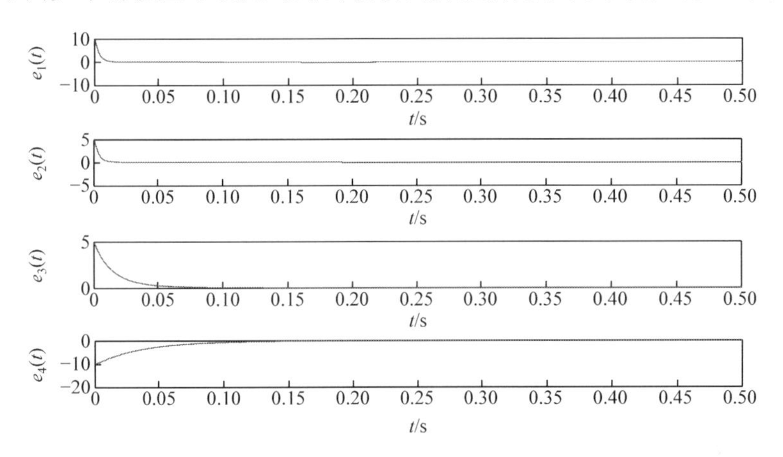

图 8.8　情形 1 同步误差 $e_i(t)$(分数阶超混沌系统)

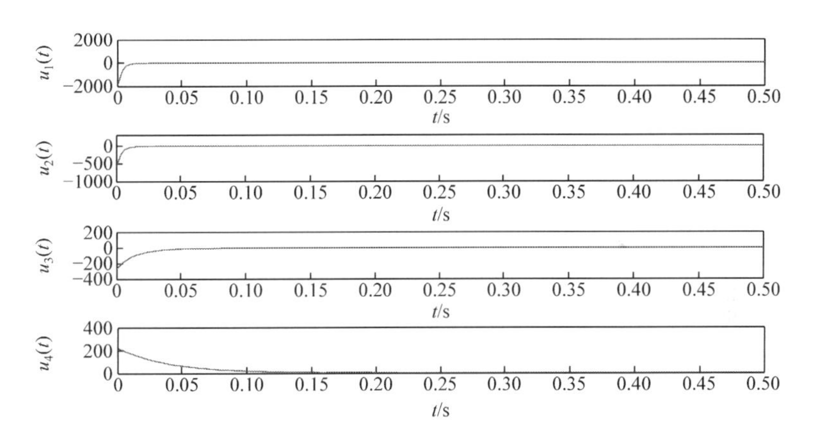

图 8.9　情形 1 控制输入 $u_i(t)$(分数阶超混沌系统)

情形 2　当 $\Upsilon(t)$ 和 $\Psi(t)$ 为时变参数时，选取参数如下：

$$\begin{cases}\gamma_1(t)=0.2+\sin(0.2t)\\ \gamma_2(t)=0.2+\sin(0.5t)\\ \gamma_3(t)=0.1+0.3\cos(0.2t)\\ \gamma_4(t)=0.1+0.3\cos(0.5t)\end{cases},\quad \begin{cases}\eta_1(t)=0.3+0.2\sin(0.1t)\\ \eta_2(t)=0.3+0.5\cos(0.5t)\\ \eta_3(t)=0.3+0.1\sin(0.2t)\\ \eta_3(t)=0.3+0.3\cos(0.5t)\end{cases}$$

考虑到模型不确定和外部扰动项(8.38)，在初始条件(8.39)下，通过仿真可得结果如图 8.10 和图 8.11 所示。从图中可以看出，所提出的方法能够实现三个超混沌系统的投影组合同步。

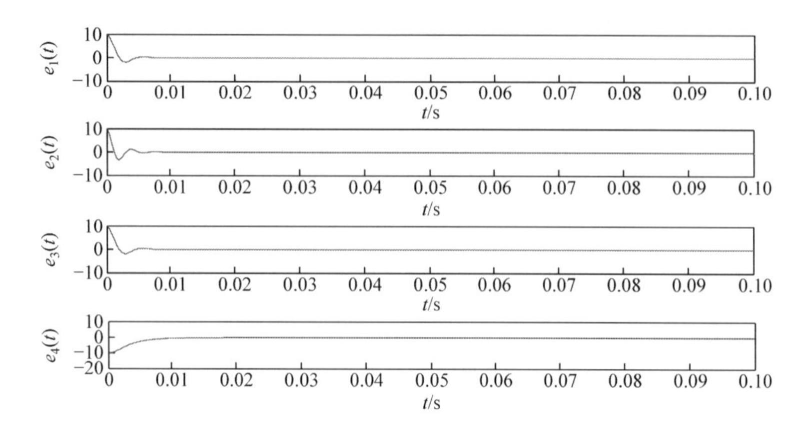

图 8.10　情形 2 同步误差 $e_i(t)$(分数阶超混沌系统)

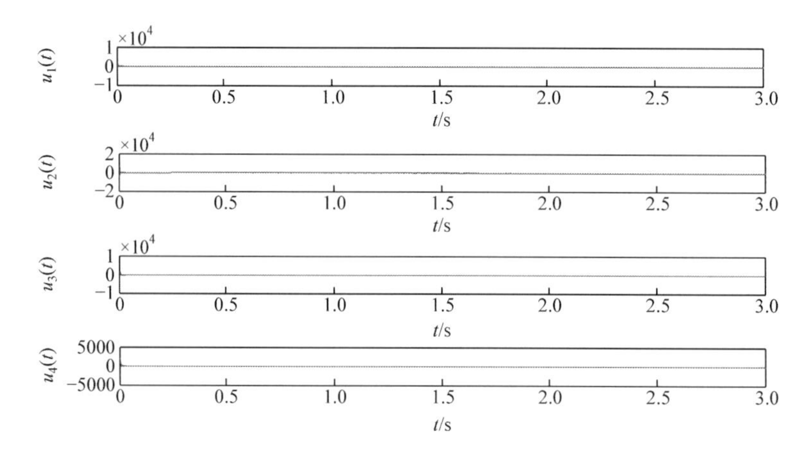

图 8.11　情形 2 控制输入 $u_i(t)$(分数阶超混沌系统)

8.4　本 章 小 结

针对三个自结构的分数阶经济混沌系统和分数阶经济超混沌系统，研究了多驱动-单响应的自同步问题。首先基于 T-S 模糊模型，对分数阶混沌及超混沌系统进行了系统重构；然后设计了一种能够保证误差系统实现渐近稳定的自适应投影同步控制器；最后通过数值算例验证了所提控制方法和控制器对于解决一类分数阶多驱动-单响应系统投影同步问题的可行性与有效性。

参 考 文 献

[1] Pecora L M, Carroll T L. Synchronization in chaotic systems[J]. Physical Review Letters,

1990,64(8):821-824.

[2] Liao T L,Tsai S H. Adaptive synchronization of chaotic systems and its application to secure communications[J]. Chaos,Solitons & Fractals,2000,11(9):1387-1396.

[3] Huang L,Feng R,Wang M. Synchronization of chaotic systems via nonlinear control[J]. Physics Letters A,2004,320(4):271-275.

[4] Wu J,Ma Z C,Sun Y Z,et al. Finite-time synchronization of chaotic systems with noise perturbation[J]. Kybernetika-Praha-,2015,54(1):137-149.

[5] Pourmahmood M,Khanmohammadi S,Alizadeh G. Synchronization of two different uncertain chaotic systems with unknown parameters using a robust adaptive sliding mode controller[J]. Communications in Nonlinear Science and Numerical Simulation,2011,16(7):2853-2868.

[6] Bagheri P,Shahrokhi M. Neural network-based synchronization of uncertain chaotic systems with unknown states[J]. Neural Computing & Applications,2016,27(4):945-952.

[7] Mohammadzadeh A,Ghaemi S. Synchronization of chaotic systems and identification of nonlinear systems by using recurrent hierarchical type-2 fuzzy neural networks[J]. ISA Transactions,2015,58(2):318-329.

[8] Mainieri R,Rehacek J. Projective synchronization in three-dimensioned chaotic systems[J]. Physical Review Letters,1999,82:3042-3045.

[9] Jia Q. Projective synchronization of a new hyperchaotic Lorenz system[J]. Physics Letters A,2007,370(1):40-45.

[10] Wang Z L. Projective synchronization of hyperchaotic Lü system and Liu system[J]. Nonlinear Dynamics,2010,59(3):455-462.

[11] Li G H. Modified projective synchronization of chaotic system[J]. Chaos,Solitons & Fractals,2007,32(5):1786-1790.

[12] Luo R Z. Adaptive function project synchronization of Rössler hyperchaotic system with uncertain parameters[J]. Physics Letters A,2008,372(20):3667-3671.

[13] Du H Y,Zeng Q S,Wang C H. Function projective synchronization of different chaotic systems with uncertain parameters[J]. Physics Letters A,2008,372(33):5402-5410.

[14] Du H,Zeng Q,Wang C. Modified function projective synchronization of chaotic system[J]. Chaos,Solitons & Fractals,2009,42(4):2399-2404.

[15] Luo R,Wei Z. Adaptive function projective synchronization of unified chaotic systems with uncertain parameters[J]. Chaos,Solitons & Fractals,2009,42(2):1266-1272.

[16] Agrawal S K,Srivastava M,Das S. Synchronization of fractional order chaotic systems using active control method[J]. Chaos,Solitons & Fractals,2012,45(6):737-752.

[17] Wang X,Zhang X,Ma C. Modified projective synchronization of fractional-order chaotic systems via active sliding mode control[J]. Nonlinear Dynamics,2012,69(1-2):511-517.

[18] Andrew L Y T,Li X F,Chu Y D,et al. A novel adaptive-impulsive synchronization of fractional-order chaotic systems[J]. Chinese Physics B,2015,24(10):86-92.

[19] Bouzeriba A,Boulkroune A,Bouden T. Fuzzy adaptive synchronization of uncertain fraction-

al-order chaotic systems[J]. International Journal of Machine Learning and Cybernetics, 2016,7(5):893-908.

[20] Peng G, Jiang Y. Generalized projective synchronization of fractional order chaotic systems[J]. Physica A: Statistical Mechanics and its Applications, 2008, 387(14):3738-3746.

[21] Ding L. Projective synchronization of fractional-order chaotic systems based on sliding mode control[J]. Acta Physica Sinica, 2009, 58(6):3747-3752.

[22] Bai J, Yu Y, Wang S, et al. Modified projective synchronization of uncertain fractional order hyperchaotic systems[J]. Communications in Nonlinear Science and Numerical Simulation, 2012, 17(4):1921-1928.

[23] Zhou P, Zhu W. Function projective synchronization for fractional-order chaotic systems[J]. Nonlinear Analysis Real World Applications, 2011, 12(2):811-816.

[24] Yang Y H, Xiao J, Ma Z Z. Modified function projective synchronization for a class of partially linear fractional order chaotic systems[J]. Acta Physica Sinica, 2013, 62(18):116-121.

[25] Zhang R, Yang S. Robust synchronization of two different fractional-order chaotic systems with unknown parameters using adaptive sliding mode approach[J]. Nonlinear Dynamics, 2013, 71(1-2):269-278.

[26] Yin C, Dadras S, Zhong S M, et al. Control of a novel class of fractional-order chaotic systems via adaptive sliding mode control approach[J]. Applied Mathematical Modelling, 2013, 37(4):2469-2483.

[27] Zhou P, Ding R. Adaptive function projective synchronization between different fractional-order chaotic systems[J]. Indian Journal of Physics, 2012, 86(6):497-501.

[28] Xi H, Li Y, Huang X. Adaptive function projective combination synchronization of three different fractional-order chaotic systems[J]. Optik-International Journal of Light and Electron Optics, 2015, 126(24):5346-5349.

[29] Song X, Xu S, Shen H. Robust H_∞ control for uncertain fuzzy systems with distributed delays via output feedback controllers[J]. Information Sciences, 2008, 178:4341-4356.

[30] Xu S, Lam J. Robust H_∞ Control for uncertain discrete-time-delay fuzzy system via output feedback controllers[J]. IEEE Transactions on Fuzzy Systems, 2005, 13(1):82-93.

[31] Feng G. A Survey on Analysis and Design of Model-Based Fuzzy Control Systems[J]. IEEE Transactions on Fuzzy Systems, 2006, 14(5):676-697.

[32] Li Y, Li J. Stability analysis of fractional order systems based on TS fuzzy model with the fractional order α: $0<\alpha<1$[J]. Nonlinear Dynamics, 2014, 78(4):2909-2919.

[33] Li J, Li Y. Robust stability and stabilization of fractional order systems based on uncertain Takagi-Sugeno fuzzy model with the fractional order $1\leqslant v<2$[J]. Journal of Computational and Nonlinear Dynamics, 2013, 8(4):041005.

[34] Wang B, Xue J, Chen D. Takagi-Sugeno fuzzy control for a wide class of fractional-order chaotic systems with uncertain parameters via linear matrix inequality[J]. Journal of Vibration and Control, 2014, 22(10):414-416.

第 9 章　分数阶混沌系统的异同步

9.1　引　　言

近年来，作为早期的经典混沌同步技术之一，主从同步方法在许多领域的潜在应用受到了相当的重视。目前为止，已经提出了多种同步设计方法，如模糊控制方法[1,2]、模糊神经网络控制[3]、采样控制[4]等。然而，以上所有参考文献都是针对整数阶混沌系统进行同步问题研究。最近，学者已经提出了许多用于分数阶混沌系统的同步控制方案，包括主动控制[5]、主动滑模控制[6]、自适应脉冲控制[7]、模糊自适应控制[8]、广义投影同步[9]等及其所列参考文献。

一方面，分数阶动态系统已被广泛研究，包括稳定性分析[10-12]、控制器设计[13-15]和离散化方案[16]，尤其是分数阶混沌系统引起了人们的广泛关注，已有许多有关分数阶混沌系统采用不同策略同步或控制的重要结果[17-20]。此外，对于具有相同阶次和相同结构的分数阶主从混沌系统的同步问题，文献[21]研究了基于滑模控制的分数阶 Chen、Liu 和 Ameodo 混沌系统的同步问题。对于结构不同、阶次相同的分数阶混沌系统，文献[22]设计了一种结合反馈控制和主动控制的分数阶混沌系统同步新方法，文献[23]和[24]针对不同结构，相同阶次的分数阶混沌系统提出了不同的同步方法。而对于结构不同、阶次不同的分数阶混沌系统，基于分数阶线性系统的稳定性理论和跟踪控制思想，文献[25]提出了处理两个不同分数阶混沌系统同步的控制方法，Wang 等[26]为不同阶次和结构的分数阶混沌系统，设计了滑模控制器。

另一方面，在许多实际工程系统中经常遇到时滞问题，如化工过程、气动系统中的长传输线[27]。已有文献表明，在动态系统中存在时间延迟常常是系统不稳定和性能下降的主要因素[28]。因此，时滞系统在过去几十年中一直是一个有吸引力的研究课题，各位学者针对各种时滞系统，研究出了不同的方法，如 T-S 模糊时滞系统[29,30]、随机时滞系统[31]、非线性时滞系统[32]、跳变时延系统[33]、神经网络时滞系统[34]、奇异时滞系统[35]以及文献中所列参考文献。此外，对于时滞混沌系统，文献[36]研究了一个耦合时滞混沌系统的同步及其在保密通信中的应用，文献[37]讨论了时滞混沌系统的同步和反同步问题，并应用于保密通信中；文献[38]研究了时滞混沌系统的自适应同步问题，而文献[39]则解决了一类不确定非线性时滞混沌系统的自适应模糊反演输出反馈控制问题。然而，上述参考文献都是针对整数阶时滞混沌系统的，而对于时滞分数阶混沌系统，其同步和混杂混合投影同步问题分别在文献[40]、[41]中得到解决。利用滑模控制方法，文献[42]研究了时滞分数阶混沌系统的同步问题，而文献[43]给出了变时滞分数阶超混沌系统的自适应滑模鲁棒控制方案。对于具有相同分数阶导数的不同分数阶时滞混沌系统，文献[44]考虑了基于主动控制的同步问题。然而，对于具有不同结构和阶次的时滞分数阶混沌系统，在考虑参数不确定性的条件下，基于自适应控制的同步结果却很少。

本章针对两个异结构异阶次的分数阶混沌系统，研究异同步问题。首先，基于主动控制及自适应控制理论提出一种混合控制策略；然后结合 Lyapunov 稳定性理论设计一种具有较强鲁棒性并且保证两个异结构异阶次分数阶混沌系统能够实现渐近同步的自适应同步控制器；最后通过数值算例验证了所提控制策略对于解决两个或多个异结构异阶次分数阶混沌系统同步问题的有效性。

9.2 补偿控制器设计

为了阐述设计过程，考虑如下两个异结构异阶次的时滞分数阶混沌系统分别作为驱动系统和响应系统，令时滞分数阶 Lorenz 混沌系统作为驱动系统

$$\begin{cases} D^{\alpha}x_1(t)=a_1(x_2-x_1(t-\tau_1)) \\ D^{\alpha}x_2(t)=c_1x_1(t-\tau_1)-x_1(t-\tau_1)x_3-x_2 \\ D^{\alpha}x_3(t)=x_1(t-\tau_1)x_2-b_1x_3 \end{cases} \tag{9.1}$$

且令时滞分数阶 Chen 系统作为响应系统

$$\begin{cases} D^{\beta}y_1(t)=a_2(y_2-y_1(t-\tau_2))+u_1(t) \\ D^{\beta}y_2(t)=(c_2-a_2)y_1(t-\tau_2)-y_1(t-\tau_2)y_3+c_2y_2+u_2(t) \\ D^{\beta}y_3(t)=y_1(t-\tau_2)y_2-b_2y_3+u_3(t) \end{cases} \tag{9.2}$$

式中，$x_1(t)$、$x_2(t)$、$x_3(t)$和 $y_1(t)$、$y_2(t)$、$y_3(t)$分别表示系统(9.1)和系统(9.2)的状态变量；a_1、b_1、c_1、a_2、b_2、c_2 是系统参数；τ_1、τ_2 是系统的时滞项；u_1、u_2、u_3 是后续要设计的控制输入。

注释 9.1 若系统(9.1)和系统(9.2)的系统参数选取为

$$a_1=10,\quad b_1=8/3,\quad c_1=28,\quad \tau_1=0.05$$

$$a_2=35,\quad b_2=3,\quad c_2=28,\quad \tau_2=0.005$$

则时滞分数阶 Lorenz 混沌系统(9.1)和时滞分数阶 Chen 混沌系统(9.2)的混沌行为如图 9.1(a)和图 9.1(b)所示。

定义 9.1 对于时滞分数阶驱动系统(9.1)和时滞分数阶响应系统(9.2)，如果存在一个控制器 $u_i(t)(i=1,2,3)$，使得式(9.3)成立：

$$\lim_{t\to\infty}\|e_i(t)\|=\lim_{t\to\infty}\|y_i(t)-x_i(t)\|=0 \tag{9.3}$$

则时滞分数阶驱动系统和响应系统达到同步。

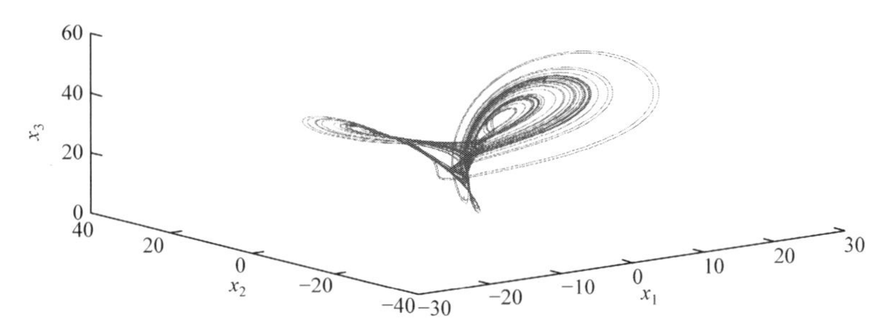

(a) 时滞分数阶Lorenz混沌系统(9.1)

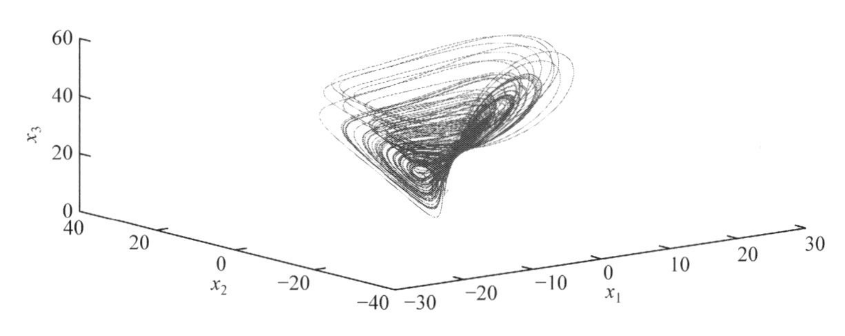

(b) 时滞分数阶Chen混沌系统(9.2)

图 9.1　时滞分数阶混沌系统的相轨迹

本章的目标是要设计一个有效的控制器 $u_i(t)(i=1,2,3)$，能够保证驱动系统和响应系统实现渐近同步。结合等式(9.1)～等式(9.3)，其误差系统描述如下：

$$\begin{cases} D^{\alpha}e_1=D^{\alpha}y_1-D^{\alpha}x_1 \\ D^{\alpha}e_2=D^{\alpha}y_2-D^{\alpha}x_2 \\ D^{\alpha}e_3=D^{\alpha}y_3-D^{\alpha}x_3 \end{cases} \tag{9.4}$$

基于分数阶微积分重要性质和等式(9.2)，可得

$$\begin{cases} D^{\alpha}y_1(t)=D^{\alpha-\beta}[D^{\beta}y_1(t)] \\ \qquad =a_2(y_2-y_1(t-\tau_2))D^{\alpha-\beta}y_1(t)+u_1(t) \\ D^{\alpha}y_2(t)=D^{\alpha-\beta}[D^{\beta}y_2(t)] \\ \qquad =[(c_2-a_2)y_1(t-\tau_2)-y_1(t-\tau_2)y_3+c_2y_2]D^{\alpha-\beta}y_2(t)+u_2(t) \\ D^{\alpha}y_3(t)=D^{\alpha-\beta}[D^{\beta}y_3(t)] \\ \qquad =(y_1(t-\tau_2)y_2-b_2y_3)D^{\alpha-\beta}y_3(t)+u_3(t) \end{cases} \tag{9.5}$$

将式(9.1)和式(9.5)代入式(9.4)，则下列等式成立：

$$\begin{cases} D^{\alpha}e_1 = a_2(y_2 - y_1(t-\tau_2))D^{\alpha-\beta}y_1(t) - a_1(x_2 - x_1(t-\tau_1)) + u_1(t) \\ D^{\alpha}e_2 = [(c_2-a_2)y_1(t-\tau_2) - y_1(t-\tau_2)y_3 + c_2y_2]D^{\alpha-\beta}y_2(t) \\ \qquad -c_1x_1(t-\tau_1) + x_1(t-\tau_1)x_3 + x_2 + u_2(t) \\ D^{\alpha}e_3 = (y_1(t-\tau_2)y_2 - b_2y_3)D^{\alpha-\beta}y_3(t) - x_1(t-\tau_1)x_2 + b_1x_3 + u_3(t) \end{cases} \tag{9.6}$$

式中,控制器 $u_i(t)(i=1,2,3)$将在后续部分设计。

接下来,基于误差系统(9.6),给出如下定理。

定理 9.1 如果控制器 $u_i(t)(i=1,2,3)$仅由补偿控制器 $w_i(t)(i=1,2,3)$构成,即 $u_i(t)=w_i(t)(i=1,2,3)$,其中补偿控制器 $w_i(t)(i=1,2,3)$设计如下:

$$\begin{cases} w_1 = -e_1 - a_2(y_2 - y_1(t-\tau_2))D^{\alpha-\beta}y_1(t) + a_2(y_2 - y_1(t-\tau_2)) \\ \qquad -\tilde{a}_2(y_2 - y_1(t-\tau_2)) + \tilde{a}_1(x_2 - x_1(t-\tau_1)) \\ w_2 = -e_2 - [(c_2-a_2)y_1(t-\tau_2) - y_1(t-\tau_2)y_3 + c_2y_2]D^{\alpha-\beta}y_2(t) + \tilde{c}_1x_1(t-\tau_1) \\ \qquad -x_1(t-\tau_1)x_3 - x_2 + (c_2-a_2)y_1(t-\tau_2) - (\tilde{c}_2-\tilde{a}_2)y_1(t-\tau_2) + c_2y_2 - \tilde{c}_2y_2 \\ w_3 = -e_3 - (y_1(t-\tau_2)y_2 - b_2y_3)D^{\alpha-\beta}y_3(t) + x_1(t-\tau_1)x_2 - \tilde{b}_1x_3 - b_2y_3 + \tilde{b}_2y_3 \end{cases} \tag{9.7}$$

式中,$\tilde{a}_1$、$\tilde{b}_1$、$\tilde{c}_1$、$\tilde{a}_2$、$\tilde{b}_2$、$\tilde{c}_2$ 表示系统参数 a_1、b_1、c_1、a_2、b_2、c_2 的估计值。则系统(9.1)与系统(9.2)能够实现渐近同步。

证明 基于式(9.7),误差系统(9.6)等价于

$$\begin{cases} D^{\alpha}e_1 = -e_1 + \hat{a}_2(y_2 - y_1(t-\tau_2)) - \hat{a}_1(x_2 - x_1(t-\tau_1)) \\ D^{\alpha}e_2 = -e_2 - \hat{c}_1x_1(t-\tau_1) + (\hat{c}_2 - \hat{a}_2)y_1(t-\tau_2) + \hat{c}_2y_2 \\ D^{\alpha}e_3 = -e_3 + \hat{b}_1x_3 - \hat{b}_2y_3 \end{cases} \tag{9.8}$$

式中,$\hat{a}_1=a_1-\tilde{a}_1$,$\hat{b}_1=b_1-\tilde{b}_1$,$\hat{c}_1=c_1-\tilde{c}_1$,$\hat{a}_2=a_2-\tilde{a}_2$,$\hat{b}_2=b_2-\tilde{b}_2$,$\hat{c}_2=c_2-\tilde{c}_2$ 为参数自适应律。

构造如下 Lyapunov 函数:

$$V = \frac{1}{2}(e_i^{\mathrm{T}}e_i + \hat{a}_1^{\mathrm{T}}\hat{a}_1 + \hat{a}_2^{\mathrm{T}}\hat{a}_2 + \hat{b}_1^{\mathrm{T}}\hat{b}_1 + \hat{b}_2^{\mathrm{T}}\hat{b}_2 + \hat{c}_1^{\mathrm{T}}\hat{c}_1 + \hat{c}_2^{\mathrm{T}}\hat{c}_2) \tag{9.9}$$

对 V 关于时间 t 求 α 阶次导数,可得

$$\begin{aligned} D^{\alpha}V = & e_1D^{\alpha}e_1 + e_2D^{\alpha}e_2 + e_3D^{\alpha}e_3 + \hat{a}_1D^{\alpha}\hat{a}_1 \\ & + \hat{a}_2D^{\alpha}\hat{a}_2 + \hat{b}_1D^{\alpha}\hat{b}_1 + \hat{b}_2D^{\alpha}\hat{b}_2 + \hat{c}_1D^{\alpha}\hat{c}_1 + \hat{c}_2D^{\alpha}\hat{c}_2 \end{aligned} \tag{9.10}$$

为了满足 V 是正定对称的函数且 $D^{\alpha}V$ 是负定的,设计参数自适应律如下:

$$\begin{aligned} & D^{\alpha}\hat{a}_1 = e_1x_2 - e_1x_1(t-\tau_1) \\ & D^{\alpha}\hat{a}_2 = -e_1(y_2 - y_1(t-\tau_2)) + e_2y_1(t-\tau_2) \\ & D^{\alpha}\hat{b}_1 = -e_3x_3, \quad D^{\alpha}\hat{b}_2 = e_3y_3 \\ & D^{\alpha}\hat{c}_1 = e_2x_1(t-\tau_1), \quad D^{\alpha}\hat{c}_2 = -e_2y_1(t-\tau_2) - e_2y_2 \end{aligned} \tag{9.11}$$

结合式(9.8)、式(9.10)和式(9.11)可得

$$D^{\alpha}V=-e_1^2-e_2^2-e_3^2<0 \tag{9.12}$$

因为V是一个正定对称的函数且$D^{\alpha}V$是一个负定对称的函数,所以可以说系统(9.1)与系统(9.2)在控制器(9.7)的作用下能够实现渐近同步。

注释 9.2　在定理 9.1 中,如图 9.2 所示,控制器$u_i(t)(i=1,2,3)$单独由补偿控制器$w_i(t)(i=1,2,3)$构成,即$u_i(t)=w_i(t)$,尽管能够保证误差系统(9.6)渐近稳定,然而在控制器$u_i(t)=w_i(t)$的作用下,其系统的动态与稳态性能不如预期,在数值仿真部分,将给出详细的阐述。

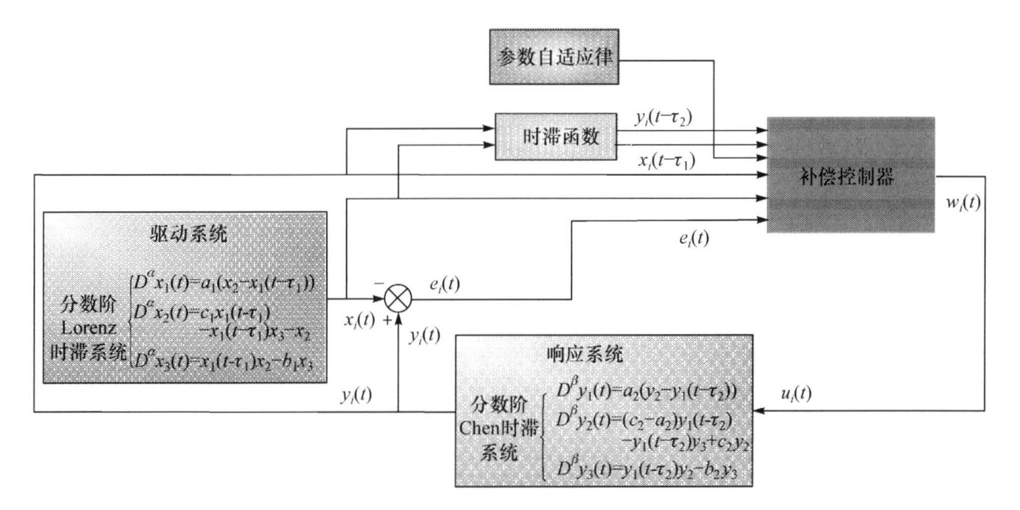

图 9.2　在控制器$u_i(t)=w_i(t)$作用下的控制系统描述

9.3　优化控制器设计

定理 9.2　如果控制器$u_i(t)(i=1,2,3)$由补偿控制器$w_i(t)(i=1,2,3)$和优化控制器$v_i(t)(i=1,2,3)$两部分构成,即$u_i(t)=w_i(t)+v_i(t)(i=1,2,3)$,其中补偿控制器$w_i(t)(i=1,2,3)$同式(9.7),同时优化控制器设计如下:

$$v_i(t)=-k_i\varphi_i(t)|e_i(t)|\mathrm{sgn}(e_i(t)),\quad i=1,2,3 \tag{9.13}$$

$$D^{\alpha}\varphi_i(t)=m_ic_i|e_i|,\quad \varphi_i(0)>0,\quad i=1,2,3 \tag{9.14}$$

式中,$m_i>0$,$c_i>0$且$k_i\geqslant1$是常数;$\varphi_i(t)$是自适应函数。

结合式(9.7)、式(9.13)和式(9.14)可得

$$
\begin{cases}
u_1=-e_1-a_2(y_2-y_1(t-\tau_2))D^{\alpha-\beta}y_1(t)+a_2(y_2-y_1(t-\tau_2)) \\
\quad -\tilde{a}_2(y_2-y_1(t-\tau_2))+\tilde{a}_1(x_2-x_1(t-\tau_1))-k_1\varphi_1(t)|e_1(t)|\operatorname{sgn}(e_1(t)) \\
u_2=-e_2-[(c_2-a_2)y_1(t-\tau_2)-y_1(t-\tau_2)y_3+c_2y_2]D^{\alpha-\beta}y_2(t)+\tilde{c}_1x_1(t-\tau_1) \\
\quad -x_1(t-\tau_1)x_3-x_2+(c_2-a_2)y_1(t-\tau_2)-(\tilde{c}_2-\tilde{a}_2)y_1(t-\tau_2) \\
\quad +c_2y_2-\tilde{c}_2y_2-k_2\varphi_2(t)|e_2(t)|\operatorname{sgn}(e_2(t)) \\
u_3=-e_3-(y_1(t-\tau_2)y_2-b_2y_3)D^{\alpha-\beta}y_3(t)+x_1(t-\tau_1)x_2 \\
\quad -\tilde{b}_1x_3-b_2y_3+\tilde{b}_2y_3-k_3\varphi_3(t)|e_3(t)|\operatorname{sgn}(e_3(t))
\end{cases}
\tag{9.15}
$$

则误差系统(9.6)能够实现渐近稳定，换句话说，驱动系统(9.1)和响应系统(9.2)的状态能够实现渐近同步。

注释 9.3 式(9.14)中的 m_i、c_i 是更新律 $\varphi_i(t)$ 的增益，从式(9.14)可以看出，更新律与 m_i 和 c_i 的值是成正比的，这意味着更新参数 $\varphi_i(t)$ 会随着 m_i 和 c_i 值的增大而增大，这非常贴合系统的动力学特性。然而，基于式(9.13)可知，$\varphi_i(t)$ 越大，控制成本就越大。因此，需要考虑在系统动态和控制成本之间做出权衡。

证明 首先，选取如下 Lyapunov 函数：

$$
V=\frac{1}{2}(e^{\mathrm{T}}e+\hat{a}_1^{\mathrm{T}}\hat{a}_1+\hat{a}_2^{\mathrm{T}}\hat{a}_2+\hat{b}_1^{\mathrm{T}}\hat{b}_1+\hat{b}_2^{\mathrm{T}}\hat{b}_2+\hat{c}_1^{\mathrm{T}}\hat{c}_1+\hat{c}_2^{\mathrm{T}}\hat{c}_2) \tag{9.16}
$$

对 V 关于时间 t 求 α 阶次导数，可得

$$
\begin{aligned}
D^\alpha V=&e_1D^\alpha e_1+e_2D^\alpha e_2+e_3D^\alpha e_3+\hat{a}_1D^\alpha\hat{a}_1 \\
&+\hat{a}_2D^\alpha\hat{a}_2+\hat{b}_1D^\alpha\hat{b}_1+\hat{b}_2D^\alpha\hat{b}_2+\hat{c}_1D^\alpha\hat{c}_1+\hat{c}_2D^\alpha\hat{c}_2
\end{aligned} \tag{9.17}
$$

式中，$D^\alpha e_i(t)$ $(i=1,2,3)$ 同式(9.6)；$D^\alpha\hat{a}_1$、$D^\alpha\hat{a}_2$、$D^\alpha\hat{b}_1$、$D^\alpha\hat{b}_2$、$D^\alpha\hat{c}_1$、$D^\alpha\hat{c}_2$ 同式(9.11)；$u_i(t)$ $(i=1,2,3)$ 同式(9.15)。

基于式(9.6)、式(9.11)、式(9.15)和式(9.17)，可得

$$
D^\alpha V=-\sum_{i=1}^{3}e_i^2-\sum_{i=1}^{3}k_i\varphi_i(t)\ |\ e_i\ |^2<0 \tag{9.18}
$$

因为 V 是一个正定对称的函数且 $D^\alpha V$ 是一个负定对称的函数，因此系统(9.1)与系统(9.2)的状态轨迹能够实现渐近同步。

注释 9.4 尽管在控制器 $u_i(t)=w_i(t)$ 的作用下，能够解决分数阶误差系统的镇定问题，然而考虑到在实际工程应用中，系统的动态与稳态性能需要满足一定高度，因此设计了一个由补偿控制器 $w_i(t)$ $(i=1,2,3)$ 和优化控制器 $v_i(t)$ $(i=1,2,3)$ 构成的混合控制器，其新控制器的构成如图 9.3 所示。在数值仿真部分，将通过对仿真结果进行分析与比较来阐述所提控制策略的优越性。

注释 9.5 上述所提方法对于同步同结构同阶次分数阶时滞系统、异结构同阶次分数阶时滞系统以及同结构异阶次分数阶时滞系统都是行之有效的。

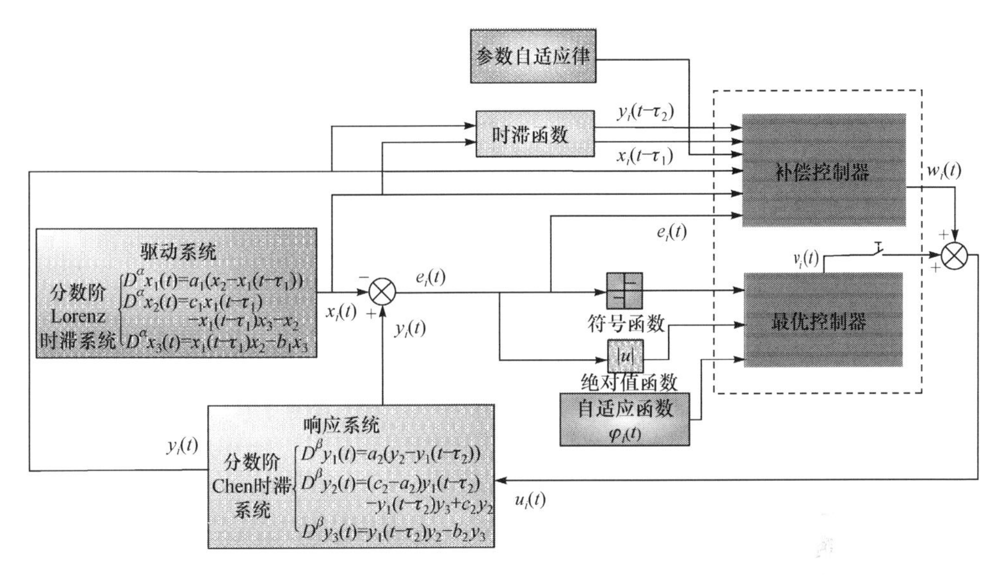

图 9.3　在控制器 $u_i(t)=w_i(t)+v_i(t)$ 作用下的控制系统描述

注释 9.6　当时滞参数 $\tau_1=\tau_2=0$ 时，异结构异阶次分数阶时滞系统的同步问题就简化为分数阶系统的同步问题。

注释 9.7　在实际系统中，系统的模型不确定和外部扰动是无法避免的。因此，当考虑在系统中加入模型不确定项 $\Delta f(x)$、$\Delta f(y)$ 和外部扰动项 $d^x(t)$、$d^y(t)$ 时，通过仿真可知，其所提控制策略依然是行之有效的，这也从侧面验证了所提控制策略具有较强的鲁棒性。

9.4　仿真算例

9.4.1　补偿控制器作用下的仿真算例

本节将通过 MATLAB-Simulink 来验证所提控制策略的有效性。

首先，分别给出控制器在方案 1 和方案 2 下两种不同情形设计下的仿真结果。其次，通过比较方案 1 和方案 2 下的仿真结果，给出分析结果。为了展现所提方法的鲁棒性，系统中的模型不确定和外部扰动项选取如下：

$$\Delta f(x)+d^x(t)=\begin{cases}\Delta f_1(x)+d_1^x(t)=0.2\sin(x_1x_2)+0.3\cos(2t)\\ \Delta f_2(x)+d_2^x(t)=0.2\sin x_2^2+0.2\sin t\\ \Delta f_3(x)+d_3^x(t)=0.2\cos(2x_2x_3)+0.3\sin t\end{cases}$$

方案 1　当 $u_i(t)=w_i(t)(i=1,2,3)$ 时，选取初始条件如下：

$$x_1(0)=1,\quad x_2(0)=1,\quad x_3(0)=8,\quad y_1(0)=1,\quad y_2(0)=0.5,\quad y_3(0)=10$$
$$\alpha=0.98,\quad \beta=0.95,\quad a_1=10,\quad b_1=8/3,\quad c_1=28$$
$$a_2=35,\quad b_2=3,\quad c_2=28,\quad \hat{a}_1(0)=5,\quad \hat{b}_1(0)=3,\quad \hat{c}_1(0)=3$$
$$\hat{a}_2(0)=5,\quad \hat{b}_2(0)=3,\quad \hat{c}_2(0)=3$$

仿真结果如图 9.4～图 9.6 所示，其中图 9.4 展现了误差系统(9.6)的状态轨迹。从图中可以看出，误差系统的状态轨迹在控制器(9.7)作用下能够实现收敛至零点。同时，图 9.5、图 9.6 分别给出了参数自适应律 $\hat{a}_1$、$\hat{b}_1$、$\hat{c}_1$ 和 $\hat{a}_2$、$\hat{b}_2$、$\hat{c}_2$。

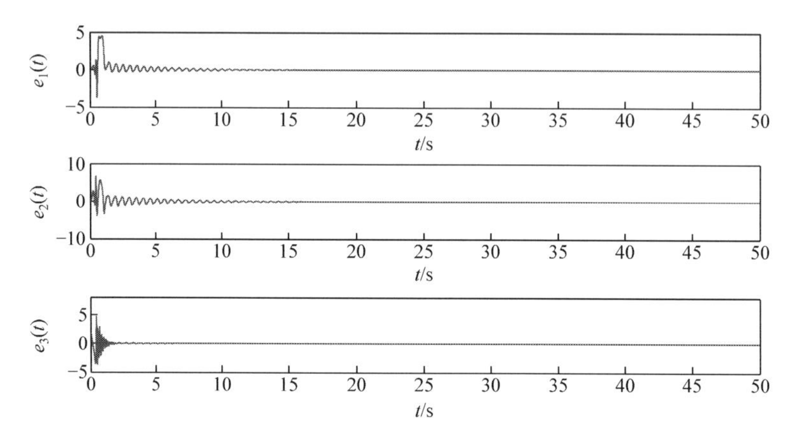

图 9.4　误差系统(9.6)的状态轨迹 $e_i(t)(i=1,2,3)$

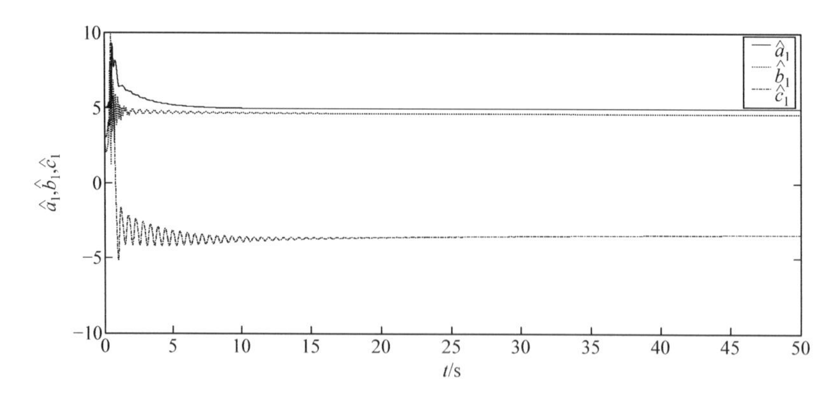

图 9.5　参数自适应律 $\hat{a}_1$、$\hat{b}_1$、$\hat{c}_1$

9.4.2　优化控制器作用下的仿真算例

方案 2　当 $u_i(t)=w_i(t)+v_i(t)(i=1,2,3)$时，选取方案 1 中的初始条件，同时选取

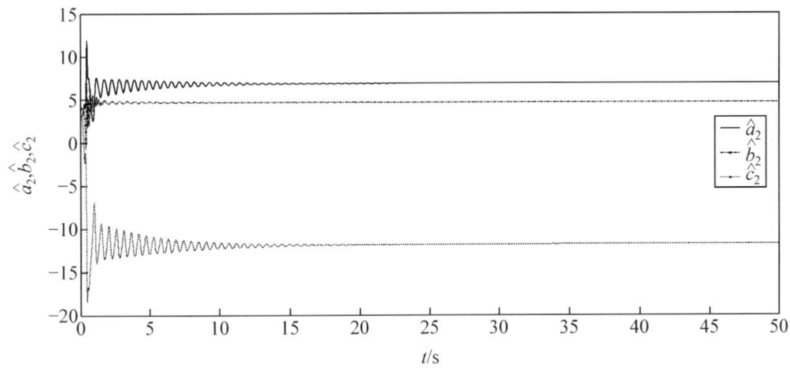

图 9.6 参数自适应律 $\hat{a}_2$、$\hat{b}_2$、$\hat{c}_2$

$$m_1=m_2=m_3=2$$

$$k_1=k_2=k_3=3$$

为了展现方案 2 中混合控制器设计的优越性，给出了如图 9.7～图 9.9 所示的仿真结果。同时，给出表 9.1 和表 9.2 用于分析和比较目标系统在控制器作用下的动态性能和稳态性能。

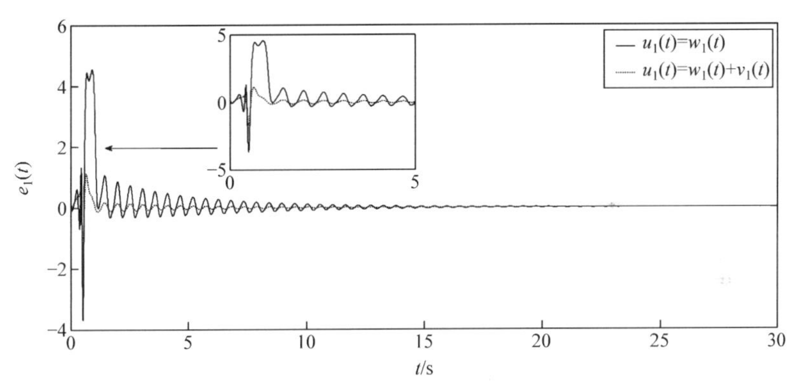

图 9.7 误差系统的状态轨迹 $e_1(t)$

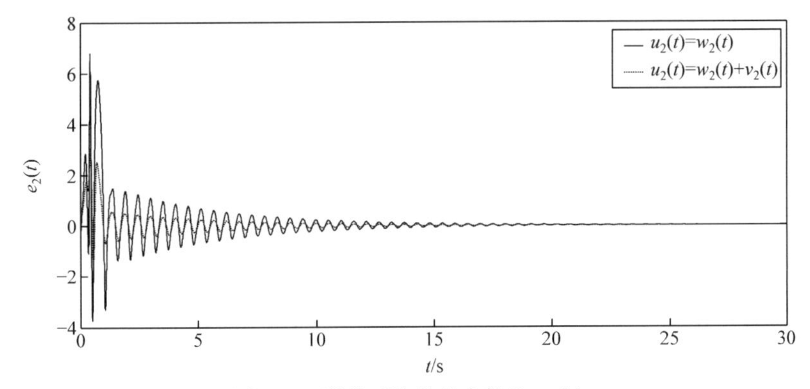

图 9.8 误差系统的状态轨迹 $e_2(t)$

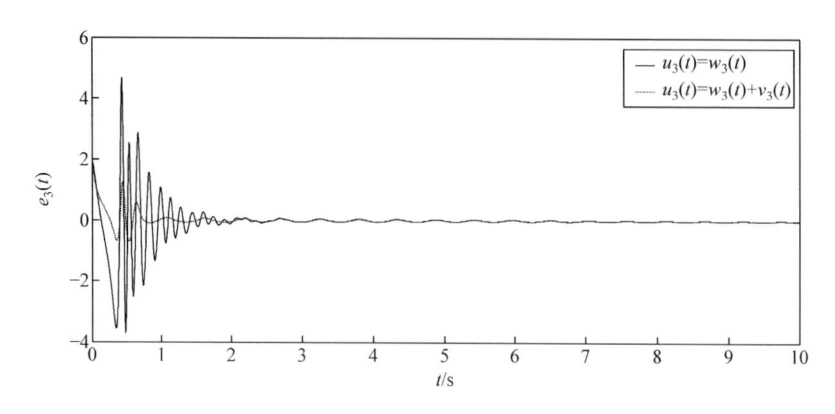

图 9.9 误差系统的状态轨迹 $e_3(t)$

就上述仿真结果而言，图 9.4～图 9.9 体现了两种方案下控制器 $u_i(t)=w_i(t)$ 和 $u_i(t)=w_i(t)+v_i(t)$ 对于解决时滞分数阶混沌系统同步问题的可行性和有效性。然而，通过对比分析表 9.1 和表 9.2 可知，相比方案 1，在控制器 $u_i(t)=w_i(t)+v_i(t)$ 作用下，系统拥有更好的动态性能和稳态性能，这也更能满足实际工程中的高性能要求。

表 9.1 在控制器 $u_i(t)=w_i(t)$ 作用下误差系统的动态性能与稳态性能

误差动态 \ 性能指标	上升时间/s	调节时间/s	峰值
$e_1(t)$	0.032	17.88	4.803
$e_2(t)$	0.027	21.059	7.09
$e_3(t)$	0.236	8.1269	2.477

表 9.2 在控制器 $u_i(t)=w_i(t)+v_i(t)$ 作用下误差系统的动态性能与稳态性能

误差动态 \ 性能指标	上升时间/s	调节时间/s	峰值
$e_1(t)$	0.026	9.6	1.126
$e_2(t)$	0.022	16.7	3.076
$e_3(t)$	0.25	7.62	2

9.5 本章小结

本章针对两个具有不同结构不同阶次的时滞分数阶混沌系统，研究了分数阶混沌系统的异同步问题。首先基于主动控制和自适应控制理论提出了一种混合控制策略;然后设计了一种由补偿控制器和优化控制器构成的混合控制器,所设计的控制器不仅能够保证分数阶误差系统的渐近稳定,还能进一步提高分数阶误差系统的动态性能和稳态性能,其应用特点也更加贴合实际工程的需求;最后通过数值算例验证了所提同步策略对于解决一类具有不同结构不同阶次的分数阶混沌系统的投影同步问题的有效性以及混合控制器的优越性。

参考文献

[1] Liu Y J, Zheng Y Q. Adaptive robust fuzzy control for a class of uncertain chaotic systems [J]. Nonlinear Dynamics, 2009, 57(3): 431-439.

[2] Liu Y J, Wang Z F. Adaptive fuzzy controller design of nonlinear systems with unknown gain sign[J]. Nonlinear Dynamics, 2009, 58(4): 687-695.

[3] Lin D, Wang X. Self-organizing adaptive fuzzy neural control for the synchronization of uncertain chaotic systems with random-varying parameters[J]. Neurocomputing, 2011, 74(12-13): 2241-2249.

[4] Ge C, Zhang W, Li W, et al. Improved stability criteria for synchronization of chaotic Lur'e systems using sampled-data control[J]. Neurocomputing, 2015, 151(8): 215-222.

[5] Agrawal S K, Srivastava M, Das S. Synchronization of fractional order chaotic systems using active control method[J]. Chaos, Solitons & Fractals, 2012, 45(6): 737-752.

[6] Wang X, Zhang X, Ma C. Modified projective synchronization of fractional-order chaotic systems via active sliding mode control[J]. Nonlinear Dynamics, 2012, 69(1-2): 511-517.

[7] Andrew L Y T, Li X F, Chu Y D, et al. A novel adaptive-impulsive synchronization of fractional-order chaotic systems[J]. Chinese Physics B, 2015, 24(10): 86-92.

[8] Bouzeriba A, Boulkroune A, Bouden T. Fuzzy adaptive synchronization of uncertain fractional-order chaotic systems[J]. International Journal of Machine Learning and Cybernetics, 2016, 7(5): 893-908.

[9] Peng G, Jiang Y. Generalized projective synchronization of fractional order chaotic systems[J]. Physica A: Statistical Mechanics and Its Applications, 2008, 387(14): 3738-3746.

[10] Chen Y Q, Moore K L. Analytical stability bound for a class of delayed fractional-order dynamic systems[J]. Nonlinear Dynamics, 2001, 29(1): 1421-1426.

[11] Lu J G, Chen Y Q. Robust stability and stabilization of fractional-order interval systems with the fractional order α: The $0<\alpha<1$ case[J]. IEEE Transactions on Automatic Control, 2010, 55(1): 152-158.

[12] Li Y, Chen Y Q, Podlubny I. Mittag-Leffler stability of fractional order nonlinear dynamic systems[J]. Automatica, 2009, 45(8): 1965-1969.

[13] Yin C, Cheng Y, Chen Y Q, et al. Adaptive fractional-order switching-type control method design for 3D fractional-order nonlinear systems[J]. Nonlinear Dynamics, 2015, 82(1): 1-14.

[14] Lan Y H, Zhou Y. Non-fragile observer-based robust control for a class of fractional-order

nonlinear systems[J]. Systems & Control Letters,2013,62(12):1143-1150.

[15] Lan Y H. Iterative learning control with initial state learning for fractional order nonlinear systems[J]. Computers & Mathematics with Applications,2012,64(10):3210-3216.

[16] Chen Y Q,Moore K L. Discretization schemes for fractional-order differentiators and integrators[J]. IEEE Transactions on Circuits and Systems Ⅰ:Fundamental Theory and Applications,2002,49(3):363-367.

[17] Sugawa M. Synchronization of fractional-order chaotic systems using active control[J]. Chaos,Solitons & Fractals,2012,45(6):737-752.

[18] Leung A Y T,Li X F,Chu Y D,et al. Synchronization of fractional-order chaotic systems using unidirectional adaptive full-state linear error feedback coupling[J]. Nonlinear Dynamics,2015,82(1-2):185-199.

[19] Boulkroune A,Bouzeriba A,Bouden T. Fuzzy qeneralized projective synchronization of in commensurate fractional-order chaotic systems [J]. Neurocomputing, 2016, 173 (p3): 606-614.

[20] Wang S,Yu Y,Wen G. Hybrid projective synchronization of time-delayed fractional order chaotic systems[J]. Nonlinear Analysis Hybrid Systems,2014,11(1):129-138.

[21] Pan G,Wei J. Design of an adaptive sliding mode controller for synchronization of fractional-order chaotic systems[J]. Acta Physica Sinica,2015,64(4):040505.

[22] Zhang R X,Yang S P. Synchronization of fractional-order chaotic systems with different structures[J]. Acta Physica Sinica,2008,57(11):6852-6858.

[23] Zhang R,Yang S. Robust synchronization of two different fractional-order chaotic systems with unknown parameters using adaptive sliding mode approach[J]. Nonlinear Dynamics, 2013,71(1-2):269-278.

[24] Pan L,Zhou W,Zhou L,et al. Chaos synchronization between two different fractional-order hyperchaotic systems[J]. Communications in Nonlinear Science and Numerical Simulation, 2011,16(6):2628-2640.

[25] Wang Z,Huang X,Zhao Z. Synchronization of nonidentical chaotic fractional-order systems with different orders of fractional derivatives [J]. Nonlinear Dynamics, 2012, 69 (3): 999-1007.

[26] Wang Z,Huang X,Lu J. Sliding mode synchronization of chaotic and hyperchaotic systems with mismatched fractional derivatives[J]. Transactions of the Institute of Measurement & Control,2013,35(6):713-719.

[27] Hale J K. Theory of Functional Differential Equations [M]. New York: Springer-Verlag,1997.

[28] Richard J P. Time-delay systems:An overview of some recent advances and open problems[J]. Automatica,2003,39(10):1667-1694.

[29] Su X,Peng S,Wu L,et al. Reliable filtering with strict dissipativity for T-S fuzzy time-delay systems[J]. IEEE Transactions on Cybernetics,2014,44(12):2470-2483.

[30] Gao Q, Feng G, Xi Z, et al. Robust H-infinity control of T-S fuzzy time-delay systems via a new sliding-mode control scheme[J]. IEEE Transactions on Fuzzy Systems, 2014, 22(2): 459-465.

[31] Wang Z, Shen B, Shu H, et al. Quantized control for nonlinear stochastic time-delay systems with missing measurements[J]. IEEE Transactions on Automatic Control, 2012, 57(6): 1431-1444.

[32] Zhang Z, Xu S, Zhang B, et al. Exact tracking control of nonlinear systems with time delays and dead-zone input[J]. Automatica, 2015, 52(52): 272-276.

[33] Shen H, Chu Y, Xu S, et al. Delay-dependent H_∞ control for jumping delayed systems with two Markov processes[J]. International Journal of Control, Automation and Systems, 2011, 9(3): 437-441.

[34] Zhang B, Xu S, Lam J. Relaxed passivity conditions for neural networks with time-varying delays[J]. Neurocomputing, 2014, 142(1): 299-306.

[35] Xu S, Lam J. Robust stability for uncertain discrete singular systems with state delay[J]. Asian Journal of Control, 2003, 5(3): 399-405.

[36] Peng J, Liao X F, Zhong W U, et al. Synchronization of a coupled time-delay chaotic system and its application to secure communications[J]. Journal of Computer Research and Development, 2003, (2): 1-6.

[37] Jin X U, Yan J I, Tong C B. Synchronization and anti-synchronization of time-delay chaotic system and its application to secure communication[J]. Journal of Computer Applications, 2010, 30(9): 2413-2416.

[38] Liu G G. Adaptive synchronization for time-delay chaotic system with unknown parameter[J]. Journal of Circuits & Systems, 2008, 13(1): 106-109.

[39] Etedali N, Shabaninia F. Fuzzy adaptive output of a class of uncertain time delay chaotic system[J]. Nonlinear Studies, 2013, 20(1): 85.

[40] Tang J, Zou C, Zhao L. Chaos synchronization of fractional order time-delay Chen system and its application in secure communication[J]. Journal of Convergence Information Technology, 2012, 7(2): 124-131.

[41] Yang L X, Jiang J. Hybrid projective synchronization of fractional-order chaotic systems with time delay[J]. Discrete Dynamics in Nature & Society, 2013, 2013(3): 485-506.

[42] Yoon J, Lee S. Sliding-mode synchronization control for uncertain fractional-order chaotic systems with time delay[J]. Entropy, 2015, 17(6): 4202-4214.

[43] Wu X L, Liu J, Zhang J H, et al. Synchronizing a class of uncertain and variable time-delay fractional-order hyper-chaotic systems by adaptive sliding robust mode control[J]. Acta Physica Sinica, 2014, 63(16): 160507.

[44] Tang J. Synchronization of different fractional order time-delay chaotic systems using active control[J]. Mathematical Problems in Engineering, 2014, 805-806(11): 1-11.

第10章　分数阶混沌系统控制与同步的应用

10.1　引　言

本章主要讨论分数阶混沌系统控制与同步的应用问题，第一部分研究分数阶混沌系统的同步在保密通信领域中的应用问题。首先介绍一种解决两个异结构异阶次的分数阶混沌系统实现多切换同步的控制策略；然后基于 Lyapunov 稳定理论设计能够保证分数阶误差系统渐近稳定的自适应同步控制器；最后结合多切换同步策略设计保密通信方案，并通过仿真算例验证异结构异阶次分数阶混沌系统多切换同步在保密通信领域中应用的可行性及有效性。第二部分针对具有模型不确定性和外部扰动的分数阶永磁同步电机混沌系统，基于有限时间策略，研究滑模控制器的设计问题。首先设计一个新的整数阶非奇异终端滑模面，并用 Lyapunov 定理证明它的有限时间稳定性；然后给出一种新的分数阶非奇异终端模糊滑模控制器来镇定分数阶永磁同步电机混沌系统；最后仿真结果验证所提方法的有效性。

10.2　基于异结构异阶次分数阶混沌系统多切换同步的保密通信

10.2.1　同步控制器设计

为了阐述设计过程，考虑如下两个异结构异阶次的分数阶混沌系统分别作为驱动系统和响应系统。首先，选取分数阶 Lorenz 混沌系统作为驱动系统

$$\begin{cases} D^{\alpha}x_1(t)=a_1(x_2(t)-x_1(t)) \\ D^{\alpha}x_2(t)=c_1x_1(t)-x_1(t)x_3(t)-x_2(t) \\ D^{\alpha}x_3(t)=x_1(t)x_2(t)-b_1x_3(t) \end{cases} \tag{10.1}$$

同时，选取分数阶 Chen 混沌系统作为响应系统

$$\begin{cases} D^{\beta}y_1(t)=a_2(y_2(t)-y_1(t))+u_{i1}(t) \\ D^{\beta}y_2(t)=(c_2-a_2)y_1(t)-y_1(t)y_3(t)+c_2y_2(t)+u_{i2}(t) \\ D^{\beta}y_3(t)=y_1(t)y_2(t)-b_2y_3(t)+u_{i3}(t) \end{cases} \tag{10.2}$$

式中，$x_1(t)$、$x_2(t)$、$x_3(t)$和 $y_1(t)$、$y_2(t)$、$y_3(t)$分别表示系统(10.1)和系统(10.2)的状态向量；u_{i1}、u_{i2}、u_{i3}($i=1,2,\cdots,6$)是后续要设计的控制输入。

定义 10.1[1]　如果下列方程成立：

$$\lim_{t\to\infty}\| y_i(t)-x_j(t)\| =0,\quad i=j=1,2,3 \tag{10.3}$$

式中，$\|\cdot\|$ 是矩阵范数。则系统(10.1)与系统(10.2)是同步的。

定义 10.2[1]　如果与定义 10.1 相关联的误差状态重新定义如下：

$$\lim_{t\to\infty}\| y_i(t)-x_j(t)\| =0 \tag{10.4}$$

式中，$i=j$ 或者 $i\neq j$。则系统(10.1)与系统(10.2)是多切换同步的。

对于驱动-响应系统(10.1)和(10.2)，存在几种可能的切换律。这里，首先列出如下几种切换模式；其次，详细给出在不同切换模式下的同步控制器设计方法。

切换模式 1。误差形式定义如下：

$$\begin{cases} e_{11}(t)=y_1(t)-x_1(t) \\ e_{12}(t)=y_2(t)-x_2(t) \\ e_{13}(t)=y_3(t)-x_3(t) \end{cases} \tag{10.5}$$

切换模式 2。误差形式定义如下：

$$\begin{cases} e_{21}(t)=y_1(t)-x_2(t) \\ e_{22}(t)=y_2(t)-x_3(t) \\ e_{23}(t)=y_3(t)-x_1(t) \end{cases} \tag{10.6}$$

切换模式 3。误差形式定义如下：

$$\begin{cases} e_{31}(t)=y_1(t)-x_3(t) \\ e_{32}(t)=y_2(t)-x_1(t) \\ e_{33}(t)=y_3(t)-x_2(t) \end{cases} \tag{10.7}$$

切换模式 4。误差形式定义如下：

$$\begin{cases} e_{41}(t)=y_1(t)-x_1(t) \\ e_{42}(t)=y_2(t)-x_3(t) \\ e_{43}(t)=y_3(t)-x_2(t) \end{cases} \tag{10.8}$$

切换模式 5。误差形式定义如下：

$$\begin{cases} e_{51}(t)=y_1(t)-x_2(t) \\ e_{52}(t)=y_2(t)-x_1(t) \\ e_{53}(t)=y_3(t)-x_3(t) \end{cases} \tag{10.9}$$

切换模式 6。误差形式定义如下：

$$\begin{cases} e_{61}(t)=y_1(t)-x_3(t) \\ e_{62}(t)=y_2(t)-x_2(t) \\ e_{63}(t)=y_3(t)-x_1(t) \end{cases} \tag{10.10}$$

为了介绍所提及的切换律，接下来详细地阐述在不同切换律下控制器的设计过程。

切换模式 1　在切换律 1 模式下，驱动系统(10.1)和响应系统(10.2)之间的误差动态可描述如下：

$$\begin{cases} D^{\alpha}e_{11}(t)=D^{\alpha}y_1(t)-D^{\alpha}x_1(t) \\ D^{\alpha}e_{12}(t)=D^{\alpha}y_2(t)-D^{\alpha}x_2(t) \\ D^{\alpha}e_{13}(t)=D^{\alpha}y_3(t)-D^{\alpha}x_3(t) \end{cases} \tag{10.11}$$

基于分数阶微积分的重要性质及式(10.2)，可得

$$\begin{cases} D^{\alpha}y_1(t)=D^{\alpha-\beta}[D^{\beta}y_1(t)] \\ \qquad =a_2(y_2(t)-y_1(t))D^{\alpha-\beta}y_1(t)+u_{i1}(t) \\ D^{\alpha}y_2(t)=D^{\alpha-\beta}[D^{\beta}y_2(t)] \\ \qquad =[(c_2-a_2)y_1(t)-y_1(t)y_3(t)+c_2y_2(t)]D^{\alpha-\beta}y_2(t)+u_{i2}(t) \\ D^{\alpha}y_3(t)=D^{\alpha-\beta}[D^{\beta}y_3(t)] \\ \qquad =(y_1(t)y_2(t)-b_2y_3(t))D^{\alpha-\beta}y_3(t)+u_{i3}(t) \end{cases} \tag{10.12}$$

因此，将式(10.1)和式(10.12)代入式(10.11)，可得

$$\begin{cases} D^{\alpha}e_{11}(t)=a_2(y_2(t)-y_1(t))D^{\alpha-\beta}y_1(t) \\ \qquad -a_1(x_2(t)-x_1(t))+u_{11}(t) \\ D^{\alpha}e_{12}(t)=[(c_2-a_2)y_1(t)-y_1(t)y_3(t)+c_2y_2(t)]D^{\alpha-\beta}y_2(t) \\ \qquad -c_1x_1(t)+x_1(t)x_3(t)+x_2(t)+u_{12}(t) \\ D^{\alpha}e_{13}(t)=(y_1y_2-b_2y_3)D^{\alpha-\beta}y_3(t) \\ \qquad -x_1(t)x_2(t)+b_1x_3(t)+u_{13}(t) \end{cases} \tag{10.13}$$

现在，基于误差动态(10.13)，给出如下定理。

定理 10.1　考虑上述分数阶误差系统(10.13)，如果控制器 $u_{1i}(t)(i=1,2,3)$ 设计如下：

$$\begin{cases} u_{11}(t)=-e_{11}(t)-a_2(y_2(t)-y_1(t))D^{\alpha-\beta}y_1(t)+a_2(y_2(t)-y_1(t)) \\ \qquad -\tilde{a}_2(y_2(t)-y_1(t))+\tilde{a}_1(x_2(t)-x_1(t))-a_1(x_2(t)-x_1(t)) \\ u_{12}(t)=-e_{12}(t)-[(c_2-a_2)y_1(t)-y_1(t)y_3(t)+c_2y_2(t)]D^{\alpha-\beta}y_2(t) \\ \qquad +\tilde{c}_1x_1(t)-x_1(t)x_3(t)-x_2(t)+(c_2-a_2)y_1(t)-(\tilde{c}_2-\tilde{a}_2)y_1(t) \\ \qquad +c_2y_2(t)-\tilde{c}_2y_2(t) \\ u_{13}(t)=-e_{13}(t)-(y_1(t)y_2(t)-b_2y_3(t))D^{\alpha-\beta}y_3(t)+x_1(t)x_2(t)-\tilde{b}_1x_3(t) \\ \qquad -b_2y_3(t)+\tilde{b}_2y_3(t) \end{cases} \tag{10.14}$$

式中，$\tilde{a}_1$、$\tilde{b}_1$、$\tilde{c}_1$、$\tilde{a}_2$、$\tilde{b}_2$、$\tilde{c}_2$ 表示系统参数 a_1、b_1、c_1、a_2、b_2、c_2 的估计值。则驱动系统(10.1)与响应系统(10.2)能够实现多切换同步。

证明　在控制器(10.14)作用下，分数阶误差系统(10.13)可等价为

$$\begin{cases} D^{\alpha}e_{11}(t)=-e_{11}(t)+\hat{a}_2(y_2(t)-y_1(t))-\hat{a}_1(x_2(t)-x_1(t)) \\ D^{\alpha}e_{12}(t)=-e_{12}(t)-\hat{c}_1x_1(t)+(\hat{c}_2-\hat{a}_2)y_1(t)+\hat{c}_2y_2(t) \\ D^{\alpha}e_{13}(t)=-e_{13}(t)+\hat{b}_1x_3(t)-\hat{b}_2y_3(t) \end{cases} \tag{10.15}$$

式中，$\hat{a}_1$、$\hat{b}_1$、$\hat{c}_1$、$\hat{a}_2$、$\hat{b}_2$、$\hat{c}_2$ 是更新参数且满足

$$\hat{a}_1=a_1-\tilde{a}_1,\quad \hat{b}_1=b_1-\tilde{b}_1,\quad \hat{c}_1=c_1-\tilde{c}_1$$

$$\hat{a}_2=a_2-\tilde{a}_2,\quad \hat{b}_2=b_2-\tilde{b}_2,\quad \hat{c}_2=c_2-\tilde{c}_2$$

其次，构造如下 Lyapunov 函数：

$$V_1(t)=\frac{1}{2}(e^{\mathrm{T}}e+\hat{a}_1^{\mathrm{T}}\hat{a}_1+\hat{a}_2^{\mathrm{T}}\hat{a}_2+\hat{b}_1^{\mathrm{T}}\hat{b}_1+\hat{b}_2^{\mathrm{T}}\hat{b}_2+\hat{c}_1^{\mathrm{T}}\hat{c}_1+\hat{c}_2^{\mathrm{T}}\hat{c}_2) \tag{10.16}$$

对 $V_1(t)$ 关于时间 t 求 α 阶次导数，可得

$$\begin{aligned} D^{\alpha}V_1(t)\leqslant\ & e_{11}(t)D^{\alpha}e_{11}(t)+e_{12}(t)D^{\alpha}e_{12}(t)+e_{13}(t)D^{\alpha}e_{13}(t) \\ & +\hat{a}_1D^{\alpha}\hat{a}_1+\hat{a}_2D^{\alpha}\hat{a}_2+\hat{b}_1D^{\alpha}\hat{b}_1+\hat{b}_2D^{\alpha}\hat{b}_2+\hat{c}_1D^{\alpha}\hat{c}_1+\hat{c}_2D^{\alpha}\hat{c}_2 \end{aligned} \tag{10.17}$$

为了满足 $D^{\alpha}V_1(t)$ 是一个负定对称的函数，设计更新律设如下：

$$\begin{aligned} & D^{\alpha}\hat{a}_1=e_{11}(t)(x_2(t)-x_1(t)),\quad D^{\alpha}\hat{a}_2=-e_{11}(t)(y_2(t)-y_1(t))+e_{12}(t)y_1(t) \\ & D^{\alpha}\hat{b}_1=-e_{13}(t)x_3(t),\quad D^{\alpha}\hat{b}_2=e_{13}(t)y_3(t) \\ & D^{\alpha}\hat{c}_1=e_{12}(t)x_1(t),\quad D^{\alpha}\hat{c}_2=-e_{12}(t)y_1(t)-e_{12}(t)y_2(t) \end{aligned} \tag{10.18}$$

将式(10.18)代入式(10.17)，可得

$$D^{\alpha}V_1(t)=-e_{11}^2(t)-e_{12}^2(t)-e_{13}^2(t)<0 \tag{10.19}$$

由于 $V_1(t)$ 是一个正定对称的函数且 $D^{\alpha}V_1(t)$ 是一个负定对称的函数，基于 Lyapunov 稳定性理论，可知误差系统的状态轨迹可以实现渐近稳定。换言之，驱动系统(10.1)和响应系统(10.2)能够实现渐近同步。

切换模式 2　在切换律 2 模式下，驱动系统(10.1)和响应系统(10.2)之间的误差动态可描述如下：

$$\begin{cases} D^{\alpha}e_{21}(t)=D^{\alpha}y_1(t)-D^{\alpha}x_2(t) \\ D^{\alpha}e_{22}(t)=D^{\alpha}y_2(t)-D^{\alpha}x_3(t) \\ D^{\alpha}e_{23}(t)=D^{\alpha}y_3(t)-D^{\alpha}x_1(t) \end{cases} \tag{10.20}$$

因此，将式(10.1)和式(10.12)代入式(10.20)，可得

$$\begin{cases} D^{\alpha}e_{21}(t)=a_2(y_2(t)-y_1(t))D^{\alpha-\beta}y_1(t)-c_1x_1(t) \\ \qquad +x_1(t)x_3(t)+x_2(t)+u_{21}(t) \\ D^{\alpha}e_{22}(t)=[(c_2-a_2)y_1(t)-y_1(t)y_3(t)+c_2y_2(t)]D^{\alpha-\beta}y_2(t) \\ \qquad -x_1(t)x_2(t)+b_1x_3(t)+u_{22}(t) \\ D^{\alpha}e_{23}(t)=(y_1(t)y_2(t)-b_2y_3(t))D^{\alpha-\beta}y_3(t)-a_1(x_2(t)-x_1(t))+u_{23}(t) \end{cases} \tag{10.21}$$

基于误差动态(10.21),给出如下定理。

定理 10.2 考虑上述分数阶误差系统(10.21),若控制器 $u_{2i}(t)(i=1,2,3)$设计如下:

$$\begin{cases} u_{21}(t)=-e_{21}(t)-a_2(y_2(t)-y_1(t))D^{\alpha-\beta}y_1(t)+\tilde{c}_1x_1(t) \\ \qquad -x_1(t)x_3(t)-x_2(t)+a_2(y_2(t)-y_1(t))-\tilde{a}_2(y_2(t)-y_1(t)) \\ u_{22}(t)=-e_{22}(t)-[(c_2(t)-a_2(t))y_1(t)-y_1(t)y_3(t)+c_2y_2(t)]D^{\alpha-\beta}y_2(t) \\ \qquad +x_1(t)x_2(t)-\tilde{b}_1x_3(t)+(c_2-a_2)y_1(t)-(\tilde{c}_2-\tilde{a}_2)y_1(t) \\ \qquad +c_2y_2(t)-\tilde{c}_2y_2(t) \\ u_{23}(t)=-e_{23}(t)-(y_1(t)y_2(t)-b_2y_3(t))D^{\alpha-\beta}y_3(t)+\tilde{a}_1(x_2(t)-x_1(t)) \\ \qquad -b_2y_3(t)+\tilde{b}_2y_3(t) \end{cases} \tag{10.22}$$

式中,$\tilde{a}_1$、$\tilde{b}_1$、$\tilde{c}_1$、$\tilde{a}_2$、$\tilde{b}_2$、$\tilde{c}_2$ 表示系统参数 a_1、b_1、c_1、a_2、b_2、c_2 的估计值。则驱动系统(10.1)与响应系统(10.2)能够实现多切换同步。

证明 在控制器(10.22)作用下,分数阶误差系统(10.21)可描述如下:

$$\begin{cases} D^{\alpha}e_{21}(t)=-e_{21}(t)-\hat{c}_1x_1(t)+\hat{a}_2(y_2(t)-y_1(t)) \\ D^{\alpha}e_{22}(t)=-e_{22}(t)+\hat{b}_1x_3(t)+(\hat{c}_2-\hat{a}_2)y_1(t)+\hat{c}_2y_2(t) \\ D^{\alpha}e_{23}(t)=-e_{23}(t)-\hat{a}_1(x_2(t)-x_1(t))-\hat{b}_2y_3(t) \end{cases} \tag{10.23}$$

式中,$\hat{a}_1$、$\hat{b}_1$、$\hat{c}_1$、$\hat{a}_2$、$\hat{b}_2$、$\hat{c}_2$ 是更新参数且满足

$$\hat{a}_1=a_1-\tilde{a}_1, \quad \hat{b}_1=b_1-\tilde{b}_1, \quad \hat{c}_1=c_1-\tilde{c}_1$$
$$\hat{a}_2=a_2-\tilde{a}_2, \quad \hat{b}_2=b_2-\tilde{b}_2, \quad \hat{c}_2=c_2-\tilde{c}_2$$

为了证明驱动系统与响应系统间的误差系统是渐近稳定的,构造如下 Lyapunov 函数:

$$V_2(t)=\frac{1}{2}(e^{\mathrm{T}}e+\hat{a}_1^{\mathrm{T}}\hat{a}_1+\hat{a}_2^{\mathrm{T}}\hat{a}_2+\hat{b}_1^{\mathrm{T}}\hat{b}_1+\hat{b}_2^{\mathrm{T}}\hat{b}_2+\hat{c}_1^{\mathrm{T}}\hat{c}_1+\hat{c}_2^{\mathrm{T}}\hat{c}_2) \tag{10.24}$$

对 $V_2(t)$关于时间 t 求 α 阶次导数,可得

$$\begin{aligned} D^{\alpha}V_2 \leqslant & e_{21}D^{\alpha}e_{21}+e_{22}D^{\alpha}e_{22}+e_{23}D^{\alpha}e_{23} \\ & +\hat{a}_1D^{\alpha}\hat{a}_1+\hat{a}_2D^{\alpha}\hat{a}_2+\hat{b}_1D^{\alpha}\hat{b}_1+\hat{b}_2D^{\alpha}\hat{b}_2+\hat{c}_1D^{\alpha}\hat{c}_1+\hat{c}_2D^{\alpha}\hat{c}_2 \end{aligned} \tag{10.25}$$

为了满足 $D^{\alpha}V_2(t)$是一个负定对称的函数,设计更新律如下:

$$\begin{aligned} & D^{\alpha}\hat{a}_1=e_{23}(t)(x_2(t)-x_1(t)) \\ & D^{\alpha}\hat{a}_2=-e_{21}(t)(y_2(t)-y_1(t))+e_{22}y_1(t) \\ & D^{\alpha}\hat{b}_1=-e_{22}(t)x_3(t), \quad D^{\alpha}\hat{b}_2=e_{23}(t)y_3(t) \\ & D^{\alpha}\hat{c}_1=e_{21}(t)x_1(t), \quad D^{\alpha}\hat{c}_2=-e_{22}(t)y_1(t)-e_{22}y_2(t) \end{aligned} \tag{10.26}$$

将式(10.26)代入式(10.25),可得

$$D^{\alpha}V_2(t)=-e_{21}^2(t)-e_{22}^2(t)-e_{23}^2(t)<0 \tag{10.27}$$

由于 $V_2(t)$ 是一个正定对称的函数且 $D^\alpha V_2(t)$ 是一个负定对称的函数，基于 Lyapunov 稳定性理论，可知误差系统的状态轨迹可以实现渐近稳定。换言之，驱动系统(10.1)和响应系统(10.2)能够实现渐近同步。

切换模式 3　采用如上相同的方法，在切换模式 3 下，其控制器与更新律设计如下：

$$\begin{cases} u_{31}(t)=-e_{31}(t)-a_2(y_2(t)-y_1(t))D^{\alpha-\beta}y_1(t)+x_1(t)x_2(t)-\tilde{b}_1x_3(t) \\ \qquad +a_2(y_2(t)-y_1(t))-\tilde{a}_2(y_2(t)-y_1(t)) \\ u_{32}(t)=-e_{32}(t)-[(c_2-a_2)y_1(t)-y_1(t)y_3(t)+c_2y_2(t)]D^{\alpha-\beta}y_2(t) \\ \qquad +\tilde{a}_1(x_2(t)-x_1(t))+(c_2-a_2)y_1(t)-(\tilde{c}_2-\tilde{a}_2)y_1(t) \\ \qquad +c_2y_2(t)-\tilde{c}_2y_2(t) \\ u_{33}(t)=-e_{33}(t)-(y_1(t)y_2(t)-b_2y_3(t))D^{\alpha-\beta}y_3(t)+\tilde{c}_1x_1(t) \\ \qquad -x_1(t)x_3(t)-x_2(t)-b_2y_3(t)+\tilde{b}_2y_3(t) \end{cases} \tag{10.28}$$

同时，更新律满足

$$\begin{aligned} & D^\alpha\hat{a}_1=e_{32}(t)(x_2(t)-x_1(t)) \\ & D^\alpha\hat{a}_2=-e_{21}(t)(y_2(t)-y_1(t))+e_{22}(t)y_1(t) \\ & D^\alpha\hat{b}_1=-e_{31}(t)x_3(t), \quad D^\alpha\hat{b}_2=e_{33}(t)y_3(t) \\ & D^\alpha\hat{c}_1=e_{33}(t)x_1(t), \quad D^\alpha\hat{c}_2=-e_{32}(t)y_1(t)-e_{32}(t)y_2(t) \end{aligned} \tag{10.29}$$

构造如下 Lyapunov 函数：

$$V_3(t)=\frac{1}{2}(e^{\mathrm{T}}(t)e(t)+\hat{a}_1^{\mathrm{T}}\hat{a}_1+\hat{a}_2^{\mathrm{T}}\hat{a}_2+\hat{b}_1^{\mathrm{T}}\hat{b}_1+\hat{b}_2^{\mathrm{T}}\hat{b}_2+\hat{c}_1^{\mathrm{T}}\hat{c}_1+\hat{c}_2^{\mathrm{T}}\hat{c}_2) \tag{10.30}$$

进一步可得

$$D^\alpha V_3(t)<0 \tag{10.31}$$

由于 $V_3(t)$ 是一个正定对称的函数且 $D^\alpha V_3(t)$ 是一个负定对称的函数，基于 Lyapunov 稳定性理论，可知误差系统的状态轨迹可以实现渐近稳定。换言之，驱动系统(10.1)和响应系统(10.2)能够实现渐近同步。

切换模式 4　控制器设计如下：

$$\begin{cases} u_{41}(t)=-e_{41}(t)-a_2(y_2(t)-y_1(t))D^{\alpha-\beta}y_1(t)+\tilde{a}_1(x_2(t)-x_1(t)) \\ \qquad +a_2(y_2(t)-y_1(t))-\tilde{a}_2(y_2(t)-y_1(t)) \\ u_{42}(t)=-e_{42}(t)-[(c_2-a_2)y_1(t)-y_1(t)y_3(t)+c_2y_2(t)]D^{\alpha-\beta}y_2(t) \\ \qquad +x_1(t)x_2(t)-\tilde{b}_1x_3(t)+(c_2-a_2)y_1(t)-(\tilde{c}_2-\tilde{a}_2)y_1(t) \\ \qquad +c_2y_2(t)-\tilde{c}_2y_2(t) \\ u_{43}(t)=-e_{43}(t)-(y_1(t)y_2(t)-b_2y_3(t))D^{\alpha-\beta}y_3(t)+\tilde{c}_1x_1(t) \\ \qquad -x_1(t)x_3(t)-x_2(t)-b_2y_3(t)+\tilde{b}_2y_3(t) \end{cases} \tag{10.32}$$

同时，更新律满足

$$
\begin{aligned}
&D^{\alpha}\hat{a}_1=e_{41}(t)(x_2(t)-x_1(t))\\
&D^{\alpha}\hat{a}_2=-e_{41}(t)(y_2(t)-y_1(t))+e_{42}(t)y_1(t)\\
&D^{\alpha}\hat{b}_1=-e_{42}(t)x_3(t),\quad D^{\alpha}\hat{b}_2=e_{43}(t)y_3(t)\\
&D^{\alpha}\hat{c}_1=e_{43}(t)x_1(t),\quad D^{\alpha}\hat{c}_2=-e_{42}(t)y_1(t)-e_{42}(t)y_2(t)
\end{aligned}
\tag{10.33}
$$

构造如下 Lyapunov 函数：

$$
V_4(t)=\frac{1}{2}(e^{\mathrm{T}}(t)e(t)+\hat{a}_1^{\mathrm{T}}\hat{a}_1+\hat{a}_2^{\mathrm{T}}\hat{a}_2+\hat{b}_1^{\mathrm{T}}\hat{b}_1+\hat{b}_2^{\mathrm{T}}\hat{b}_2+\hat{c}_1^{\mathrm{T}}\hat{c}_1+\hat{c}_2^{\mathrm{T}}\hat{c}_2) \tag{10.34}
$$

进一步可得

$$
D^{\alpha}V_4(t)<0 \tag{10.35}
$$

由于 $V_4(t)$ 是一个正定对称的函数且 $D^{\alpha}V_4(t)$ 是一个负定对称的函数，基于 Lyapunov 稳定性理论，可知误差系统的状态轨迹可以实现渐近稳定。换言之，驱动系统(10.1)和响应系统(10.2)能够实现渐近同步。

切换模式 5 控制器设计如下：

$$
\begin{cases}
u_{51}(t)=-e_{51}(t)-a_2(y_2(t)-y_1(t))D^{\alpha-\beta}y_1(t)+\tilde{c}_1x_1(t)-x_1(t)x_3(t)\\
\qquad -x_2(t)+a_2(y_2(t)-y_1(t))-\tilde{a}_2(y_2(t)-y_1(t))\\
u_{52}(t)=-e_{52}(t)-[(c_2-a_2)y_1(t)-y_1(t)y_3(t)+c_2y_2(t)]D^{\alpha-\beta}y_2(t)\\
\qquad +\tilde{a}_1(x_2(t)-x_1(t))+(c_2-a_2)y_1(t)-(\tilde{c}_2-\tilde{a}_2)y_1(t)\\
\qquad +c_2y_2(t)-\tilde{c}_2y_2(t)\\
u_{53}(t)=-e_{53}(t)-(y_1(t)y_2(t)-b_2y_3(t))D^{\alpha-\beta}y_3(t)+x_1(t)x_2(t)\\
\qquad -\tilde{b}_1x_3(t)-b_2y_3(t)+\tilde{b}_2y_3(t)
\end{cases}
\tag{10.36}
$$

同时，更新律满足

$$
\begin{aligned}
&D^{\alpha}\hat{a}_1=e_{52}(t)(x_2(t)-x_1(t))\\
&D^{\alpha}\hat{a}_2=-e_{51}(t)(y_2(t)-y_1(t))+e_{52}(t)y_1(t)\\
&D^{\alpha}\hat{b}_1=-e_{53}(t)x_3(t),\quad D^{\alpha}\hat{b}_2=e_{53}(t)y_3(t)\\
&D^{\alpha}\hat{c}_1=e_{51}(t)x_1(t),\quad D^{\alpha}\hat{c}_2=-e_{52}(t)y_1(t)-e_{52}(t)y_2(t)
\end{aligned}
\tag{10.37}
$$

构造如下 Lyapunov 函数：

$$
V_5(t)=\frac{1}{2}(e^{\mathrm{T}}(t)e(t)+\hat{a}_1^{\mathrm{T}}\hat{a}_1+\hat{a}_2^{\mathrm{T}}\hat{a}_2+\hat{b}_1^{\mathrm{T}}\hat{b}_1+\hat{b}_2^{\mathrm{T}}\hat{b}_2+\hat{c}_1^{\mathrm{T}}\hat{c}_1+\hat{c}_2^{\mathrm{T}}\hat{c}_2) \tag{10.38}
$$

进一步可得

$$
D^{\alpha}V_5(t)<0 \tag{10.39}
$$

由于 $V_5(t)$ 是一个正定对称的函数且 $D^{\alpha}V_5(t)$ 是一个负定对称的函数，基于 Lyapunov 稳定性理论，可知误差系统的状态轨迹可以实现渐近稳定。换言之，驱动系统(10.1)和响应系统(10.2)能够实现渐近同步。

切换模式 6　控制器设计如下：

$$\begin{cases} u_{61}(t)=-e_{61}(t)-a_2(y_2(t)-y_1(t))D^{\alpha-\beta}y_1(t)+x_1(t)x_2(t)-\tilde{b}_1x_3(t) \\ \qquad +a_2(y_2(t)-y_1(t))-\tilde{a}_2(y_2(t)-y_1(t)) \\ u_{62}(t)=-e_{62}(t)-[(c_2-a_2)y_1(t)-y_1(t)y_3(t)+c_2y_2(t)]D^{\alpha-\beta}y_2(t) \\ \qquad +\tilde{c}_1x_1(t)-x_1(t)x_3(t)-x_2(t)+(c_2-a_2)y_1(t)-(\tilde{c}_2-\tilde{a}_2)y_1(t) \\ \qquad +c_2y_2(t)-\tilde{c}_2y_2(t) \\ u_{63}(t)=-e_{63}(t)-(y_1(t)y_2(t)-b_2y_3(t))D^{\alpha-\beta}y_3(t)+\tilde{a}_1(x_2(t)-x_1(t)) \\ \qquad -b_2y_3(t)+\tilde{b}_2y_3(t) \end{cases} \tag{10.40}$$

同时，更新律满足

$$\begin{aligned} &D^{\alpha}\hat{a}_1=e_{32}(t)(x_2(t)-x_1(t)) \\ &D^{\alpha}\hat{a}_2=-e_{21}(t)(y_2(t)-y_1(t))+e_{22}(t)y_1(t) \\ &D^{\alpha}\hat{b}_1=-e_{31}(t)x_3(t),\quad D^{\alpha}\hat{b}_2=e_{33}(t)y_3(t) \\ &D^{\alpha}\hat{c}_1=e_{33}(t)x_1(t),\quad D^{\alpha}\hat{c}_2=-e_{32}(t)y_1(t)-e_{32}(t)y_2(t) \end{aligned} \tag{10.41}$$

构造如下 Lyapunov 函数：

$$V_6(t)=\frac{1}{2}(e^{\mathrm{T}}(t)e(t)+\hat{a}_1^{\mathrm{T}}\hat{a}_1+\hat{a}_2^{\mathrm{T}}\hat{a}_2+\hat{b}_1^{\mathrm{T}}\hat{b}_1+\hat{b}_2^{\mathrm{T}}\hat{b}_2+\hat{c}_1^{\mathrm{T}}\hat{c}_1+\hat{c}_2^{\mathrm{T}}\hat{c}_2) \tag{10.42}$$

进一步可得

$$D^{\alpha}V_6(t)<0 \tag{10.43}$$

由于 $V_6(t)$ 是一个正定对称的函数且 $D^{\alpha}V_6(t)$ 是一个负定对称的函数，基于 Lyapunov 稳定性理论，可知误差系统的状态轨迹可以实现渐近稳定。换言之，驱动系统(10.1)和响应系统(10.2)能够实现渐近同步。证明完毕。

注释 10.1　该节考虑了两个异结构异阶次分数阶混沌系统的同步问题，值得注意的是，上述方法同样适用于同步任意两个混沌系统或超混沌系统，其中包括两个整数阶混沌系统的同步、两个分数阶混沌系统的同步以及整数阶混沌系统与分数阶混沌系统的同步。

注释 10.2　在现有文献中，已有许多学者研究了分数阶混沌系统的同步和控制问题[2-10]。例如，文献[2]研究了异结构异阶次分数阶混沌系统的同步问题。值得注意的是，由于多切换同步策略进一步提高了信息传输的安全性，因此多切换同步策略已经引起了国内外学者的广泛关注。例如，文献[1]研究了整数阶系统的多切换同步问题。然而，上述研究成果都是针对整数阶系统，目前还没有关于分数阶混沌系统的多切换同步的相关成果。因此，本章考虑了分数阶混沌系统的多切换同步问题，所提同步策略广泛地适用于同步两个整数阶混沌系统、两个分数阶混沌系统以及同步一个整数阶混沌系统和一个分数阶混沌系统。

10.2.2　数值仿真

本节将通过给出仿真算例来阐述所提方法和同步控制器的有效性。

考虑到实际系统中的模型不确定和外部扰动是不可避免的，为了验证所提控制器的鲁棒性，在驱动系统和响应系统中加入模型不确定和外部扰动。

假设 10.1　不确定项 $\Delta f(x)$ 和 $\Delta g(y)$ 假定是有界的且满足

$$|\Delta f_i(x)|\leqslant L_1,\quad |\Delta g_i(y)|\leqslant L_2$$

式中，$\Delta f(x)$、$\Delta g(y)$ 分别表示系统(10.1)和系统(10.2)中的模型不确定；L_1、L_2 是已知的正常数。

假设 10.2　外部扰动 $d^x(t)$ 和 $d^y(t)$ 假定是有界的且满足

$$|d^x(t)|\leqslant M_1,\quad |d^y(t)|\leqslant M_2$$

式中，$d^x(t)$、$d^y(t)$ 分别表示系统(10.1)和系统(10.2)的外部扰动；M_1、M_2 为已知正常数。

在仿真中为了方便，其模型不确定和外部扰动假设如下：

$$\Delta f_1(x)+d_1^x(t)=0.5\cos(x_1x_2)+0.5\sin(2t)$$

$$\Delta f_2(x)+d_2^x(t)=\sin(x_2x_3)+0.2\sin(3t)$$

$$\Delta f_3(x)+d_3^x(t)=0.3\cos(x_1x_3)+0.5\sin(5t)$$

$$\Delta g_1(y)+d_1^y(t)=0.2\cos(y_1y_2)+0.5\sin(2t)$$

$$\Delta g_1(y)+d_1^y(t)=0.5\sin(2y_2y_3)+\sin(3t)$$

$$\Delta g_1(y)+d_1^y(t)=\cos(y_1y_3)+0.5\sin(5t)$$

设置如下初始条件：

$$x_1(0)=2,\quad x_2(0)=2,\quad x_3(0)=2$$

$$y_1(0)=1,\quad y_2(0)=1,\quad y_3(0)=1$$

$$\alpha=0.998,\quad \beta=0.995$$

$$a_1=10,\quad b_1=8/3,\quad c_1=28$$

$$a_2=35,\quad b_2=3,\quad c_2=28$$

$$\hat{a}_1(0)=15,\quad \hat{b}_1(0)=10,\quad \hat{c}_1(0)=15$$

$$\hat{a}_2(0)=5,\quad \hat{b}_2(0)=10,\quad \hat{c}_2(0)=15$$

利用 MATLAB-Simulink 对切换模式 1 进行仿真，其仿真结果如图 10.1～图 10.9 所示。其中，图 10.1 表示未受控的驱动系统(10.1)和响应系统(10.2)的状态轨迹。图 10.2～图 10.4 表示误差系统在控制器(10.14)作用下的状态轨迹，从图中可以看出，其状态轨迹在控制器的作用下渐近收敛至零。图 10.5～图 10.7 反映了在控制器(10.14)作用下，相应的驱动系统和响应系统的状态轨迹。同时，更新律 $\hat{a}_1$、$\hat{b}_1$、$\hat{c}_1$ 和 $\hat{a}_2$、$\hat{b}_2$、$\hat{c}_2$ 见图 10.8 和图 10.9。

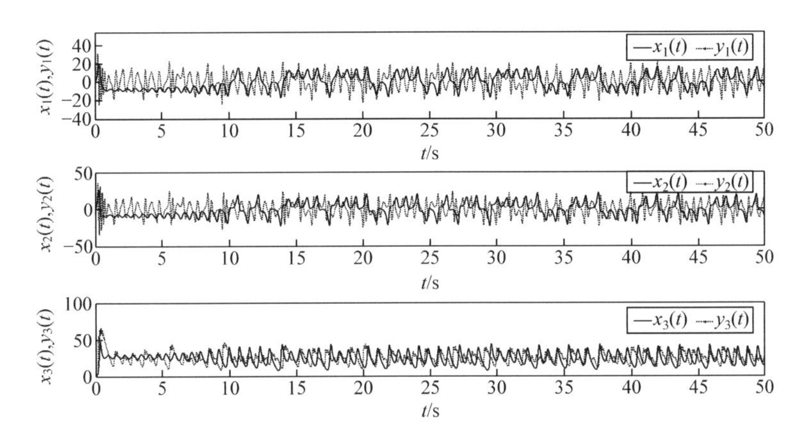

图 10.1　未受控系统(10.1)和响应系统(10.2)的状态轨迹 $x_i(t)$、$y_i(t)$($i=1,2,3$)

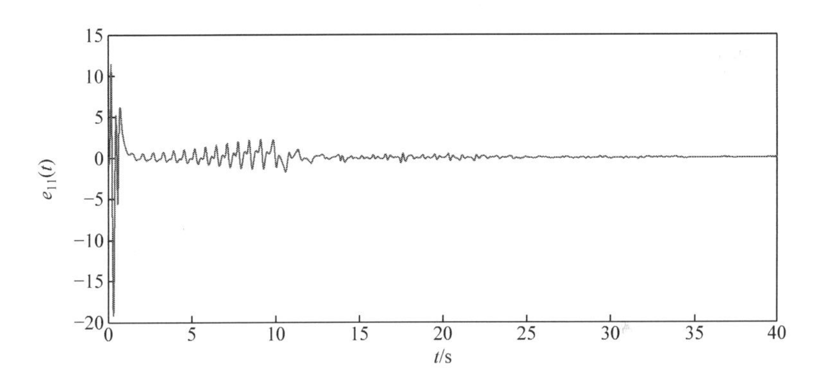

图 10.2　误差系统状态轨迹 $e_{11}(t)$

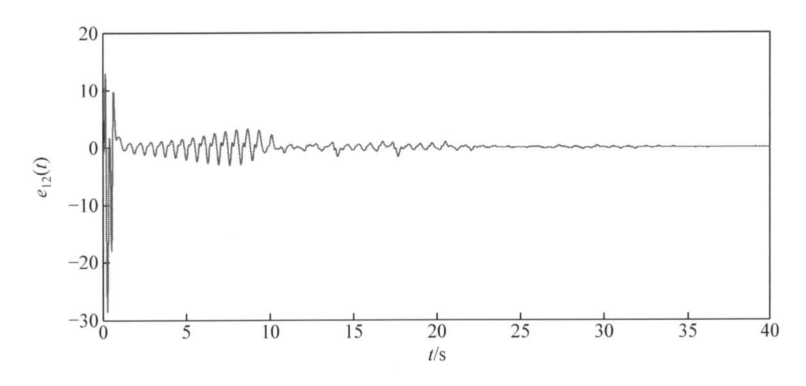

图 10.3　误差系统状态轨迹 $e_{12}(t)$

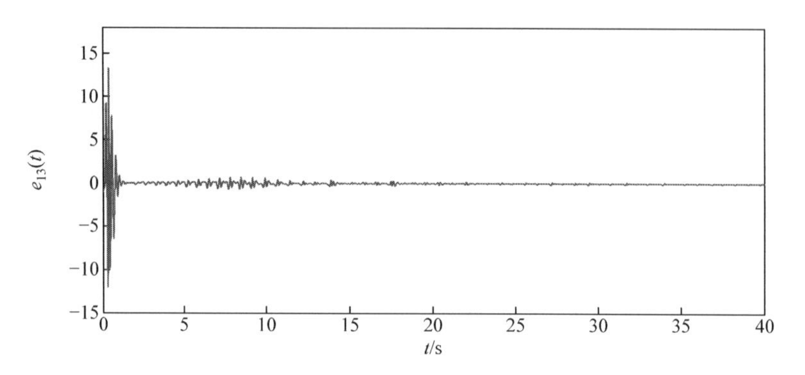

图 10.4　误差系统状态轨迹 $e_{13}(t)$

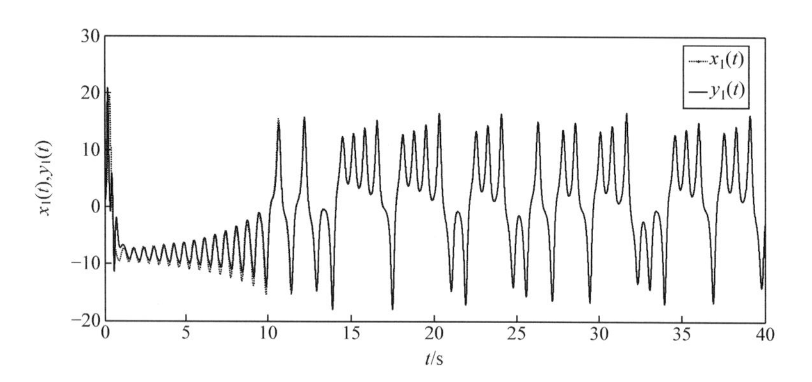

图 10.5　受控系统的状态轨迹 $x_1(t)$、$y_1(t)$

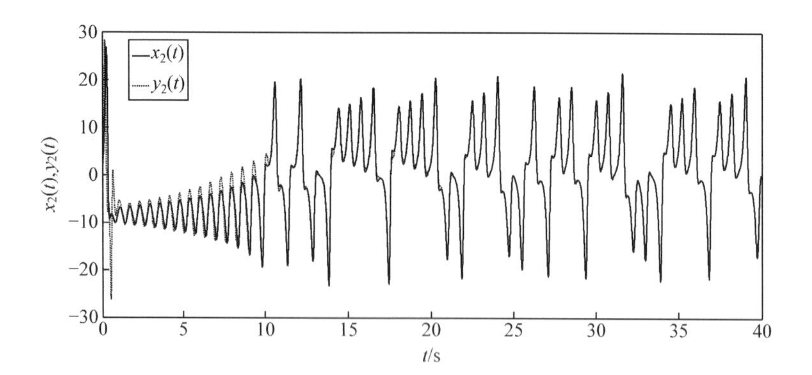

图 10.6　受控系统的状态轨迹 $x_2(t)$、$y_2(t)$

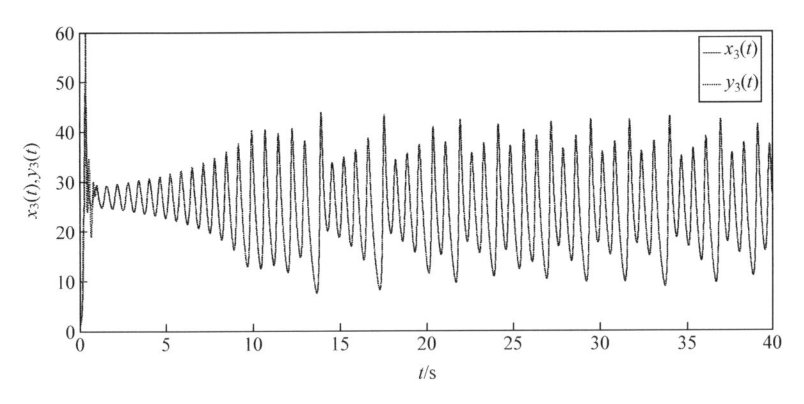

图 10.7　受控系统的状态轨迹 $x_3(t)$、$y_3(t)$

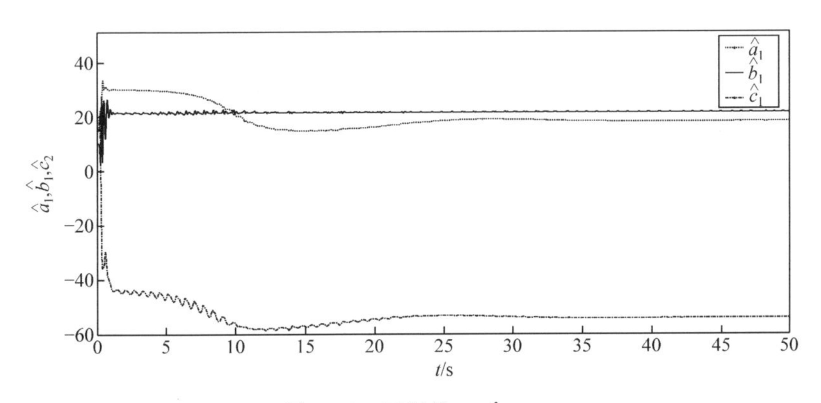

图 10.8　更新律 $\hat{a}_1$、$\hat{b}_1$、$\hat{c}_1$

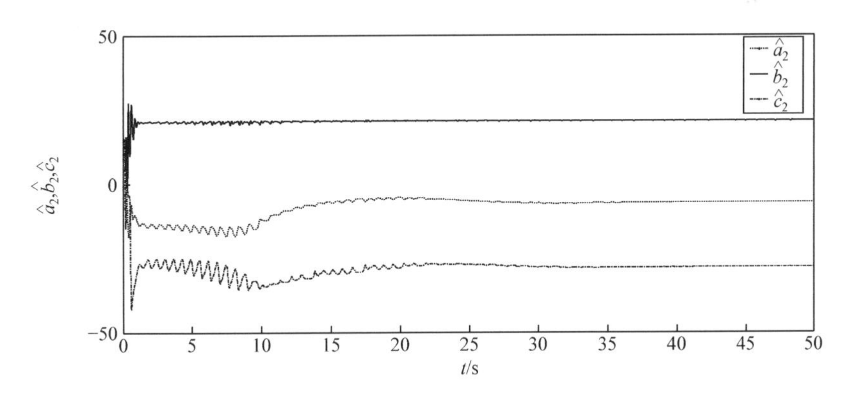

图 10.9　更新律 $\hat{a}_2$、$\hat{b}_2$、$\hat{c}_2$

10.2.3　保密通信方案设计

在这一部分，研究分数阶混沌系统的多切换同步方法在保密通信中的应用问题。本章所设计的多切换同步策略相比其他同步策略，大大地提高了信息传输的安全性。基于异结构异阶次分数阶混沌系统的多切换同步策略，其响应系统的任意状态能够与驱动系统的目标状态在不同的切换模式下实现同步。其保密通信方案如图 10.10 所示。

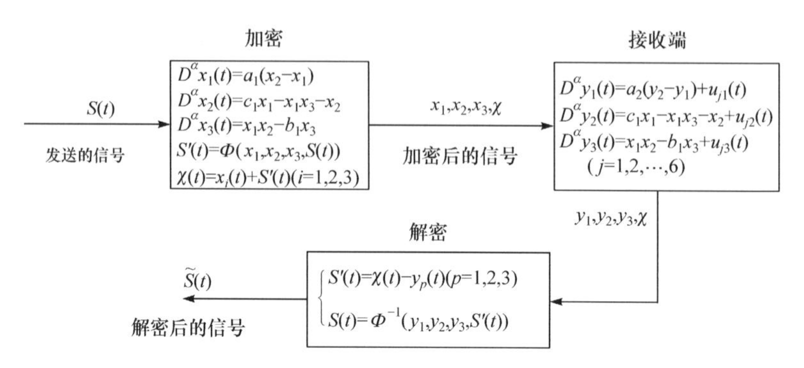

图 10.10 基于异结构异阶次分数阶混沌系统自适应多切换同步的保密通信策略

为了方便，驱动系统与响应系统的初始条件，分数阶阶次 α、β 以及控制增益选取与 10.2.2 节中的数值相同。下面将详细阐述异结构异阶次分数阶混沌系统多切换同步在保密通信中的应用。

首先，在传输端通过一个可逆函数 Φ 将原始信号 $S(t)$ 调制到混沌信号中，如 $S'(t)=\Phi(x_1,x_2,x_3,S(t))$。其次，将调制后的信号融入至状态 x_1、x_2、x_3 中的任意状态，例如，在仿真过程中，选取了状态变量 x_1，最终得到了复合信号 $\chi(t)=x_1+S'(t)$。在传输通道中，状态变量与复合信号通过信号传输到达接收端。当驱动系统与响应系统实现同步时，即状态 $y_1(t)$ 趋向于 $x_1(t)$，通过简单的转化 $S'(t)=\chi(t)-y_1$，接收端就可以获取调制信号 $S'(t)$，进一步通过解调得到原始信号。

情况 1 这里，首先选取初始信号 $S(t)=1+\sin(2\pi t/10)$ 以及通过可逆函数 Φ 令 $S'(t)=x_2+S(t)$，假定 $S'(t)$ 加入变量 $x_1(t)$ 中，基于所提及的同步策略，仿真结果如图 10.11～图 10.14 所示。其中，图 10.11 和图 10.12 分别表示初始信号

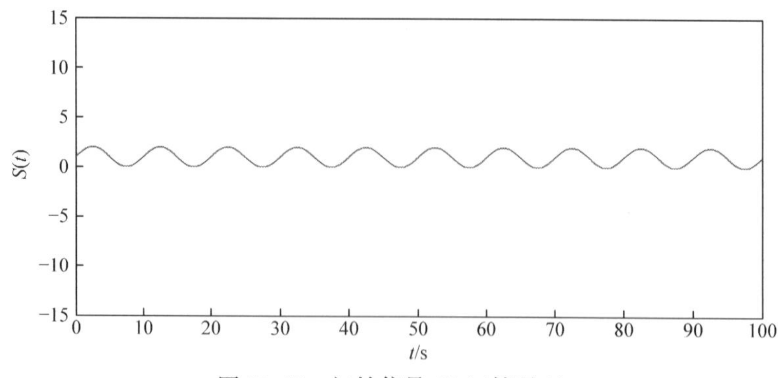

图 10.11 初始信号 $S(t)$（情况 1）

$S(t)$与传输信号 $\chi(t)$，图 10.13 表示解调后的信号，图 10.14 表示加密前的初始信号与解密后的信号之间的误差信号。从图 10.14 可以看出，通过所设计的同步策略，其初始信号通过保密传输，最终能够精确地复原。

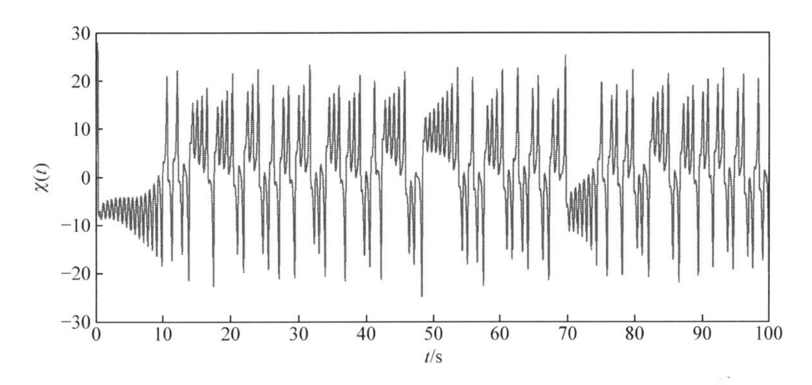

图 10.12　传输信号 $\chi(t)$(情况 1)

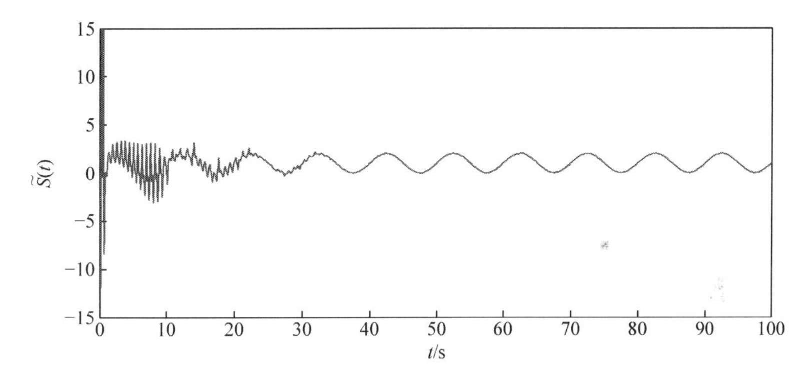

图 10.13　解密后的信号 $\tilde{S}(t)$(情况 1)

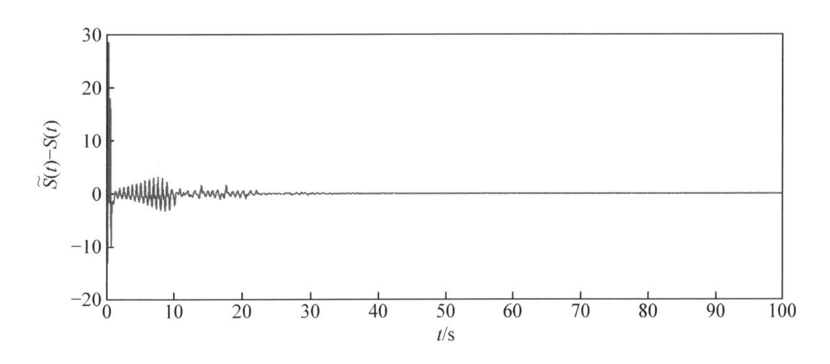

图 10.14　误差信号 $\tilde{S}(t)-S(t)$(情况 1)

情况 2　为了进一步验证所提及的同步策略与保密通信策略的有效性，选取脉冲信号作为初始信号，如图 10.15 所示。通过可逆函数 Φ 得到 $S'(t)=x_2+S(t)$，同样选取将调至信号加至状态 $x_1(t)$ 中。经过相同的过程，其仿真结果如图 10.16～图 10.18 所示。其中，图 10.16 表示传输信号 $\chi(t)$，图 10.17 表示解调后的信号 $\widetilde{S}(t)$，从图中可以看出，解调后的信号能够精确复原初始信号。同时，图 10.18 表示初始信号与解密信号之间的误差信号，从图中可以看出，其误差信号渐近收敛至零。

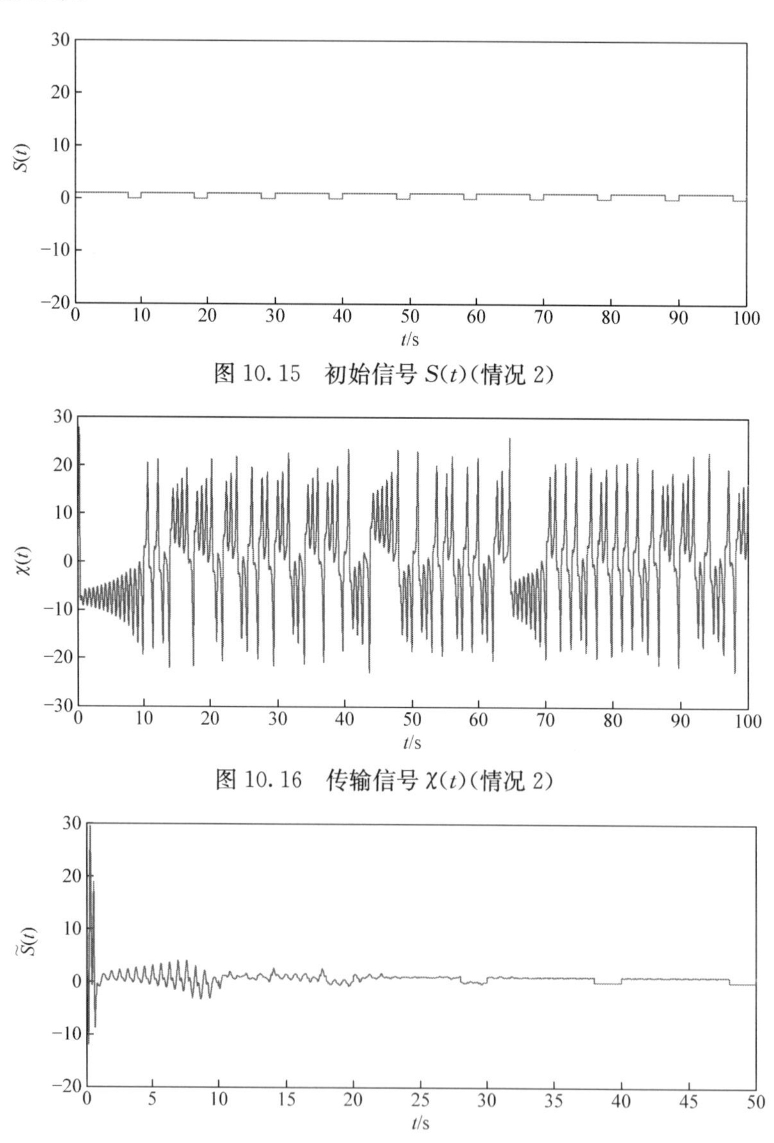

图 10.15　初始信号 $S(t)$(情况 2)

图 10.16　传输信号 $\chi(t)$(情况 2)

图 10.17　解密后的信号 $\widetilde{S}(t)$(情况 2)

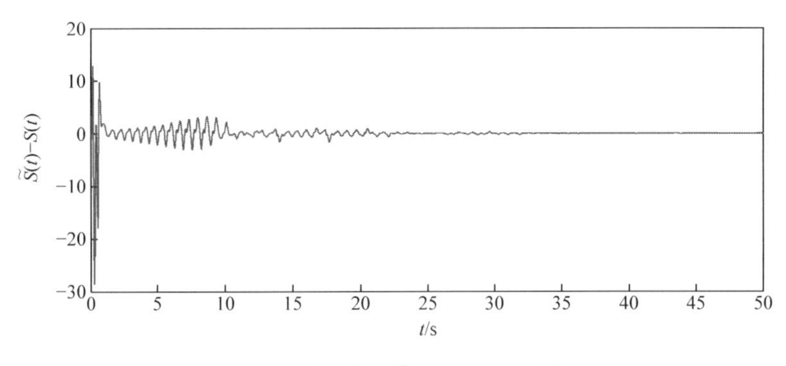

图 10.18　误差信号 $\tilde{S}(t)-S(t)$(情况 2)

10.3　分数阶永磁同步电机混沌系统的控制

10.3.1　问题描述

本节考虑一个统一的带有气隙的永磁同步电动机(PMSM)系统无量纲的整数阶数学模型，描述如下：

$$\begin{cases}\dfrac{\mathrm{d}\omega}{\mathrm{d}t}=\sigma(i_q-\omega)-T_L\\ \dfrac{\mathrm{d}i_q}{\mathrm{d}t}=-i_q-i_d\omega+\gamma\omega+u_q\\ \dfrac{\mathrm{d}i_d}{\mathrm{d}t}=-i_d+i_q\omega+u_d\end{cases}\tag{10.44}$$

式中，ω、i_d 和 i_q 是状态变量，分别代表角速度和 d-q 轴电流；σ 和 γ 是正定的，为系统运行参数；T_L、u_d 和 u_q 分别代表负载转矩和 d-q 轴电压。

PMSM 在额定工作条件下的等效电路如图 10.19 所示，参数见表 10.1[11]。

表 10.1　PMSM 参数

参数	含义	单位
L_d	d 轴定子电感	H
L_q	q 轴定子电感	H
K_T	扭矩常数	N·m/A
J	惯性常量	kg/m²
b	黏滞阻尼常数	N/(rad/s)
R	定子相电阻	Ω

续表

参数	含义	单位
u_d	d 轴定子电压	V
u_q	q 轴定子电压	V
T_L	负载转矩	V
ψ_d	d 轴磁通量	Wb
ψ_q	q 轴磁通量	Wb

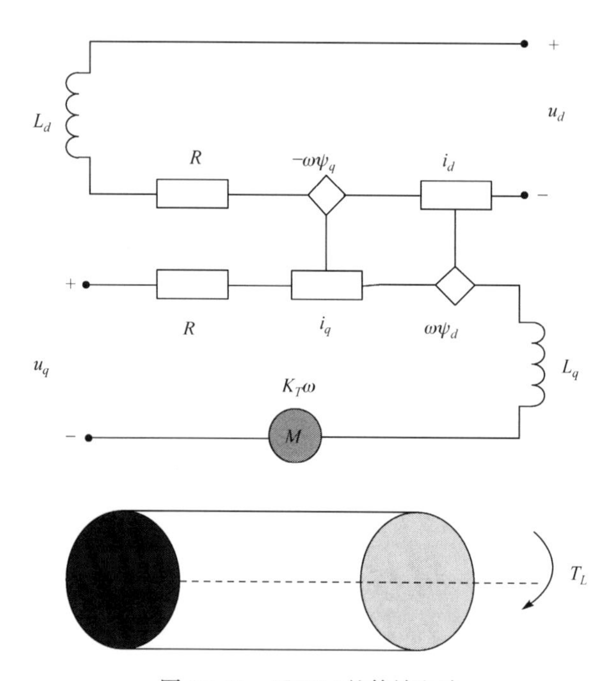

图 10.19　PMSM 的等效电路

在系统(10.44)中,外部输入设为 0,即 $T_L=u_q=u_d=0$,则系统(10.44)成为如下非强制性系统:

$$\begin{cases}\dfrac{\mathrm{d}\omega}{\mathrm{d}t}=\sigma(i_q-\omega)\\ \dfrac{\mathrm{d}i_q}{\mathrm{d}t}=-i_q-i_d\omega+\gamma\omega\\ \dfrac{\mathrm{d}i_d}{\mathrm{d}t}=-i_d+i_q\omega\end{cases}\tag{10.45}$$

由文献可知,当运行参数 σ 和 γ 在一定的范围内取值时,PMSM 系统(10.45)会呈现出混沌行为。这些混沌振荡会破坏永磁同步电机系统的稳定,为了去除或控制混沌，在实际应用中使用一个可调的变量 u_d。

现在，引入如下符号：$x_1=\omega, x_2=i_q, x_3=i_d$。利用这些变换，PMSM 系统(10.45)的动态模型可以描述如下：

$$\begin{cases}\dot{x}_1=\sigma(x_2-x_1)\\ \dot{x}_2=-x_2-x_1x_3+\gamma x_1\\ \dot{x}_3=-x_3+x_1x_2\end{cases} \tag{10.46}$$

系统内部阻尼引起的动态效应可以用分数阶微积分来描述，可以建立带有控制输入的分数阶 PMSM 混沌系统的数学模型如下：

$$\begin{cases}D^{\alpha_1}x_1(t)=\sigma(x_2-x_1)+u_1\\ D^{\alpha_2}x_2(t)=-x_2-x_1x_3+\gamma x_1+u_2\\ D^{\alpha_3}x_3(t)=-x_3+x_1x_2+u_3\end{cases} \tag{10.47}$$

注释 10.3　令 $x_1(0)=10, x_2(0)=-10, x_3(0)=10$，当 $\sigma=5.45, \gamma=20, \alpha_1=0.98, \alpha_2=1, \alpha_3=0.99$ 时系统(10.47)是混沌系统，混沌吸引子如图 10.20 所示。

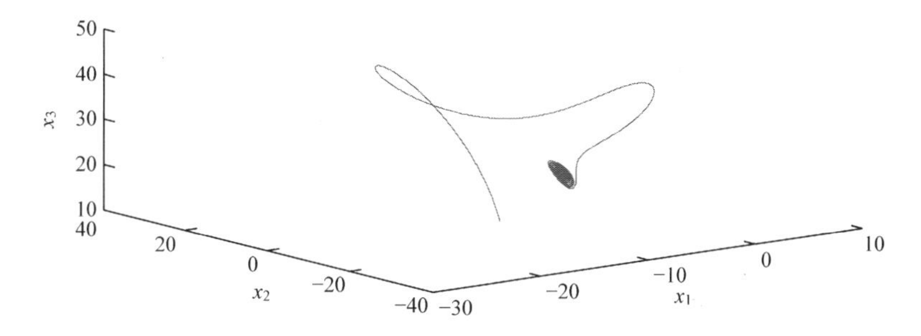

图 10.20　系统(10.47)的相轨迹

10.3.2　非奇异终端滑模控制器设计

考虑如下分数阶系统：

$$D^{\alpha}x(t)=f(x) \tag{10.48}$$

规则 i：如果 $s_1(t)$ 是 $M_{i1}, \cdots, s_p(t)$ 是 M_{ip}，则

$$D^{\alpha}x(t)=A_ix(t)$$

式中，$i=1,2,\cdots,n, s_1(t),\cdots,s_p(t)$ 为前件变量，每个 $M_{ij}(j=1,2,\cdots,p)$ 为一个模糊集合；$A_i\in\mathbb{R}^{n\times n}$ 是常矩阵，采用单点模糊化、乘积推理、中心加权平均解模糊，可得到模糊系统的全局状态方程为

$$D^{\alpha}x(t)=\sum_{i=1}^{n}h_i(t)[A_ix(t)] \tag{10.49}$$

式中，n 为模糊集个数；$h_i(t)=\dfrac{\omega_i(t)}{\sum_{i=1}^{n}\omega_i(t)}$；$\omega_i(t)=\prod_{j=1}^{p}M_{ij}(s_j(t))$，$M_{ij}(s_j(t))$ 表示

$s_j(t)$ 属于 M_{ij} 的隶属度函数。可得，$h_i(t) \geqslant 0$ 且 $\sum_{i=1}^{n} h_i(t) = 1$，则模糊系统(10.49)等价于系统(10.48)。

因此，假设 $x_1 \in [M_1, M_2]$，对于系统(10.47)，设定规则如下：

如果 $x_1(t)$ 为 M_1，则 $D^\alpha x(t) = A_1 x(t)$；

如果 $x_1(t)$ 为 M_2，则 $D^\alpha x(t) = A_2 x(t)$。

其中

$$A_1 = \begin{bmatrix} -\sigma & \sigma & 0 \\ \gamma & -1 & -M_1 \\ -1 & M_1 & -1 \end{bmatrix}, \quad A_2 = \begin{bmatrix} -\sigma & \sigma & 0 \\ \gamma & -1 & -M_2 \\ -1 & M_2 & -1 \end{bmatrix}$$

利用与系统(10.48)类似的重构方法，可得系统(10.47)的全局 T-S 模糊模型如下：

$$D^\alpha x(t) = \sum_{i=1}^{2} h_i(t)[A_i x(t)] + U \tag{10.50}$$

式中

$$h_1(t) = \frac{x_1 - M_1}{M_2 - M_1}, \quad h_2(t) = \frac{M_2 - x_1}{M_2 - M_1}, \quad U = [u_1 \quad u_2 \quad u_3]^{\mathrm{T}}$$

此外，考虑到模型的不确定性和外部干扰是不可避免的，将模型不确定性项和外部扰动项加入系统中，则系统(10.50)可以修改如下：

$$D^\alpha x(t) = \sum_{i=1}^{2} h_i(t)[A_i x(t)] + \Delta f(x) + d^x(t) + U \tag{10.51}$$

式中，$\Delta f(x) = [\Delta f_1(x) \quad \Delta f_2(x) \quad \Delta f_3(x)]^{\mathrm{T}}$ 代表模型不确定性；$d^x(t) = [d_1^x(t) \quad d_2^x(t) \quad d_3^x(t)]^{\mathrm{T}}$ 代表系统的外部扰动。

假设 10.3　不确定项 $\Delta f(x) = [\Delta f_1(x) \quad \Delta f_2(x) \quad \Delta f_3(x)]^{\mathrm{T}}$ 有界且满足

$$|D^{1-\alpha}(\Delta f_i(x))| \leqslant \eta_i \tag{10.52}$$

其中 $\eta_i (i=1,2,3)$ 是已知的正常数。

假设 10.4　外部扰动 $d^x(t) = [d_1^x(t) \quad d_2^x(t) \quad d_3^x(t)]^{\mathrm{T}}$ 有界且满足

$$|D^{1-\alpha}(d_i^x(t))| \leqslant \zeta_i \tag{10.53}$$

式中，$\zeta_i (i=1,2,3)$ 是给定的正常数。

注释 10.4　对于不确定性，有两种常用的不确定混沌系统稳定控制方法：滑模控制[12-14]和模糊控制[12,15]，这两种方法对于抗干扰是有效的。但是，众所周知，抖动现象在滑模控制中是不可避免的。值得一提的是，文献[13]中讨论了将模糊逻辑控制器与滑模控制相结合，以减少抖动效应。因此，本章研究基于 T-S 模糊模型和滑模控制方法的不确定分数阶 PMSM 系统的镇定问题。为了实现这种控制器设计，我们将分数阶 PMSM 混沌系统重构为分数阶 T-S 模糊系统。分数阶模糊系统的优点是分数阶模糊模型提供了一种结合模糊 IF-THEN 规则使用局部线性分数阶系统来实现非线性的方法。因此,可以将分数阶线性系统的稳定性分析方法应用于分数阶模糊系统,以简化控制器的设计。

本节中,一种新型的非奇异终端滑模面设计如下:

$$s_i(t) = x_i(t) + \int (k_{1i}x_i(t) + k_{2i}\operatorname{sgn}(x_i(t)) \mid x_i(t) \mid^{\theta}) \tag{10.54}$$

式中,$x(t)=[x_1(t) \quad x_2(t) \quad x_3(t)]^{\mathrm{T}}$ 表示系统(10.51)的状态;k_{1i} 和 $k_{2i}(i=1,2,3)$ 是正定的常数参数;$\theta\in(0,1)$是一个常数。

基于滑模控制方法,当系统状态到达滑模面时,满足如下方程:

$$s(t)=0 \tag{10.55}$$

基于式(10.55),可得滑模动态如下:

$$D^{\alpha}x_i(t)=-D^{\alpha-1}(k_{1i}x_i(t)+k_{2i}\operatorname{sgn}(x_i(t))|x_i(t)|^{\theta}) \tag{10.56}$$

接下来,给出有限时间稳定的证明。

定理 10.3 滑模动态(10.56)是稳定的,且其状态轨迹将会在有限时间内趋于稳定点 $x(t)=0$。

证明 选择 Lyapunov 函数如下:

$$V_1(t) = \| x(t) \|_1 = \sum_{i=1}^{3} \mid x_i(t) \mid \tag{10.57}$$

对函数 $V_1(t)$求导,可得

$$\dot{V}_1(t) = \sum_{i=1}^{3}[\operatorname{sgn}(x_i(t))\dot{x}_i(t)] \tag{10.58}$$

基于分数阶微积分的性质,可得

$$\dot{V}_1(t) = \sum_{i=1}^{3}[\operatorname{sgn}(x_i(t))(D^{1-\alpha}(D^{\alpha}x_i(t)))] \tag{10.59}$$

将式(10.56)中的 $D^{\alpha}x_i(t)$代入方程(10.59),可得

$$\dot{V}_1(t) = \sum_{i=1}^{3}[\operatorname{sgn}(x_i(t))D^{1-\alpha}(D^{\alpha-1}(-(k_{1i}x_i(t) + k_{2i}\operatorname{sgn}(x_i(t)) \mid x_i(t) \mid^{\theta}))] \tag{10.60}$$

即可得

$$\dot{V}_1(t) =- \sum_{i=1}^{3}[k_{1i} \mid x_i(t) \mid + k_{2i} \mid x_i(t) \mid^{\theta}] \tag{10.61}$$

定义 $\mu=\min\{k_{1i},k_{2i}\}(i=1,2,3)$,则可得

$$\begin{aligned}\dot{V}_1(t) &\leqslant -\mu\sum_{i=1}^{3}[\mid x_i(t) \mid + \mid x_i(t) \mid^{\theta}] \\ &\leqslant -\mu(|x_1|+|x_2|+|x_3|+|x_1|^{\theta}+|x_2|^{\theta}+|x_3|^{\theta}) \\ &= -\mu(\| x(t) \|_1 + \| x(t) \|_1^{\theta}) \leqslant 0\end{aligned} \tag{10.62}$$

因此，基于定理 10.3，系统状态 x_1、x_2、x_3 将会渐近趋向于 0。

接下来证明有限时间稳定。由不等式(10.62)可得

$$\dot{V}_1(t)=\frac{\mathrm{d}\|x(t)\|_1}{\mathrm{d}t}\leqslant-\mu(\|x(t)\|_1+\|x(t)\|_1^{\theta}) \tag{10.63}$$

经过简单计算可得

$$\begin{aligned}\mathrm{d}t&\leqslant-\frac{\mathrm{d}\|x(t)\|_1}{\mu(\|x(t)\|_1+\|x(t)\|_1^{\theta})}=\frac{\|x(t)\|_1^{-\theta}\mathrm{d}\|x(t)\|_1}{\mu(\|x(t)\|_1^{1-\theta}+1)}\\&=\frac{\mathrm{d}\|x(t)\|_1^{1-\theta}}{\mu(1-\theta)(\|x(t)\|_1^{1-\theta}+1)}\end{aligned} \tag{10.64}$$

在式(10.64)的左右两端从 t_{r} 到 t_{s} 进行积分，在 $x(t_{\mathrm{s}})=0$ 的条件下可得

$$\begin{aligned}t_{\mathrm{s}}-t_{\mathrm{r}}&\leqslant-\frac{1}{\mu(1-\theta)}\int_{t_{\mathrm{r}}}^{t_{\mathrm{s}}}\frac{\mathrm{d}\|x(t)\|_1^{1-\theta}}{(\|x(t)\|_1^{1-\theta}+1)}\\&=-\frac{1}{\mu(1-\theta)}(\ln(\|x(t)\|_1^{1-\theta}+1))\Big|_{t_{\mathrm{r}}}^{t_{\mathrm{s}}}\\&=\frac{1}{\mu(1-\theta)}(\ln(\|x(t_{\mathrm{r}})\|_1^{1-\theta}+1)\end{aligned} \tag{10.65}$$

从式(10.65)可得，系统状态 x_1、x_2、x_3 会在有限时间 $T_1\leqslant\frac{1}{\mu(1-\theta)}\cdot(\ln(\|x(t_{\mathrm{r}})\|_1^{1-\theta}+1))$渐近趋向于 0。

基于滑模控制理论，模糊终端滑模控制器设计如下：

$$\begin{aligned}u_i(t)=&-F_i(x)-D^{\alpha-1}(k_{1i}x_i+k_{2i}\mathrm{sgn}(x_i)|x_i|^{\theta})\\&-D^{\alpha-1}[(\eta_i+\xi_i)\mathrm{sgn}(s_i)+k_{3i}s_i+k_{4i}|s_i|^{\delta}\mathrm{sgn}(s_i)]\end{aligned} \tag{10.66}$$

式中，$k_{1i},k_{2i},k_{3i},k_{4i}>0(i=1,2,3)$，$k_{3i}$、$k_{4i}$ 是切换增益，$\delta\in(0,1)$是常数，同时 $F_i(x)$满足

$$F_i(x)=\begin{cases}F_1(x)=h_1\varphi_1(x)+h_2\psi_1(x)\\F_2(x)=h_1\varphi_2(x)+h_2\psi_2(x)\\F_3(x)=h_1\varphi_3(x)+h_2\psi_3(x)\end{cases}$$

式中，$\varphi_i(x)$、$\psi_i(x)$为

$$\varphi_i(x)=\begin{cases}\varphi_1(x)=[A_{11}\quad A_{12}\quad A_{13}][x_1\quad x_2\quad x_3]^{\mathrm{T}}\\\varphi_2(x)=[A_{14}\quad A_{15}\quad A_{16}][x_1\quad x_2\quad x_3]^{\mathrm{T}}\\\varphi_3(x)=[A_{17}\quad A_{18}\quad A_{19}][x_1\quad x_2\quad x_3]^{\mathrm{T}}\end{cases}$$

$$\psi_i(x)=\begin{cases}\psi_1(x)=[A_{21}\quad A_{22}\quad A_{23}][x_1\quad x_2\quad x_3]^{\mathrm{T}}\\\psi_2(x)=[A_{24}\quad A_{25}\quad A_{26}][x_1\quad x_2\quad x_3]^{\mathrm{T}}\\\psi_3(x)=[A_{27}\quad A_{28}\quad A_{29}][x_1\quad x_2\quad x_3]^{\mathrm{T}}\end{cases}$$

为了确保滑动模态的存在，即保证系统状态 $x_1(t)$、$x_2(t)$、$x_3(t)$渐近稳定至滑

模面 $s_i(t)=0$，给出如下定理及证明。

定理 10.4　考虑分数阶非自治 PMSM 混沌系统(10.51)，如果系统由控制器(10.66)控制，则系统的状态轨迹将在有限时间内趋近于滑模面 $s_i(t)=0$。

证明　选择正定的 Lyapunov 函数如下：

$$V_2(t)=\|s(t)\|_1=\sum_{i=1}^{3}|s_i(t)| \tag{10.67}$$

对 $V_2(t)$ 求导，可得

$$\dot{V}_2(t)=\sum_{i=1}^{3}[\operatorname{sgn}(s_i(t))\dot{s}_i(t)] \tag{10.68}$$

将式(10.54)中的 $s_i(t)$ 代入方程(10.68)，可得

$$\begin{aligned}
\dot{V}_2(t)&=\sum_{i=1}^{3}[\operatorname{sgn}(s_i(t))D^{1-\alpha}(D^{\alpha}x_i(t)+D^{\alpha-1}(k_{1i}x_i(t)+k_{2i}\operatorname{sgn}(x_i(t))|x_i(t)|^{\theta}))]\\
&=\sum_{i=1}^{3}[\operatorname{sgn}(s_i(t))D^{1-\alpha}(F_i(x)+\Delta f_i(x)+d^{x}(t)\\
&\quad+u_i(t)+D^{\alpha-1}(k_{1i}x_i(t)+k_{2i}\operatorname{sgn}(x_i(t))|x_i(t)|^{\theta}))]
\end{aligned} \tag{10.69}$$

将式(10.66)中的 $u_i(t)$ 代入式(10.69)，可得

$$\begin{aligned}
\dot{V}_2(t)&=\sum_{i=1}^{3}\{\operatorname{sgn}(s_i)D^{1-\alpha}[\Delta f_i(x)+d^{x}(t)-D^{\alpha-1}((\eta_i+\xi_i)\operatorname{sgn}(s_i)\\
&\quad+k_{3i}s_i+k_{4i}|s_i|^{\delta}\operatorname{sgn}(s_i))]\}\\
&\leqslant\sum_{i=1}^{3}\{|D^{1-\alpha}(\Delta f_i(x))|+|D^{1-\alpha}(d^{x}(t))|-(\eta_i+\xi_i)\\
&\quad-\operatorname{sgn}(s_i)(k_{3i}s_i+k_{4i}|s_i|^{\delta}\operatorname{sgn}(s_i))\}
\end{aligned} \tag{10.70}$$

基于假设 10.3 和假设 10.4，可得

$$\begin{aligned}
\dot{V}_2(t)&\leqslant\sum_{i=1}^{3}[-\operatorname{sgn}(s_i)(k_{3i}s_i+k_{4i}|s_i|^{\delta}\operatorname{sgn}(s_i))]\\
&=-\sum_{i=1}^{3}(k_{3i}|s_i|+k_{4i}|s_i|^{\delta})\\
&\leqslant-\sigma\sum_{i=1}^{3}(|s_i|+|s_i|^{\delta})\\
&\leqslant-\sigma\sum_{i=1}^{3}|s_i|=-\sigma\|s(t)\|_1
\end{aligned} \tag{10.71}$$

式中，$\sigma=\min\{k_{3i},k_{4i}\}(i=1,2,3)$。

因此，基于定理 10.3，分数阶 PMSM 混沌系统(10.51)的状态轨迹会渐近趋向于 $s_i(t)=0$。

接下来证明滑动模态会在有限时间内发生。基于不等式(10.71)，可得

$$\dot{V}_2(t)=\frac{\mathrm{d}\|s(t)\|}{\mathrm{d}t}\leqslant-\sigma(\|s(t)\|_1+\|s(t)\|_1^{\delta}) \tag{10.72}$$

经过简单计算,可得

$$\begin{aligned} \mathrm{d}t &\leqslant -\frac{\mathrm{d}\,\|s(t)\|_1}{\sigma(\|s(t)\|_1+\|s(t)\|_1^{\delta})} \\ &=\frac{\|s(t)\|_1^{-\delta}\mathrm{d}\,\|s(t)\|_1}{\sigma(\|s(t)\|_1^{1-\delta}+1)} \\ &=\frac{\mathrm{d}\,\|s(t)\|_1^{1-\delta}}{\sigma(1+\delta)(\|s(t)\|_1^{1-\delta}+1)} \end{aligned} \tag{10.73}$$

在式(10.73)的左右两侧从 0 到 t_{r} 进行积分,在已知 $s(t_{\mathrm{r}})=0$ 的条件下,可得

$$\begin{aligned} t_{\mathrm{r}} &\leqslant -\frac{1}{\sigma(1-\delta)}\int_0^{t_{\mathrm{r}}}\frac{\mathrm{d}\,\|s(t)\|_1^{1-\delta}}{\|s(t)\|_1^{1-\delta}+1} \\ &=-\frac{1}{\sigma(1-\delta)}\ln(\|s(t)\|_1^{1-\delta}+1)\Big|_0^{t_{\mathrm{r}}} \\ &=\frac{1}{\sigma(1-\delta)}\ln(\|s(0)\|_1^{1-\delta}+1) \end{aligned} \tag{10.74}$$

因此,分数阶 PMSM 混沌系统(10.51)的状态轨迹会在有限时间 $T_2\leqslant\frac{1}{\sigma(1-\delta)}\ln(\|s(0)\|_1^{1-\delta}+1)$渐近趋向于 $s(t)=0$。

注释 10.5 众所周知,滑模控制具有良好的抗干扰和参数不确定性,因此它一直是研究者最感兴趣的课题之一,许多研究人员在这一领域做出了很大的贡献。近年来,滑模控制技术在分数阶混沌系统的控制和同步问题的研究中引起了人们的广泛关注。因此,一些滑模控制方法已被用来控制或同步分数阶混沌系统[16,17]。文献[18]讨论了分数阶混沌系统的滑模控制器设计,所设计的控制方案保证了带有外部扰动的不确定分数阶混沌系统的渐近稳定性。文献[19]针对分数阶超混沌系统,设计了一种新颖的分数阶滑模控制器。在滑模控制领域,非奇异终端滑模控制在传统的终端滑模控制设计过程中能够实现有限时间收敛而不会引起任何奇异性问题而被广泛研究[20]。文献[21]和[22]对分数阶混沌系统进行了非奇异终端滑模控制,为消除设计方法的抖振,文献[23]提出了非颤振滑动面。值得一提的是,文献[13]研究了模糊逻辑控制器与滑模控制相结合,以减少抖动效应。因此,本章针对分数阶 PMSM 混沌系统,在考虑模型不确定性和扰动的基础上,讨论基于 T-S 模糊模型的非奇异终端滑模控制器设计问题。

注释 10.6 对于分数阶混沌系统,有许多滑模控制器设计方法来实现混沌系统的控制和/或同步。例如,文献[16]提出了一个整数阶滑模面 $s(e)=Ce$,其中 C 是一个常数向量,并且为分数阶混沌系统的同步设计了一个整数阶滑模控制器。但为了达到有限时间稳定性,作者提出了终端滑模面和控制器。文献[24]、[25]和[26]分别提出了整数阶终端滑模面 $s=\dot{e}+\beta e^{q/p}$ 和 $s=\dot{e}+\alpha e+\beta e^{q/p}$,其中 $\alpha,\beta>0$,

$p>q>0$ 为奇整数。由于文献[24]～[26]中所设计的控制算法包含 $e^{q/p-1}$，可以看到 $e<0$，而 $e^{q/p}\notin\mathbb{R}$，这将导致 $\dot{e}\notin\mathbb{R}$ 和 $u(t)\notin\mathbb{R}$。这个问题限制了文献[24]～[26]中提出的整数阶终端滑模控制器的实际实现。因此，对于分数阶混沌系统，如果设计一个整数阶的终端滑模控制器，可能会导致奇异性。然而，本章提出的新的非奇异终端滑模面和分数阶终端滑模控制器克服了这种奇异性。

10.3.3　仿真算例

为了验证所设计方法的有效性，给出如下两个仿真算例。

例 10.1　本例中，利用两种情况说明所设计方法的有效性。首先，选取 k_{1i}、k_{2i}、k_{3i}、k_{4i} 如下：

$$k_{1i}=[k_{11}\quad k_{12}\quad k_{13}]^{\mathrm{T}}$$
$$k_{2i}=[k_{21}\quad k_{22}\quad k_{23}]^{\mathrm{T}}$$
$$k_{3i}=[k_{31}\quad k_{32}\quad k_{33}]^{\mathrm{T}}$$
$$k_{4i}=[k_{41}\quad k_{42}\quad k_{43}]^{\mathrm{T}}$$

然后，分数阶 PMSM 混沌系统的模型不确定和外部扰动项选取如下：

$$\Delta f(x)+d^x(t)=\begin{cases}\Delta f_1(x)+d_1^x(t)=0.1\sin(x_1x_2)+0.2\cos(2t)\\ \Delta f_2(x)+d_2^x(t)=0.1\sin x_2^2+0.2\sin t\\ \Delta f_3(x)+d_3^x(t)=0.2\cos(2x_2x_3)+0.5\sin(5t)\end{cases}$$

情况 1　当 k_{1i}、k_{2i}、k_{3i}、k_{4i} 是常数时，选取参数为

$$k_{1i}=[k_{11}\quad k_{12}\quad k_{13}]^{\mathrm{T}}=[1\quad 1\quad 1]^{\mathrm{T}}$$
$$k_{2i}=[k_{21}\quad k_{22}\quad k_{23}]^{\mathrm{T}}=[2\quad 2\quad 2]^{\mathrm{T}}$$
$$k_{3i}=[k_{31}\quad k_{32}\quad k_{33}]^{\mathrm{T}}=[3\quad 3\quad 3]^{\mathrm{T}}$$
$$k_{4i}=[k_{41}\quad k_{42}\quad k_{43}]^{\mathrm{T}}=[5\quad 5\quad 5]^{\mathrm{T}}$$

设定初始条件如下：

$$x_1(0)=-20,\quad x_2(0)=-30,\quad x_3(0)=20$$
$$\alpha=0.97,\quad M_1=-20,\quad M_2=20,\quad \theta=\delta=0.9$$

仿真结果如图 10.21 和图 10.22 所示，图 10.21 显示系统状态 $x_i(t)(i=1,2,3)$，如图所示，在所设计的控制器作用下，分数阶 PMSM 混沌系统是渐近稳定的。同时，滑模面 $s_i(t)(i=1,2,3)$ 在图 10.22 中展示，可以看出，在到达时间 $t_{\mathrm{r}}\approx 1\mathrm{s}$ 时，滑模面趋向于 0，与预计的到达时间一致，其中在定理 10.4 中预计的到达时间计算如下：

$$\begin{aligned}t_{\mathrm{r}}&\leqslant\frac{1}{\sigma(1-\delta)}\ln(\|s(0)\|_1^{1-\delta}+1)\\&=\frac{1}{3(1-0.9)}\ln[(|-20|+|-30|+|20|)^{1-0.9}+1]\\&=3.0932\end{aligned}$$

另外,基于定理 10.3,假设 $t_r=1\text{s}$,首先可得 $x_1(t_r)=0.8901$,$x_2(t_r)=1.4337$,$x_3(t_r)=-0.8924$,则预计的调节时间如下:

$$
\begin{aligned}
t_s &\leqslant \frac{1}{\sigma(1-\delta)}\ln(\|s(0)\|_1^{1-\delta}+1)+\frac{1}{\mu(1-\theta)}\ln(\|x(t_r)\|_1^{1-\theta}+1) \\
&=\frac{1}{3(1-0.9)}\ln[(|-20|+|-30|+|20|)^{1-0.9}+1] \\
&\quad+\frac{1}{1(1-0.9)}\ln[(|0.8901|+|1.4337|+|-0.8924|)^{1-0.9}+1] \\
&=3.0932+7.5326=10.6258
\end{aligned}
$$

从图 10.21 可以很明显地看出,仿真的调节时间 $t_s\approx 2\text{s}$,满足预计的调节时间 $t_s\leqslant 10.6258\text{s}$。

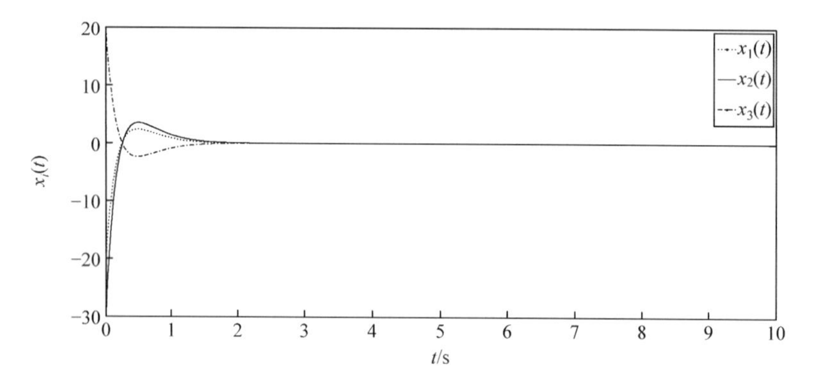

图 10.21 系统的状态轨迹 $x_i(t)$(情况 1)

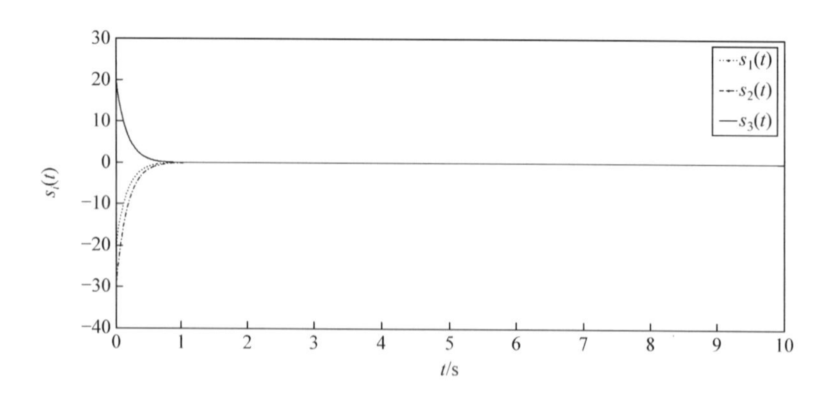

图 10.22 滑模面 $s_i(t)$(情况 1)

情况 2 当 k_{1i}、k_{2i}、k_{3i}、k_{4i} 为时变的时,选取参数如下:

$$k_{1i}=\begin{bmatrix}k_{11}\\k_{12}\\k_{13}\end{bmatrix}=\begin{bmatrix}3+2\sin(3t)\\3+2\sin(2t)\\2+1.5\sin(5t)\end{bmatrix},\quad k_{2i}=\begin{bmatrix}k_{21}\\k_{22}\\k_{23}\end{bmatrix}=\begin{bmatrix}2+\sin(3t)\\2+1.5\sin(5t)\\2+\cos(2t)\end{bmatrix}$$

$$k_{3i}=\begin{bmatrix}k_{31}\\k_{32}\\k_{33}\end{bmatrix}=\begin{bmatrix}3+2\sin(2t)\\3+\sin(3t)\\2+\sin(5t)\end{bmatrix},\quad k_{4i}=\begin{bmatrix}k_{41}\\k_{42}\\k_{43}\end{bmatrix}=\begin{bmatrix}5+2\cos(3t)\\5+3\sin(2t)\\5+\cos(5t)\end{bmatrix}$$

利用与情况 1 相同的初始条件,系统状态轨迹 $x_i(t)(i=1,2,3)$的仿真结果如图 10.23 所示,结果表明分数阶 PMSM 混沌系统在所设计的控制器作用下是渐近稳定的。同时,滑模面 $s_i(t)(i=1,2,3)$在如图 10.24 所示。

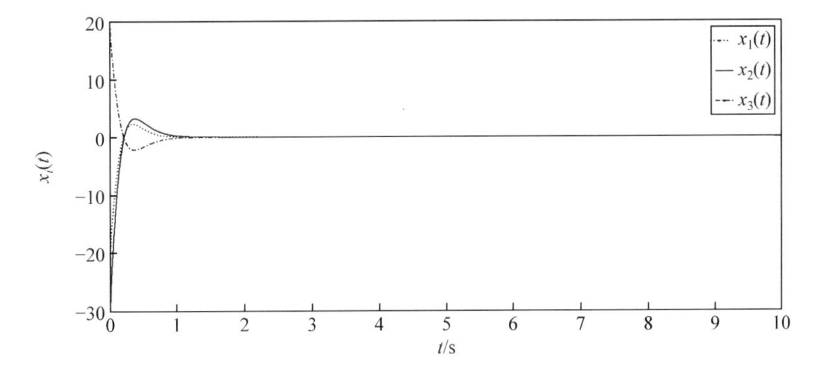

图 10.23 系统状态轨迹 $x_i(t)$(情况 2)

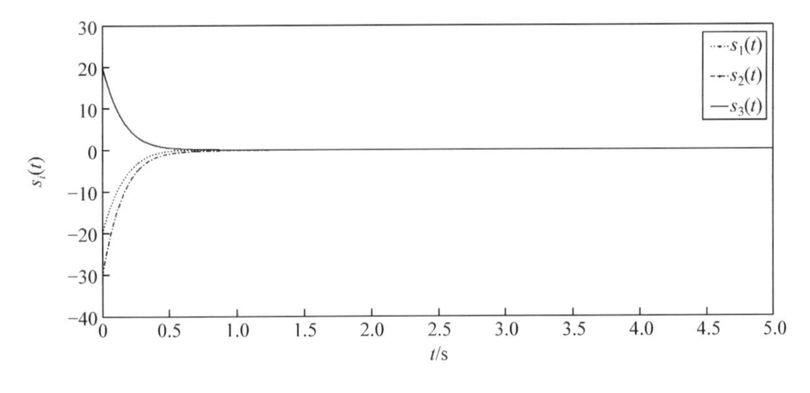

图 10.24 滑模面 $s_i(t)$(情况 2)

由图 10.24 可知,滑模面趋向于 0 的到达时间 $t_r\approx 1s$,满足定理 10.4 预计的到达时间:

$$t_r\leqslant\frac{1}{\sigma(1-\delta)}\ln(\|s(0)\|_1^{1-\delta}+1)$$

$$=\frac{1}{1(1-0.9)}\ln[(|-20|+|-30|+|20|)^{1-0.9}+1]$$
$$=9.2797$$

另外，基于定理 10.3，假设 $t_r=1s$，首先可得 $x_1(t_r)=0.0841$，$x_2(t_r)=0.2632$，$x_3(t_r)=-0.1486$，则预计的调节时间为

$$t_s\leqslant\frac{1}{\sigma(1-\delta)}\ln(\|s(0)\|_1^{1-\delta}+1)+\frac{1}{\mu(1-\theta)}\ln(\|x(t_r)\|_1^{1-\theta}+1)$$
$$=\frac{1}{1(1-0.9)}\ln[(|-20|+|-30|+|20|)^{1-0.9}+1]$$
$$+\frac{1}{0.5(1-0.9)}\ln[(|0.0841|+|0.2632|+|-0.1486|)^{1-0.9}+1]$$
$$=9.2797+13.1739=22.4536$$

由图 10.23 可知，调节时间的仿真结果为 $t_s\approx1.5s$，与预计的 $t_s\leqslant22.4536s$ 一致。

比较情况 1 和情况 2 的仿真结果，可以发现情况 2 中的状态响应速度比情况 1 的快一些，而状态变量的峰值小一些，具体结果如表 10.2 所示。因此，可得在控制器设计过程中，当参数 k_{1i}、k_{2i}、k_{3i}、k_{4i}是时变的，系统状态轨迹的效果较好。仿真结果比较如图 10.25～图 10.27。

表 10.2　情况 1 和情况 2 中状态轨迹 $x_i(t)$ 的峰值

峰值＼情况	情况 1	情况 2
$x_1(t)$	2.3577	2.2832
$x_2(t)$	3.4933	3.2173
$x_3(t)$	20	20

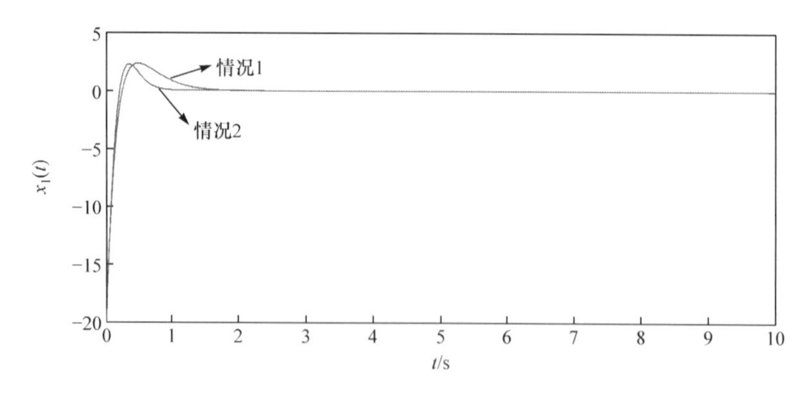

图 10.25　情况 1 和情况 2 的系统状态轨迹 $x_1(t)$ 对比

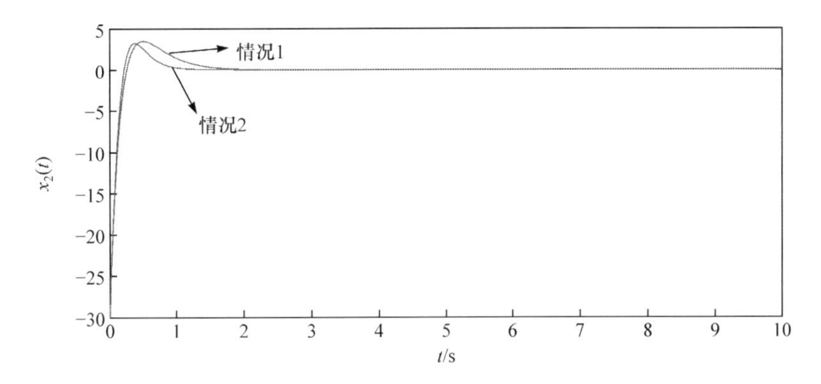

图 10.26　情况 1 和情况 2 的系统状态轨迹 $x_2(t)$对比

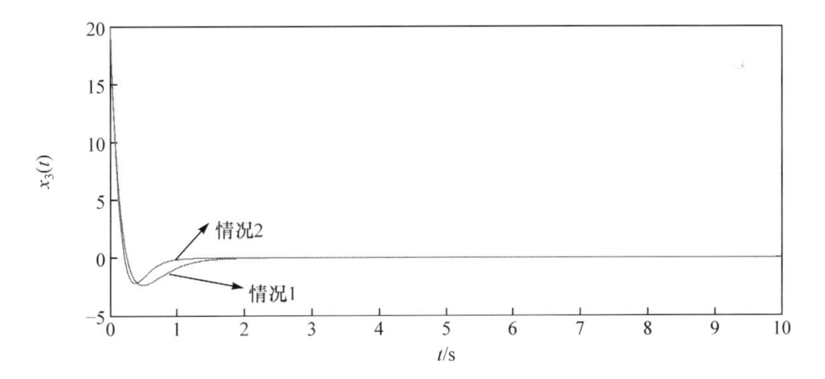

图 10.27　情况 1 和情况 2 的系统状态轨迹 $x_3(t)$对比

例 10.2　本例中，通过仿真结果比较本章所设计方法和文献[11]中所设计控制器的优劣性。首先假设分数阶 PMSM 系统带有模型不确定和外部扰动项，系统模型如下：

$$\begin{cases}\dfrac{\mathrm{d}^{\alpha_1} i_d}{\mathrm{d}t^{\alpha_1}}=-i_d+i_q\omega+\Delta f_1(x)+d_1^x(t)+u_1\\ \dfrac{\mathrm{d}^{\alpha_2} i_q}{\mathrm{d}t^{\alpha_2}}=-i_q-i_d\omega+\gamma\omega+\Delta f_2(x)+d_2^x(t)+u_2\\ \dfrac{\mathrm{d}^{\alpha_3} \omega}{\mathrm{d}t^{\alpha_3}}=\sigma(i_q-\omega)+\Delta f_3(x)+d_3^x(t)+u_3\end{cases}\tag{10.75}$$

式中，$\Delta f_i(x)$、$d_i^x(t)(i=1,2,3)$分别代表模型不确定和外部扰动，如例 10.1 所示。当假设 $\Delta f_i(x)=0, d_i^x(t)=0(i=1,2,3)$时，系统(10.75)等价于文献[11]中所示的模型(20)。

如文献[11]中的数值仿真，设定 $\sigma=4,\gamma=50,\alpha_1=0.98,\alpha_2=1,\alpha_3=0.99$。初

始条件选择为 $i_d=2.5$，$i_q=3$，$\omega=1$，同时选择其他参数与例 10.1 中情况 1 一致。

仿真结果如图 10.28 和图 10.29 所示。图 10.28 给出了未受控系统的状态轨迹，控制器在 $t\geqslant 20$s 的时间段内加入，受控系统的状态轨迹如图 10.29 所示。从图 10.29 可以看出，状态变量 i_d 的调节时间约等于 1s，而文献[11]中所示的图 4 显示，其状态变量 i_d 的调节时间约等于 5s，由此可得本章所设计的控制器比文献[11]所设计的控制器在响应速度和调节时间上都有明显的优势，应该指出，本例所考虑的系统模型同时包含了模型的不确定性和干扰，而这两项在文献[11]中未考虑。

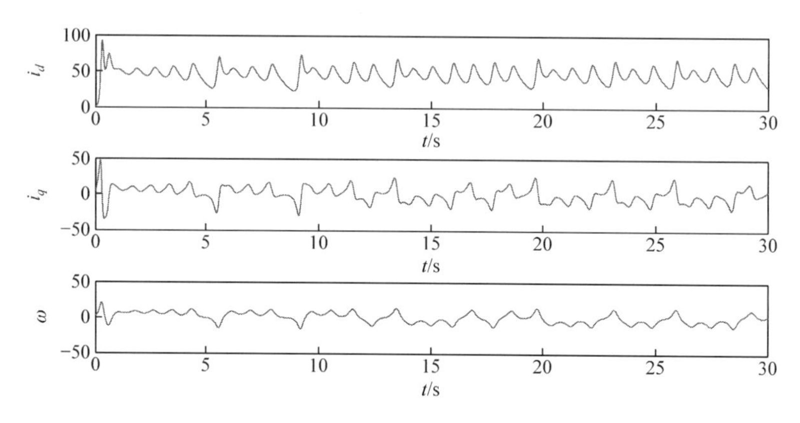

图 10.28 未受控系统(10.75)的状态轨迹

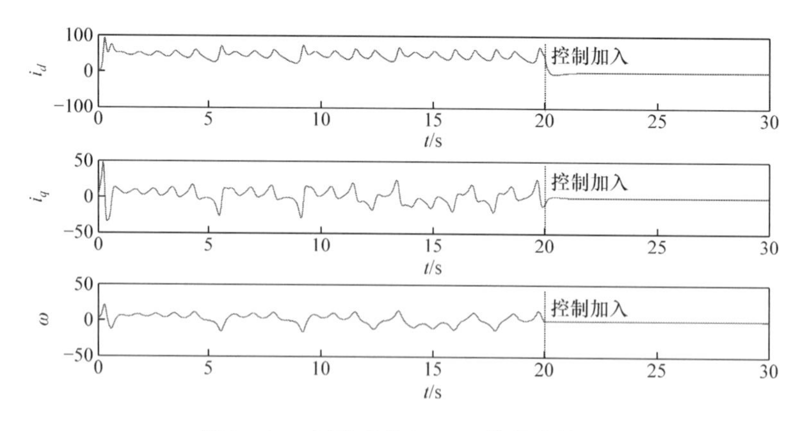

图 10.29 受控系统(10.75)的状态轨迹

10.4 本章小结

本章一方面讨论了分数阶混沌同步在保密通信领域中的应用问题。首先，针对两个具有异结构异阶次分数阶混沌系统提出了自适应多切换同步策略，并在不同切换模式下分别设计了能够保证分数阶驱动系统和分数阶响应系统实现渐近同步的自适应同步控制器；然后，通过数值算例验证了所提同步策略的有效性；最后，基于所提到的异结构异阶次分数阶混沌系统的自适应切换同步策略，设计了保密通信方案并通过仿真算例验证了所提同步策略应用到保密通信中的有效性。另一方面，本章讨论了分数阶永磁同步电机混沌系统的有限时间控制问题。首先应用T-S模糊模型重构分数阶永磁同步电机混沌系统，然后在考虑模型存在不确定和外部扰动的情况下，基于有限时间理论，设计分数阶非奇异终端模糊滑模控制策略，仿真结果表明所设计的控制器能够保证不确定分数阶永磁同步电机混沌系统的有限时间稳定。

参考文献

[1] Vincent U E, Saseyi A O, Mcclintock P V E. Multi-Switching Combination Synchronization of Chaotic Systems[J]. Nonlinear Dynamics, 2015, 80(1-2): 845-854.

[2] Wang Z, Huang X, Zhao Z. Synchronization of nonidentical chaotic fractional-order systems with different orders of fractional derivatives[J]. Nonlinear Dynamics, 2012, 69(69): 999-1007.

[3] 张化光，王智良，黄伟. 混沌系统的控制理论[M]. 沈阳：东北大学出版社，2003.

[4] 张琪昌，王洪礼，竺致文. 分岔与混沌理论与应用[M]. 天津：天津大学出版社，2005.

[5] 孙光辉. 分数阶混沌系统的控制及同步研究[D]. 哈尔滨：哈尔滨工业大学，2010: 1-25.

[6] Ott E, Grebogi C, Yorke J A. Controlling chaos[J]. Physical Review Letters, 1990, 64(3): 1196-1199.

[7] Tanaka K, Ikeda T, Wang H O. A unified approach to controlling chaos via an LMI-based fuzzy control system design[J]. IEEE Transactions on Circuits and Systems Ⅰ: Fundamental Theory and Applications, 1998, 45(10): 1021-1040.

[8] Zhang H, Ma T, Huang G B, et al. Robust global exponential synchronization of uncertain chaotic delayed neural networks via dual-stage impulsive control[J]. IEEE Transactions on Systems Man & Cybernetics Part B Cybernetics, 2010, 40(3): 831-844.

[9] Hunt E R. Stabilizing high-period orbits in a chaotic system: The diode resonator[J]. Physical Review Letters, 1991, 67(15): 1953-1955.

[10] Piccardi C, Ghezzi L L. Optimal control of a chaotic map: Fixed point stabilization and attractor confinement[J]. International Journal of Bifurcation and Chaos, 2011, 7(2): 437-446.

[11] Li C L, Yu S M, Luo X S. Fractional-order permanent magnet synchronous motor and its adaptive chaotic control[J]. Chinese Physics B, 2012, 21(10): 168-173.

[12] Wang Z, Huang X, Shen H. Control of an uncertain fractional order economic system via adaptive sliding mode[J]. Neurocomputing, 2012, 83(6): 83-88.

[13] Faieghi M R. Control of an uncertain fractional-order Liu system via fuzzy fractional-order

sliding mode control[J]. Journal of Vibration and Control, 2011, 18(9): 1366-1374.

[14] Dadras S, Momeni H R. Control of a fractional-order economical system via sliding mode[J]. Physica A, 2010, 389(12): 2434-2442.

[15] Zheng Y, Nian Y, Wang D. Controlling fractional order chaotic systems based on Takagi-fuzzy model and adaptive adjustment mechanism[J]. Physics Letters A, 2010, 375(2): 125-129.

[16] Tavazoei M S, Haeri M. Synchronization of chaotic fractional-order systems via active sliding mode controller[J]. Physica A: Statistical Mechanics and its Applications, 2008, 387(1): 57-70.

[17] Yin C, Zhong S M, Chen W F. Design of sliding mode controller for a class of fractional-order chaotic systems[J]. Communications in Nonlinear Science & Numerical Simulation, 2012, 17(12): 356-366.

[18] Chen D Y, Liu Y X, Ma X Y, et al. Control of a class of fractional-order chaotic systems via sliding mode[J]. Nonlinear Dynamics, 2012, 67(1): 893-901.

[19] Yang N N, Liu C X. A novel fractional-order hyperchaotic system stabilization via fractional sliding-mode control[J]. Nonlinear Dynamics, 2013, 74(3): 721-732.

[20] Yang J, Li S, Su J, et al. Continuous nonsingular terminal sliding mode control for systems with mismatched disturbances[J]. Automatica, 2013, 49(7): 2287-2291.

[21] Aghababa M P. Finite-time chaos control and synchronization of fractional-order nonautonomous chaotic (hyperchaotic) systems using fractional nonsingular terminal sliding mode technique[J]. Nonlinear Dynamics, 2012, 69(1-2): 247-261.

[22] Aghababa M P. A novel terminal sliding mode controller for a class of non-autonomous fractional-order systems[J]. Nonlinear Dynamics, 2013, 73(1-2): 679-688.

[23] Aghababa M P. No-chatter variable structure control for fractional nonlinear complex systems[J]. Nonlinear Dynamics, 2013, 73(4): 2329-2342.

[24] Nekoukar V, Erfanian A. Adaptive fuzzy terminal sliding mode control for a class of MIMO uncertain nonlinear systems[J]. Fuzzy Sets and Systems, 2011, 179(1): 34-49.

[25] Yu X, Man Z. Multi-input uncertain linear systems with terminal sliding-mode control[J]. Automatica, 1998, 34(3): 389-392.

[26] Yu X, Man Z. Fast terminal sliding-mode control design for nonlinear dynamical systems[J]. IEEE Transaction on Circuits and Systems Part Ⅰ: Fundamental Theory and Applications, 2002, 49(2): 261-264.